环境设计原理

主　编　何　兰　张　旭　闫志刚
副主编　孙　霆　李欣桐　鲁　煜
　　　　高广玉

北京理工大学出版社
BEIJING INSTITUTE OF TECHNOLOGY PRESS

内 容 提 要

本书从环境设计专业新文科教学的前沿性、创新性、实践性出发，设置环境设计概述，环境设计发展进程，环境设计的内容、分类、流程、方法，建筑室内环境设计依据与要求，景观设计依据与要求，环境色彩设计，环境设计中的物料组合——装饰材料、家具、软装陈设，室内外绿化，服务城乡发展建设中的环境设计项目，创新守正——环境设计与实施中的社会责任，共十个章节。本书从以学生为中心的教学创新角度出发，更适于开展翻转课堂、项目化教学；本书增加了 AI 辅助概念设计案例和习题，促进学生全面应用前沿数字技术主动学习；设置了丰富的线上教学资源，便于学生利用碎片时间预习、复习与实践。

本书可供高等院校设计类学科内环境设计专业研究生、本科生和高职本科、高职高专学生使用，还可作为《室内装饰设计师》国家职业资格考试的参考资料。

图书在版编目（CIP）数据

环境设计原理 / 何兰，张旭，闫志刚主编. -- 北京：
北京理工大学出版社，2024.11.
ISBN 978-7-5763-4579-7

Ⅰ. TU-856

中国国家版本馆CIP数据核字第2024K0F390号

责任编辑：江　立　　　　**文案编辑：李　硕**
责任校对：周瑞红　　　　**责任印制：李志强**

出版发行 / 北京理工大学出版社有限责任公司
社　　址 / 北京市丰台区四合庄路6号
邮　　编 / 100070
电　　话 /（010）68914026（教材售后服务热线）
　　　　　　（010）63726648（课件资源服务热线）
网　　址 / http://www.bitpress.com.cn

版 印 次 / 2024年11月第1版第1次印刷
印　　刷 / 河北世纪兴旺印刷有限公司
开　　本 / 787 mm × 1092 mm　1/16
印　　张 / 18.5
字　　数 / 439千字
定　　价 / 88.00元

前言 Foreword

本书是辽宁工业大学立项教材。编者着力从新文科教学的前沿性、创新性和环境设计工程实践性出发，考虑行业、企业对人才的需求，进行课程体系建设。

党的二十大报告指出："我们要坚持教育优先发展、科技自立自强、人才引领驱动，加快建设教育强国、科技强国、人才强国，坚持为党育人、为国育才，全面提高人才自主培养质量，着力造就拔尖创新人才，聚天下英才而用之。"本书以党的二十大精神为指导，全面体现应用能力培养的教学改革理念，满足高等教育中培养高质量应用型人才的需求。

本书是辽宁工业大学文化传媒与艺术设计学院环境设计专业，以及北京建院装饰工程设计有限公司（后更名为北京佰地建院装饰工程设计有限公司）合作完成的校企合作教材。本书的章节设定从环境设计和工程项目实施两方面结合进行，全面讲解了环境设计的基础理论，从培养学生创新守正能力出发，将北京建院装饰工程设计有限公司等环境设计相关企业几年来的经典设计案例引入教材相关章节，使教材更具有前沿性、时代性、趣味性和实践性。

本书共分为十个章节：第一章为环境设计概述；第二章为环境设计发展进程，此部分重点讲解了我国环境设计优秀历史文化，以引导中华优秀传统文化得到创造性转化、创新性发展等为使命；第三章从工程实践的角度讲解了环境设计的内容、分类、流程、方法；第四章为建筑室内环境设计依据与要求；第五章为景观设计依据与要求；第六章为环境色彩设计；第七章为环境设计中的物料组合——装饰材料、家具、软装陈设；第八章为室内外绿化。党的二十大报告指出了坚持绿水青山就是金山银山的理念，坚持山水林田湖草沙一体化保护和系统治理，全方位、全地域、全过程加强生态环境保护，生态文明制度体系更加健全，污染防治攻坚向纵深推进，绿色、循环、低碳发展迈出坚实步伐，生态环境保护发生历史性、转折性、全局性变化，我们的祖国天更蓝、山更绿、水更清。因而，增设第九章服务城乡发展建设中的环境设计项目。在城市更新设计和乡村环境设计中全面融入存量更新、绿色、循环、低碳发展内容。根据党的二十大会议精神："我们从事的是前无古人的伟大事业，守正才能不迷失方向、不犯颠覆性错误，创新才能把握时代、引领时代"，设置第十章创新守正——环境设计与实施中的社会责任。

在AIGC融入的今天，在新质生产力助推下，环境设计将坚守文化回归、思想引领、工程严谨、创新守正底线，为国家建设、城乡发展贡献力量。

本书由何兰、张旭、闫志刚担任主编，由孙霆、李欣桐、鲁煜、高广玉担任副主编。具体编写分工：第一章、第二章和第八章至第十章由何兰编写，第三章由张旭编写，第四章由闫志刚、孙霆编写，第五章由鲁煜编写校核，第六章由李欣桐编写，第七章由高广玉编写。

在本书编写过程中，参考了一些与环境设计相关的文献和部分插图，在此向这些文献的作者表示衷心感谢！本书插图大部分为北京佰地建院装饰工程设计有限公司和本校学生作业，在此向这些作者深表感谢！本书部分插图应用AI技术生成，如有偏差请联系教材组修改完善。

尽管本书编写组极尽努力，但因编者能力有限，书中难免存在待商榷之处，希望读者能够不吝指正，提出宝贵意见！

如果有读者需要本书的课程教学大纲、设计案例、教学视频等教学资源，或想提出宝贵意见，请您联系教材编写组，邮箱地址为：2068469@qq.com。

编　者

目录 Contents

第一章 环境设计概述

本章重点

1.环境设计的原则。

2.环境设计的发展趋势。

3.从工程角度看影响环境设计的因素。

建议学时：2

环境设计与人类生活联系紧密，相对人类漫长的历史长河，它的理论形成时间较为短暂，但一直以来，都为人类提供以遮风挡雨为基本功能，延伸若干需求的人居环境。现代环境设计应着眼人类现在，放眼未来，创造人与自然和谐发展的新环境。

第一节 环境设计的含义

环境设计是指人们对环境内外进行功能性与艺术性相结合的创造行为与实施过程。通过创新设计与实施，满足使用者对环境的功能性、物质性、精神性和社会性等多方面的需求。在环境设计体系中，环境以建筑为参照可分为外环境与内环境两大部分，但内、外环境并不是互相独立存在的，而是联动共生的关系。

一、环境设计体系

传统观点认为建筑是环境空间的承载体，以建筑内外作为区分内外环境的参照。经过多年的反复讨论和研究，我们发现，环境设计的要素相对于建筑更为广泛，它既有可能包括宏观上的山川、河流、气候、人文、生物和生态，又有可能涵盖微观上的空间界面、陈设软装；同时，随着科技的发展，还拓展了数字技术和人工智能，成为多种元素、多技术交叉、一体融合的，具有审美和文化呈现特征的创作品。环境设计还被认为与城市规划、建筑学科、风景园林等有较大的关联性，都是为人类生活居住的场所进行设计创作与工程实施，都含有功能、艺术、技术、材料、结构等的综合创造。

环境艺术设计遵循的重要规律：它既是艺术创造活动，又是科学限定活动，因而在创作前要做充分的调查研究和资料收集，对设计对象进行充分的分析解读后，创作出既富有美感和想象力，又具有严谨缜密科学思维的设计作品。

环境设计（环境艺术设计）专业在国家本科专业目录中被列入艺术学设计学门类学科，与城市规划、建筑学、生态学、人文社科学等均有交集，是艺术学设计学类中与人居生活最为密切的专业（图1.1-1）。在《研究生教育学科专业目录（2022年）》和《研究生教育学科专业目录管理办法》中列入艺术学、交叉两个学科。小到一室一户，大到机场、博物馆；小到庭院楼台，大到广场、公园，都是环境设计的一个类型。

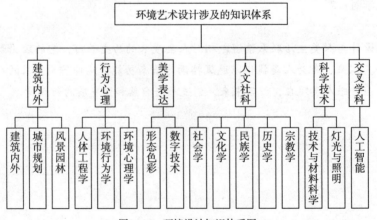

图1.1-1 环境设计知识体系图

二、环境与环境设计

不同的领域对环境都有一定的独特定义，与环境设计相关对环境的定义为：人类生存的空间及其中可以直接或间接影响人类生活和发展的各种自然因素称为环境。对人类心理发生实际影响的大环境通常被理解为环境，更多的称为心理环境。人类生活环境包括自然环境、人工环境和社会环境，它囊括了对人发生影响的一切过去、如今和将来的人、事、物等全部社会存在，其中历史传统、文化习俗、社会关系、科技发展等，则影响了人类改造环境、创造环境的发展方向（图1.1-2）。

图1.1-2　人类生活环境的构成（自绘）

环境的概念从生态学、地理学、社会学出发，都有自己的理解和定义；但从艺术学角度出发，集合了审美创造、历史人文、地域生态、工程实施等多位一体的美好生活空间环境。

自然环境，通俗来说就是大自然中存在的环境，如山川、河流、大地、峡谷、大气、气候、动植物等，天然存在未经人为影响而存在的环境（图1.1-3）。

图1.1-3　山川、河流、森林等自然环境

人工环境是指人类出现以来，为改造自然环境适应人类使用而进行的环境改造或创造，如生活居住的建筑、出行使用的道路设施、休闲娱乐的室内外环境空间，乃至依赖于数字技术的虚实结合的新型环境（图1.1-4）。

图1.1-4　人工环境

社会环境是指人类在生长过程中所处的社会政治环境、经济环境、法治环境、科技环境和文化环境等宏观因素的综合体。社会环境虽然触不及、摸不到，但它能成为环境创新设计的重要依据、限定条件和精神支柱，也是塑造价值观的重要保障。

环境设计是人类在历史发展进程中有意识或无意识改造自然环境、塑造人工环境的行为，这一行为塑造出来的人工环境都需要依托现有自然环境并结合当下的社会环境。因而，环境设计在任何历史发展时期都是包含了自然环境、人工环境和社会环境的综合体，根据设计需求和设计目标有所侧重。例如，景观设计应充分尊重自然环境展开设计；民俗展馆设计应对社会环境中的人文民俗有充分的展现；餐馆设计应结合餐饮特色展开设计（图1.1-5）。环境设计虽然更多的是人工创造和改造，但从来不能脱离其他条件的限定而独立发展建设。

1. 内环境设计

内环境设计是指对建筑内部空间进行规划、布局和装饰的过程，旨在创造出适合人们居住、工作、学习，或其他活动的舒适、安全、功能良好的环境。内环境设计与人们的生活密切相关、内容广泛，如餐馆设计、商场设计、居室设计、医疗环境设计等。近年，在国内兴起的大型邮轮建造，就涵盖了邮轮内装设计工程，它以邮轮舱室为参照，也是典型的内环境项目（图1.1-6）。

图1.1-5　基于锦州市非遗传承的烧烤店设计
——锦州博远装饰工程有限公司

图1.1-6　邮轮西餐厅设计（2021届陈艺琦）

2. 外环境设计

以建筑为参照，所有建筑外的环境都称为外环境。外环境设计相比内环境设计更为广泛多样，从庭院到园林，从广场到田园，从城市建设到乡村振兴，从文化到生态，都全面考验着人类的智慧；从影响环境的诸多要素，到环境与空间的合理划分，都彰显着建筑外环境设计的低碳可持续观念（图1.1-7）。

图1.1-7 外环境设计助力乡村振兴-珠海斗门排山村景观规划设计(2023届联合毕业设计-高广玉、李采璇、张潇文)

第二节 环境设计的原则

在进行环境设计时,不能无所顾忌、随意而为,应遵循相应的原则才能够创造出舒适、安全、功能良好且具有美好感受的空间。

1. 关注自然、尊重自然的原则

处理好人与自然的关系,在人类历史发展进程中一直都是重要的命题。在历史长河中,所有违背自然、破坏自然的行为,都有可能付出惨痛的代价。因而,在反思过后,人与自然和谐发展是一切建设的基础,环境设计中更应充分考虑项目所在地的自然环境,协调山水、关注动植物,使设计成为全生命参与、全生命共处的共生环境(图1.2-1)。

2. 以人为本、人性化的原则

以环境的使用者出发,从使用者需求展开设计是环境设计中一个重要的原则。关注自然,是从地球角度提出;以人为本,则是从人群多样化角度提出。让设计照拂到弱势人群和重点监护人群,将是考量环境设计可实施和落地性的重要原则。

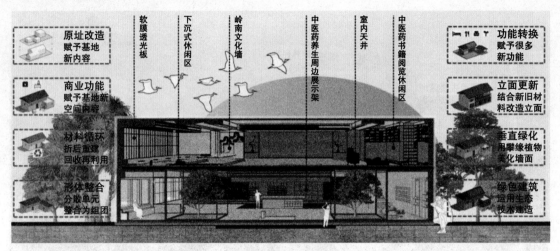

图1.2-1　融入自然的环境设计-珠海斗门排山村景观规划设计（2023届联合毕业设计-高广玉、李采璇、张潇文）

环境设计的要务之一就是满足人类的使用需求，因而在设计中，应关注全年龄段及使用者行为能力、心理需求，以此展开设计。国家在环境设计相关领域制定了面向不同类型空间、不同人群需求的国家标准，其目的就是满足环境的人性化需求。如2017年年底，全国60岁及以上老年人口已达24 090万人，中国人口老龄化不断加剧，养老服务需求快速增长，养老机构成为老年人社会化养老的重要方式之一。2018年12月，国家发布了《养老机构等级划分与评定》（GB/T 37276—2018）标准，2019年7月1日开始实施。在此评定标准中，对养老环境有了明确的等级标准，这是影响养老产业环境设计的一个重要标准，也为人性化设计做了良好的导向（图1.2-2）。

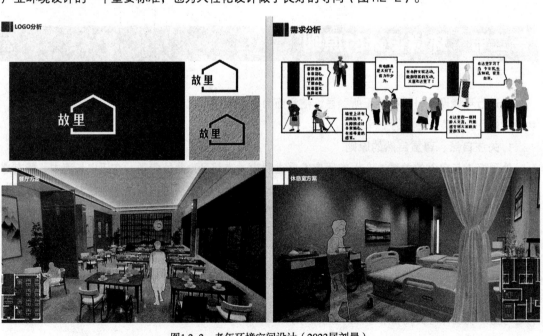

图1.2-2　老年环境空间设计（2023届刘晨）

3. 尊重文化、体现文脉的原则

人类创造了灿烂的历史文化，不同文明、不同地域都有独特的文化，文化不应在设计创新中被割裂、被破坏，而应得到尊重和传承。知来处方能明去处，溯源本土文化、塑造本土文化、发扬文化是设计创新的使命之一。

文化的多样性和丰富性是形成设计差异性、独特性的根本，环境设计师承担着将物质及非物质文化遗产继承与发扬光大的责任和使命，特别是我国拥有灿烂多样的历史文化，拥有众多文化遗产和非物质文化遗产，这些需要在设计中得到充分的展现与传承（图1.2–3）。

图1.2–3　基于民族文化的民宿设计（2024届孙亚楠）

从农耕时代到工业时代到信息时代再到AI时代,时代变革中,人文有自身独特的面貌,需要设计者具备独立思考和创新创造的能力。利用AI与智能智慧技术辅助创新设计延续文化特色,人文回归设计主导地位,永远是设计者需要承担的历史责任,也是设计中需要遵守的原则之一。

4. 节能环保、可持续的原则

人类长久以来的人工创造,给地球带来了巨大的压力,造成了环境的恶化,如果这种状况持续下去,地球的生态环境将无法满足人类生存的需要。因而,节能、减排、环保、低碳成为各行各业需要贯彻下去的重要目标。2020年9月22日,我国政府在第七十五届联合国大会上提出:"中国将提高国家自主贡献力度,采取更加有力的政策和措施,二氧化碳排放力争于2030年前达到峰值,努力争取2060年前实现碳中和。"

在环境设计领域,进行一切的创新设计都应该遵循低碳、环保、节能的要求,从传统的可持续发展"3R"原则(Reduce, Reuse&Recycle),到从设计至施工全周期低碳减排新形式创新。希望通过这些原则,减少对自然的破坏,节约能源资源,减少浪费(图1.2-4)。

图1.2-4 义县海良食品有限公司花生文化展厅设计-2025届孟凡

5. 遵守相关领域规范、行业法律法规，守正创新的原则

创新设计应在合理的范围内兼顾大多数人的共同利益，因而环境设计应该是有度的创新，不应是无尺度的创新。在环境设计中应该遵循相关领域的国家规范、国家标准，使设计具有可实施性。进行环境设计时应该考虑相关的建筑规范、国家法律法规，从防火、安全等角度规范设计创新，使创新在保证基本的安全和可实施范围内，能得到最佳的设计与实施效果。

为规范化建筑设计、景观设计、室内外设计领域，国家相继出台了建筑设计规范，建筑设计防火规范，景观设计规范，托儿所、幼儿园建筑设计规范，老年人建筑设计规范等，用以保证设计在合理范围之内。同时，为了约束相关工程项目，**避免造成重大事故**，还出台了《建设工程法规》来保证工程实施的合法合理（图1.2-5）。

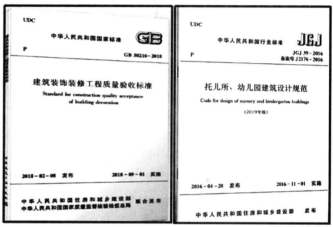

图1.2-5 环境设计涉及的相关规范

第三节 环境设计的发展趋势

设计类行业是引领发展、时尚、现代的艺术创造性行业，环境设计也不例外，需要对未来设计发展趋势作出合理的判断，才能保证设计创新的时代性和可行性。由于环境设计项目的工程性，以及与其他学科的交叉性，其发展趋势也更为多样、复杂。

一、环境设计的发展趋势

1. 以人为本的趋势

以人为本是环境设计永恒的趋势，不同历史时期的人的需求都有所变化，时代需求和科技的进步让以人为本的形式及功能持续改进、迭代加速。在不同时间、不同的区域，人们各种需求度会存在一定的差异，不同人群对环境的诉求也有所差异。但设计为人类提供更为便捷、更具舒适度和审美度的内外环境，是从人类需求出发的重要目标。

之前的以人为本更多探讨的是人在环境中的主体地位，而随着生态压力的影响，现在的以人为本也朝着人与环境、人与自然和谐共进方向迈进。

早在2019年4月，习近平总书记在2019年中国北京世界园艺博览会开幕式上提出：绿水青山就是金山银山，改善生态环境就是发展生产力。良好生态本身蕴含着无穷的经济价值，能够源源不断创造综合效益，实现经济社会可持续发展。

这是从关注人类共同环境的角度提出的创新理念，与我国古代天人合一的宇宙观同向而行，是从国家战略角度提出的与环境设计相关的顶层设计。

2. 可持续与全周期设计的趋势

21世纪人类将共同面对能源危机和生态挑战，所以，环境设计应该站在更高的全人类视野进行创新设计。我国在贯彻可持续理念上一直走在国际前列，建筑等领域已经进行生态化和全生命周期设计，用以保障可持续的长效。全生命周期是指贯穿设计规划、材料预选、设计施工、运行维护、改造设计等多个环节进行的综合考量。设计阶段充分考量在地环境因素，施工阶段降低对环境的污染和破坏，设计项目的运行使用阶段能够为使用者提供低能耗、健康、优雅的环境，经过适当改造即可升级成新的环境空间，拆除后对环境的损害降到最低，满足全程节约能源、可持续的需要。全生命周期这一理念较早已在产品设计建筑设计领域中得到广泛应用，同时它也适用于环境设计领域，并能起到引导设计、助力可持续健康发展理念得到落实的目的。

3. 生态低碳的趋势

生态既有广义上的生态，也有狭义上的生态。环境设计中的生态，特别是外环境设计部分与各种生物（动物、植物）及生态系统密不可分。进行系统的环境设计时，需要结合气候、地貌特征，考虑生物、环境与人类共存的生存需求，打造以人居为主、生物合理化参与的生态环境，充分尊重自然环境，使设计始终保持低碳生态，方能保证地球的生态化运转。

4. 装配式广泛应用的趋势

装配式最初应用在建筑领域，是指将构件在工厂进行预制生产，然后在现场将预制构件快速拼装成模块化建筑。装配式建筑比传统施工方式更快、更可持续、更便宜。环境设计领域尝试融合绿色低碳建筑，以实现碳达峰、碳中和为目标，在适应虚拟设计并结合先进的建筑行业建造技术的同时，开展构建装配式和建筑及装饰一体化打印式。朝着多专业协同、统筹集成设计发展。先行制订设计方案，优化设计流程，提高设计和施工效率，同时实现节能减排。装配式是"科技赋能设计"，并将最终指向设计引领环境设计工程与建设一体化的总目标。

装配式设计在我国已经开展了一段时间（图1.3-1），2024年3月15日，国务院办公厅发布关于转发国家发展改革委、住房城乡建设部《加快推动建筑领域节能降碳工作方案》的通知（国办函〔2024〕20号），文件中指出，将积极推广装配化装修，加快建设绿色低碳设计。

图1.3-1 装配式田园综合体设计（2022届-柳绪伟、赵子炎、许耀方、司怡）

5. 与智能相结合的趋势

现代化社会信息化、大数据化发展迅猛，各行各业都在智能化中进行大胆尝试。智能化已经渗透到人类生活的方方面面，不断更新、迭代的新技术广泛运用到智能化时代。在环境中加入智能元素，将增加环境的体验感，也是时代赋予的趋势之一。

环境设计也接受智能化挑战，在设计中尝试多种创新形式：一是参数化，使设计更具有想象力和几何创新性；二是虚拟现实数字技术的广泛应用，将实体和虚拟在一定的环境中交叉、交互运用，使设计更具有神秘感和游戏属性，丰富了使用者的体验；三是3D打印技术应用到环境领域，小到家具、设施、隔墙，大到建筑体，都在探讨更合理的方式，快速、高效智能地进行设计创新；四是AI智能带来的全面挑战，当设计可以以全新的方式生成，环境设计者创新的着眼点将进行智慧化的调整，在辅助工具发生变革的新时期，环境设计在项目实施的过程中将承担更多的责任。未来更多的创新设计师、驻场设计师、项目深化师，都将成为环境设计专业细化出来的职业方向。

6. 在地文化凸显的趋势

传承文化、展现特色一直是艺术工作者的使命，作为艺术环境创新者更应将查找在地文化特色、弘扬在地文化作为要务，在设计中充分传达本土文化属性，才能实现人类文化的传承和发扬光大。

2022年3月，建筑界最高荣誉"普利兹克建筑奖"颁给了布基纳法索的建筑师——迪埃贝多·弗朗西斯·凯雷，他的作品与以往获得此项奖的作品差异显著，他的设计充分体现了非洲当地的气候人文特征，是文化和有限资源下创新设计的良好结合。

我国首位获得此项设计奖的王澍，也以贴合我国本土文化的设计、独到的现代设计语言，展现在地文化，使本土气质得到传承和展现，惊艳世界。

2025年年初，我国建筑师刘家琨成为第54位普利兹克建筑奖获得者，评审认为其设计"摆脱了各种美学或风格上的束缚，对新世界进行了想象和建构。他所首倡的是一项策略而非某种风格，从不依赖于重复的的方法，而是基于每个项目的具体特征和需求，以不同的方式进行评估。换言之，刘家琨立足当下，因地制宜地对其进行处理，甚至为我们呈现出一个全新的日常生活场景。"

7. 多元文化融合的趋势

随着技术的发展加快了全球化的进程，不同文化之间的融合和交流也在加深。环境设计趋向于融合多元文化元素，创造具有独特魅力和文化符号的设计风格。各国、各民族文化被得到尊重与认同，尊重差异、融合差异，在国际化视野下进行多元文化交融与呈现，也成为环境设计发展的一个重要趋势。

二、不同因素影响下我国环境设计的发展趋势

（1）环境设计的发展受到时代、地域、文化、技术的影响，作为时尚变化中的一类，环境设计趋势依然走在前列（表1.3-1）。

表1.3-1　环境设计发展趋势一览表

时间	趋势类型						
2010年	以人为本	可持续发展趋势	重视运用新技术的趋势	注重环境整体性的趋势		重视运用新技术的趋势	
2020年	以人为本、健康设计	生态、双碳	装配式	在地性与展现文化特色的趋势	适老化（亚洲）	注重旧工业建筑再利用的趋势	与智能相结合	数字化

续表

时间	趋势类型					
2021年				多元融合			
2022年						AI2.0	
2023年				特殊人群环境改造（一老、一小）		智慧环境AICG全面介入设计，辅助设计新时代来临4.0	多元交叉融合（技术、元宇宙等）
2024年						AI全面、深度介入各领域	

（2）运用AIGC数字技术进行概念设计创作虽然已经较为普及，但仍然存在设计粗糙、创造力局限、设计与工程实施对照度差、风格趋同化、形式趋同化等若干问题需要解决。无论如何，数字技术的变革提升了设计的速度，改变了设计表达，但作为设计决策主导者的设计师，应提升驾驭、使用新工具的能力，使之为之服务。

第四节 工程角度看影响环境设计的因素

环境设计的设计理念、创意主要来自设计师对环境的独特体会和创新构思。但由于环境设计项目实施的工程性，还要考虑其他因素，使设计能够满足使用方从设计到实施再到运营的全方位要求。设计中有感性的创意思考和理性的分析与判断，不顾其他限定条件的设计是不负责任的设计。

1. 环境设计受设计项目使用性质的影响

项目的使用性质决定了环境的使用功能，环境设计应充分满足项目功能需要，使设计更贴合使用要求，因而项目的使用性质影响了环境设计创新中的市场定位和功能。

2. 环境设计项目受项目经营范围定位的影响

环境设计项目中部分为商业经营性空间，委托方往往结合自身经营类型、范围定位，对环境有较为清晰的要求，即便是同样的经营范围，由于市场受众的差异性仍然存在设计差异。

3. 环境设计受项目经费预算的影响

环境设计虽然较大部分是审美层次的创新，但脱离经济制约，不考虑工程的造价，可能会造成工程资金链断裂，严重影响设计工程的落地性和实施效果。

4. 环境设计项目受地理、气候、人文因素的影响

环境设计项目受项目在地自然和人文因素的影响，即地域影响。尊重地域差异应考虑所在地的地理气候进行设计，并能展现人文特征。

5. 环境设计项目受国家、地方发展战略决策影响

环境设计项目有时是建立在国家和地方政府发展规划基础之上的，通常是根据国家和地方发展战略决策而制定的。这些战略包括经济、社会和环境发展战略，其中，环境保护和可持续发展往往是重要的考虑因素。环境设计项目需要遵循当地环境规划和保护准则，环境设计项目开展工作中应从大局着眼于国家发展同向而行。

6. 环境设计项目受委托方对设计定位要求的影响

项目委托方是环境设计项目实施后的使用方或经营方，是环境设计项目施工完成后评价设计质量的主体，因而往往从使用角度提出特殊的要求，如风格、造价、运营流程等，以上都对设计细节产生影响。

7. 环境设计项目受建筑与装饰材料的影响

工业的发展对建筑及环境材料相关行业生产带来了技术的革新，为建筑装饰材料生产带来了全面的升级，依托空间、构造、新需求的复合型材料不断涌现，装饰材料在质感、肌理、性能、花色和造价上千差万别，使设计在材料上有更为多样的选择。

8. 环境设计项目受科技发展进程的影响

随着科技的更新迭代，新技术相继推出并影响着人的生活，科技发展也影响了环境设计的体验感。使用智能化、场景虚拟化、体验多样化是科技发展带来的更多新变化，技术的更新还将全面影响环境设计项目的最终呈现方式和展示效果。

 **思考题**

1. 数字化与智能化高速发展的时代，环境设计如何以不变应万变？

2. 从工程项目角度出发，影响环境设计的因素有哪些？

3. 人类命运共同体理念下的未来环境设计趋势是怎样的？

第二章 环境设计发展进程

本章重点

1.国内外环境设计发展进程。
2.我国传统建筑装饰类型。
建议学时：4

环境设计是人类在适应自然环境中，不断改造自然环境进而形成的人工环境，这一范畴的人工环境包括建筑物、景观。虽然环境设计理论形成时间相对较短，但在漫漫的历史长河中，人类用智慧营造出具有各个地域、历史、人文特征的环境空间，且早在原始设计初期或更久就已经开始有目的地创造。古人在布置空间、美化环境、家具陈设等方面，每个时期都有独特的面貌展现。历史上，国内外的大量环境创造，大多以建筑群落、园林群落等方式存在过，部分流传至今被确认为人类宝贵的遗产，即使由于地址、环境、气候、朝代更迭等原因大部分未曾流传下来，但也有器具、壁画、绘画、文字等记录着历史上人类创造的辉煌，而这一切，都与环境设计密切相关。

第一节 国内环境设计发展进程

一、史前与原始社会环境设计萌芽时期

我国原始时期环境观念、环境形式、建筑与规划模式，总体上看基本可分为两个类型，这与我国古文化的黄河流域为发源的北方、以长江流域为发源的南方两个渊源基本一致（图2.1-1）。

图2.1-1　运用AI技术生成的原始社会环境设计构想

　　历史上，我国北方地区（以黄河流域为代表），由于受气候和土质的影响，先民多以穴居、半穴居形态和早期地面筑构为主（图2.1-2）。黄河流域（以陕西、河南为主）大量原始部落遗址（如仰韶遗址、半坡遗址、大何村遗址）等，其住房多为浅穴形式或地面建筑形式。考古人员发现，6 000年前新石器时代，我国陕西省西安市就已经出现了仰韶文化聚落遗址。经仔细研究发现，此时的传统聚落已经有一定的秩序和规划，整体顺势修造。建筑形式已经有圆形、方形等多种类型，并且已经有明确的功能划分（灶台、内室）、室内分隔和室内外过渡。我国原始社会居室中的室内部分还发现有人工将石灰质地面处理平整、光滑的痕迹。部分遗址里留有经过烧灼处理的红土地面，提升了室内的精美度，也提高了地面的硬度。在原始人居住过的洞窟里，出现了大量的场景壁画，既具有记事的功能，又有装饰空间、营造氛围的功能。这也是人们关注空间的物质和精神两个层面的证据。特别是以最天然的材料（泥巴、草灰等）修饰墙壁和屋顶，在起到加固作用的同时，也成为最初的简单装饰，可以理解为古人进行内环境设计艺术创造的萌芽，为人类提供了原始建筑的艺术形象。

图2.1-2　运用AI技术生成的原始社会北方地面构筑物构想

　　在我国南方地区（长江流域以南），大部分处于亚热带气候，潮湿多雨、植被茂盛，整体环境中野兽出没、蛇虫横行，古人在大自然中显得如此渺小。为了躲避这些自然界中灾害的影响，获得更安全的生活环境，古人观自然界动物百态，智慧地选取了"巢居"这一建筑形式为自己的居住形式（图2.1-3）。先秦诸多古籍记载了这一特色建筑。《庄子·盗跖》记载："古者禽兽多而人少，于是民皆巢居以避之，昼拾橡栗，暮栖木上，故命之曰'有巢氏之民'。"《韩非子·五蠹》："上古之世，人民少而禽兽众，人民不胜禽兽虫蛇。有圣人作，构木为巢以避群害，而民悦之，使王天下，号曰'有巢氏'。""有巢氏"与"燧人氏""神农氏"等成为解决古人人居、取火、觅食等最初生活问题的智者。"有巢氏"发明"巢居"，标志着古代人居环境已经由穴居进入巢居，这是更具开创意义的环境变革时期。在建筑领域，巢居是依赖地域环境而精选的初级建筑设计与制造，也是环境设计中将自然环境做较大改造，全面迈向人工环境的一次变革。巢居也是长江流域杆栏式建筑结构的雏形，建筑领域也被认为是民居的雏形。从巢居得到启示后，人类开始审视自己和生活的环境，认真思考建造更为安全、舒适的环境，开始思考建筑形式和装饰的面貌，从而产生更多的创造行为。此时期形成的人工环境简单，通常较大程度依托自然，人对环境的影响较小。

图2.1-3　运用AI技术生成的原始社会南方巢居生活构想

二、封建社会环境设计发展时期

　　到了封建王朝，随着生产力和皇权的进一步发展壮大，环境的变化朝着更加恢宏和独特（信仰、文化、地域）的方向发展。

　　从出土的商朝遗址来看，当时的建筑群落已经有研究的设计规划，建筑规整而秩序感强烈，柱除用于承重外还有精致的装饰，室内的建筑木料有朱漆的痕迹，可见，当时从设计到完成已经有了非常完善的制度和工程实施团队。

　　从文献记载的秦阿房宫和汉未央宫来看，当时的宫殿建筑群已经非常华丽恢宏，展现了当时高超的建造技艺。从出土的汉代墓葬墓室壁画记录的汉代各阶层日常生活场景来看，当时已经具备对建筑内外进行雕刻、漆饰等全面装饰的能力；同时还具备了将不同的功能空间进行组合，使其更为丰富多样的能力（图2.1-4）。

图2.1-4　运用AI技术生成的秦阿房宫构想图

　　春秋时期的大思想家老子，在著作《道德经》中，有一段精彩的论述："凿户牖以为室，当其无，有室之用。故有之以为利，无之以为用。"意思是说"建造房屋，墙上必须留出空洞装门窗，有了门窗四壁内的空间，才有房屋的居住和使用。"这一段被认为是我国历史上早期对室内外空间的知名论述，其表达了古人在更高层面上对空间围合的独到见解，即"有""无"之间存在的辩证关系。

　　在历代遗留的墓葬、壁画、绘画、文献记录中都有古人生活场景的展现和记载，该时期的环境仍然依赖于农耕时代的生产力，受到生产力的限制，同时也得益于生产力的限制，我国的木结构建筑得到了全面、系统的进化和发展。并随着封建王朝的变迁兴衰，随着文化交融和人文倾向的继续发展，到了宋、元、明、清，基本形成了以皇家建筑为主，民间建筑、区域建筑为辅的格局。

　　我国古代的构筑智慧得以流传，除匠心技艺传承外，还得到了统治者的大力推广。历代都有主持建造事宜的传承者，他们将建造技术进行详细的整理和记录，相继有代表性的著作流传下来。在春秋战国时期手工艺专著《考工记》（作者不详）中，记录了有关于木工、宫室的制作工艺的内容。唐代柳宗元在《梓人传》中，记录了工程设计施工的过程，也出现了设计师、项目管理者这一形象。宋代李诚带领编写的《营造法式》一书，更是成了建筑、室内外设计领域历史上最为重要的著作，《营造法式》是李诚在两浙工匠喻皓《木经》的基础上编写而成的，是北宋官方颁布的一部建筑设计、施工的规范书，是我国古代最完整的建筑技术书籍，标志着我国古代建筑已经发展到了较高阶段，它是我国古代居世界领先地位的一部建筑与室内设计著作。明代杰出的造园艺术家计成编著《园冶》一书，被认为是中国第一本园林艺术理论专著，全书共3卷，附图235幅，其论述了宅园、别墅营建的原理和具体手法。书中详细记录了我国古代造园的方法，体现了古代造园的成就，总结了造园经验，是一部研究我国古代园林设计和建造的重要著作，也是我国环境景观设计的重要历史典籍。清代名人李渔曾有《一家言居室器玩部》一文流传于世，其中的"盖居室之制，贵精不贵丽，贵新奇大雅，不贵纤巧烂漫"从新奇大雅来定义设计的创意点，展现了对我国传统居室环境设计的构思立意观之一。

上述这些著作记录了当时建筑及室内外设计领域的最高成就，记录了当时涌现出的部分代表人物。他们背后是大批工匠、手工艺人、作坊等，劳动者付出的辛苦劳作、积累的经验智慧，推动以木结构为主的中国室内外设计与制作发展成熟壮大，成为举世闻名、独树一帜的中国古建体系。

三、从明清建筑及装饰看我国传统建筑装饰

以身边的传统建筑为例。

由于我国以木结构为主的建筑形式，使建筑的保存较为困难，因而今天能够看到的古建筑、古规划遗存以明清时期为主，主要为北方的四合院落式和南方园林式建筑环境遗存，少数民族遗存则在各自地域内闪闪发光。下面以锦州天后宫为例展开讲解。

1. 锦州天后宫建筑装饰概况

可观看、可测量、可触摸是最深刻、最快速掌握知识的有效途径。因而本节倡导学习传统建筑装饰首先应从身边的建筑学起。锦州天后宫保留有丰富的建筑装饰形式，代表了我国北方传统建筑的基本样式和做法，并在院校所处市区内，走访考察便利。

遗存名称：锦州天后宫。

遗存地点：辽宁省锦州市古塔区古塔公园古建筑群内北侧。

锦州天后宫概况：锦州市天后宫位于锦州市古塔区广济寺建筑群西侧，东临大广济寺，共有"正殿七楹，东西廊各三楹，东西耳房各二楹，中门五，西廊七楹，正门三楹，戏楼一座，东西碑亭各一座，东西外门各一楹"[①]。整个建筑群呈现出纵轴线均衡对称的布局。现存有正殿七间，东西廊三进，东西耳房各二间，中门五间，西廊七间，正门三间，东西碑亭各一座。戏楼、外门已毁。值得注意的是，在所有能找到的文献中均记载锦州天后宫与大广济寺共用同一个配殿，即锦州天后宫的东配殿同时为大广济寺的西配殿。其建筑形式偏于汉式建筑，其建筑外观与我国南方天后宫的主流样式存在明显差异。

锦州天后宫虽然经历风雨，至今仍然保留着达到顶峰时的清代末期建筑装饰风貌，2001年6月正式入选第五批国家重点文物保护单位，下面以锦州天后宫正殿为例进行学习。

锦州天后宫正殿即主殿，锦州天后宫正殿整体位于三层石台基之上。硬山式建筑，面阔七间，进深四间，九踩斗拱。正殿是天后宫建筑群中最重要的部位，其建筑装饰从位置、数量、施工质量

① 县知事王文藻修，陆善格纂《锦县志》，台北：成文出版社1974年据民国九年石印本影印，卷四，页221。

来说均有较高的观赏价值。这里为了能够系统而全面的说明，需要将其划分成两大部分来进行详细的阐述，即建筑外部装饰、建筑内部装饰。正殿的外部装饰主要包括大殿基座石雕，屋脊与山墙砖雕，檐口、门窗木雕，檐口、斗拱彩画。

（1）基座石雕。如图2.1-5、图2.1-6所示为正殿基座石雕位置示意图，各位置用数字编号表示，便于叙述。编号a系列为栏杆望柱上石狮；编号b系列为基座栏杆上的石雕图案；编号c系列为御路石雕；编号d系列为基座底部石雕图案。

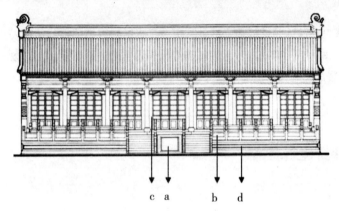

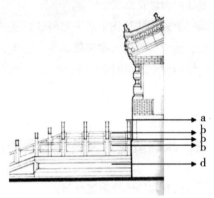

图2.1-5　正殿基座石雕位置示意图1　　　　　　　　图2.1-6　正殿基座石雕位置示意图2

编号a系列位置为程式化的石狮，立于栏杆望柱之上，共48只，传统汉式雕刻样式，雕刻手法细腻。头部为螺旋卷毛，眼、鼻、嘴、爪雕刻较为传统，胸前装饰简单，四肢比例匀称，呈蹲踞座姿态。其中12只石狮的头部棕毛装饰为3卷，其余为6卷，进而推断为不同时期作品。栏杆望柱上加入石狮装饰是各类宗教宫庙、皇家建筑中常用的装饰手法，如图2.1-7、图2.1-8所示。

图2.1-7　正殿栏杆望柱石雕1　　　　　　　　图2.1-8　正殿栏杆望柱石雕2

编号b系列位置为栏杆上石雕图案，共38个，均为吉祥图案居中，左右配有雷纹，雕刻技法为浅浮雕、透雕相结合。栏杆共三层，其图案每层寓意吉祥，纹样近似。最下一层栏杆共12个，装饰纹样中心上方为一只倒挂的蝙蝠，与蝙蝠头部对应的部位为铜钱图案，即带孔的"眼钱"，借蝙蝠的谐音，意为"福在眼前"（图2.1-9），[1]左右为雷纹。中间层栏杆共10个，其中心装饰图案是中国的传统乐器——磬，取谐音"庆"，有庆祝之意，左右花纹同下层为雷纹。

图2.1-9　正殿下层栏杆石雕刻——"福在眼前"

中央御路两侧共有扶手栏杆四列，每列有图案四层，图案简洁，只有简单的抽象配饰。前三级中心图案近似，为形态稍有变化的蝙蝠，最后一层扶手呈波浪形，与地面直接接触，没有北方建筑中常见的抱鼓石。

编号c系列为中央御路石雕刻，中心图案现已经遭到破坏，相关文献曾记载，其图案是"里面的圆形当中有云纹，其上下是高浮雕的藤蔓、瑞鸟等"。

编号d系列为基座底部须弥座的莲花造型，装饰线条简洁，没有过多的装饰。

正殿上层的石雕装饰，与中间层和下层的单一重复图案有所不同。其大殿前，南、东、西三个方向的16个图案虽有相同的左右配饰图案，但其中心图案则各不相同，如图2.1-10所示。雕刻装饰丰富而多样（表2.1-1），使其呈现出庄严、恢宏的氛围。

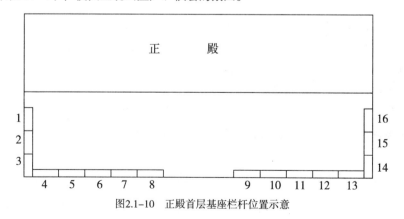

图2.1-10　正殿首层基座栏杆位置示意

---

① 王抗生，蓝先林.中国吉祥图典（下）［M］.沈阳：辽宁科学技术出版社，2004.

表2.1-1　锦州天后宫正殿基座石雕装饰一览表

	装饰位置与描述
编号1	中心为香炉图案，左右配雷云纹
编号2	中心为荷花图案，单花单茎，无叶
编号3	中心为带基座的碗
编号4	板与绳纹，似乎为单片的阴阳板
编号5	莲花座上放置的香炉图案
编号6	卷草绶带纹
编号7	中心图案为四艺①中的古琴
编号8	中心图案为四艺中围棋盘
编号9	中心图案为四艺中的古书
编号10	中心图案为四艺中的画
编号11	中心图案为三个圆形的燃烧物，应该为摩尼珠②
编号12	中心图案为钟与绶带
编号13	中心图案为吉祥结，取自八瑞象之一
编号14	与编号3图案相同，中心为带基座的碗
编号15	与编号2图案相同，中心为荷花图案，单花单茎，无叶
编号16	与编号1图案相同，中心为香炉图案

（2）砖雕。锦州天后宫正殿的砖雕分别处于屋脊与东西两侧的墀头墙和山墙上。

屋脊正脊处还刻有"天后行宫"字样，表面中心位置雕刻有二龙戏珠浅浮雕图案，中心曾经为"大象驮宝瓶，宝瓶中有戟、磬、鱼等物品，宝瓶的左右立有牵绳状的童子，绳子是用来固定宝瓶的，此即表吉祥如意的意思。'瓶'取'平'音，象用以状貌，也就是'太平有象'的意思。'戟'和'吉'字同音，'磬'和'庆'字同音，'鱼'和'余'字同音，和起来表'吉庆有余'的意思"。该屋脊正脊处现在已经损毁，只保存了"天后行宫"字样，屋脊神兽为后期维修时添加上去的。

正殿西侧墀头墙上各砖雕图案用数字编号表示，如图2.1-11所示，便于以表2.1-2叙述。

---

①　四艺，即琴棋书画，是中国数千年来传统文化的组成部分，历代文人雅士的必备之物。参看李祖定主编，《中国传统吉祥图案》，上海：上海科学普及出版社，1994年3月，页68。

②　摩尼珠，又称如意宝珠，相传能放射万丈光芒，普照须弥山四大部洲的所有贫苦众生，能解除他们的贫困和痛苦，来源于佛教。

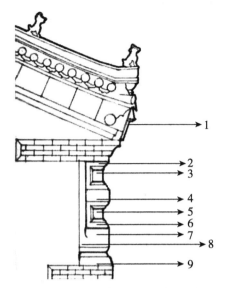

图2.1-11 正殿西侧墀头墙上砖雕示意

表2.1-2 锦州天后宫正殿西侧砖雕装饰一览表

序号	详情
编号1	瓶花与博古瓶中插一束花，茎、叶茂盛，花两朵。其花型为菊花，瓶身雕刻有梅花图案，左右两侧配有打开的书籍和画卷
编号2	莲花瓣图案，常用于石雕基座或图案周边，造型简洁
编号3	送子麒麟图
编号4	三个方向图案有所不同，中间为麒麟图，左右两侧为蔓草与拐子龙[1]
编号5	三个方向的图案也有所不同。四周均为卷草纹，中心图案中间部分为荷花，单朵盛开，无叶，程式画的图案，造型简洁
编号6	同编号2莲花瓣图案，常用于基座或图案周边，造型简洁
编号7	三面图案也有所不同。中间图案为写生图案，松树、麻雀、鹿、猴子，意为"雀鹿封侯"；[2]两侧的图案为程式化的图案"凤凰牡丹"[3]
编号8	卷草纹，常见装饰图案，在这里主要用来划分界面
编号9	卷草图，牡丹图，程式化的图案，简洁

注：①拐子龙是一种把龙的形态简化的图案。接连不断的拐子龙包含着无限幸福的意义。它和蔓草画在一起称为草拐子龙。参看李祖定.中国传统吉祥图案.上海：上海科学普及出版社，1994年3月，页1。
②参看王抗生,蓝先琳.中国吉祥图典（下）.沈阳：辽宁科学技术出版社，2004年4月，页337。
③参看李祖定.中国传统吉祥图案.上海：上海科学普及出版社，1994年3月，页109

正殿东侧墀头墙也有大量砖雕，上砖雕所在位置如图2.1-12所示，各砖雕图案用数字编号表示。同为正殿两侧的砖雕图案，虽然在位置上呈中心对称设置，但是在图案的选取上却有变化，不尽相同。

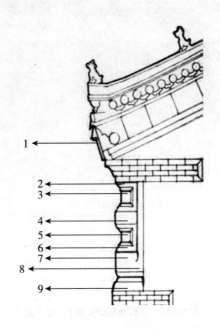

图2.1-12　东侧墀头墙上砖雕位置示意

锦州天后宫正殿东侧砖雕装饰具体情况见表2.1-3。

表2.1-3　锦州天后宫正殿东侧砖雕装饰一览表

序号	详情
编号1	博古纹，[①]透雕形式，中心图案为花瓶，花瓶中卷草旺盛，右侧为古书，意为品位高雅。其花型为菊花，写实主义的雕刻
编号2	莲花瓣图案，常用于石雕基座或图案周边，造型简洁
编号3	托盘李子，具象的雕刻手法，枝叶茂盛，果实较多
编号4	麒麟，左右为卷草纹，程式化的图案
编号5	装饰图案暗八仙中的三个，笛子、扇子、酒葫芦，程式化的图案
编号6	同编号2莲花瓣图案，常用于石雕基座须弥座，造型简洁
编号7	松鹤长春（中间位置），[②]两侧为凤戏牡丹，程式化的写实图案
编号8	卷草纹，常见装饰图案，在这里主要用来划分界面
编号9	富贵牡丹（中间位置），深浮雕，写生图形；两侧为卷草纹

注：①参看李祖定前引书，页98。

　　②参看李祖定前引书，页123

另外，正殿的东侧山墙之上的封檐板接缝上安装有透雕悬鱼，其下方有菱形的透雕装饰。正殿西山墙砖雕位置示意参看图2.1-13，编号1位置为封檐板上的悬鱼；编号2位置为菱形墙饰。

1）编号1草拐子龙。茂盛的蔓草卷曲交错，与屋脊衔接的部分化为龙头。此装饰相对于偌大的墙壁来说偏小，装饰不明显。

2）编号2荷花。茎叶衬托三朵荷花：两朵盛开，一朵含苞待放。茎叶下三丛水波纹。菱形四角为回纹浅浮雕装饰，如图2.1-14所示。

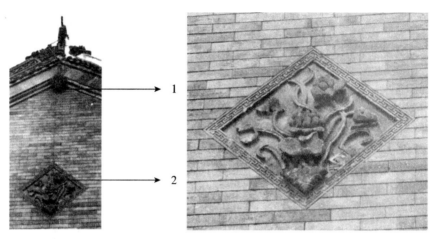

图2.1-13 正殿西山　　　　　　　　　　　　图2.1-14 菱形墙饰

（3）木雕。正殿外部木雕构件所在位置示意如图2.1-15所示。图中各数字表示相同构件木雕所在位置，编号1~7表示从正殿西到东向的装饰位置；正殿木雕所在构件示意参看图2.1-16，图中编号a系列为位于盖斗板上的木雕；编号b系列为位于额枋下的一层挂檐木雕；编号c系列为额枋下二层挂檐木雕；编号d系列为雀替木雕；编号e系列为门、窗板裙板上木雕；编号f系列为东西两侧角落木雕；编号g系列为斗拱上木雕怪兽；编号h系列为拱撑上木雕，具体木雕情况见表2.1-4。

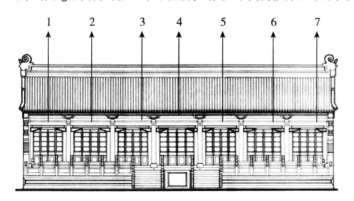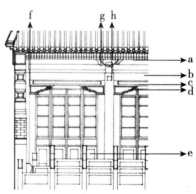

图2.1-15 正殿木雕构件所在位置示意1　　　　图2.1-16 正殿木雕构件所在位置示意2

表2.1-4　锦州天后宫正殿外部木雕装饰一览表

序号	详情
编号a系列	图案为二龙戏珠，圆雕技法，云龙，三爪，呈现清中期的特征。龙身黄色，角、尾、腹部红色，白色收边，祥云为黑、白、红三色，同样以白色收边。其中a1、a2、a6、a7的中心图案，龙头向内侧火珠靠拢，a3、a4、a5为龙尾向内侧火珠，龙头返身呈对望状

续表

序号	详情
编号b系列	二十四孝图，透雕技法。二十四个图案中均以松树作为背景，象征品行高洁。近景雕刻有二十四个孝敬老人的传奇故事。故事情节从西侧到东侧依次为"扼虎救父""郭臣埋儿""孝感动天""拾葚供亲""卧冰求鲤""卖身葬父""乳姑奉亲""刻木事亲""啮指心痛""怀橘事亲""为亲负米""涤溺事亲""扇枕温衾""芦衣顺母""彩戏娱亲""弃官寻母""涌泉跃鲤""恣蚊饱血""尝粪心忧""哭竹生笋""鹿乳奉亲""亲尝汤药""行佣供母""闻雷泣墓"
编号c系列	7幅木雕图案相同，均为卷草与莲花。中间为一卷草纹，着粉色；两侧各一朵莲花，无茎、无叶着粉色，两重花瓣，中间黄色花蕊；背景为蔓草纹，着绿色
编号d系列	写生花鸟，透雕，各位置题材有所不同。下面结合图2.1-15、图2.1-16编号，进行叙述。图d1东西两个雀替图案均为喜鹊登梅；图d2东侧图案为菊花，西侧为凤戏牡丹；图d3东、西两侧图案均为麒麟与蝙蝠；图d4东、西两侧图案均为凤戏牡丹；图d5西侧图为麒麟与蝙蝠，东侧图不祥；图d6东、西两侧图案均为莲花与吉祥鸟；图d7东、西两侧图案均为凤戏牡丹
编号e系列	系列孝子图雕刻于门窗隔扇处，共28幅，其中24幅为孝子图（与额枋对应）。由东侧到西侧依次为松树背景、竹林背景、梅花背景，象征高风亮节；主题人物居于图案中心位置，与挂檐装饰相呼应
编号f系列	云龙图案，圆雕，降龙，衬有祥云，与图a系列的龙相比较，前者造型更加细腻，细节清晰。位于大殿东西两侧
编号g系列	图案相同檐下怪兽。共6只，位于东西两侧柱子之上，圆雕技法，其图像宽鼻、瞪眼、咧嘴、膊上有鳞片状花纹，左右两侧伴有火纹雕刻装饰纹样。从头部造型来看，接近于狮子的造型；从臂部的鳞片和下部的火焰装饰来看，又与麒麟较为接近；但观全身，却不同于任何常规的吉祥瑞兽
编号h系列	为撑拱兽，图案为狮子绣球或太师少师，寓意吉祥富贵

（4）彩画。正殿外部檐口彩画位置示意参看图2.1-17。图中各数字表示相同构件彩画所在位置。编号1～7为绘制于平板枋上的彩画；编号8～14为绘制于额枋上的彩画，具体样式见表2.1-5。

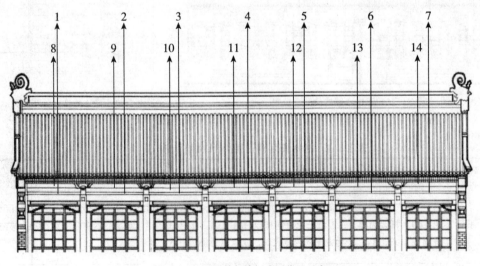

图2.1-17　正殿外部檐口彩画位置示意

表2.1-5 锦州天后宫正殿外部彩绘装饰一览表

序号	形式
编号1~7	为平板枋位置上的彩画，无藻头苏式彩画，活箍头配饰，绘制技法为金线彩画。其中，编号1、3、5、7为绿色底色，其彩画题材为"凤凰"；编号2、4、6为红色底色，其彩画题材为二龙戏珠
编号8~14	为井口枋上两斗拱间彩画，共7幅，北方苏式金线彩画，活箍头配饰，枋心绘制图案为吉祥花卉，写实画法，为富贵繁华之意

2. 锦州天后宫建筑装饰特征

锦州天后宫建筑的布局与中国传统建筑布局观念一致，均有一条明显的中轴线，

锦州天后宫建筑形式为北方典型的二进四合院落式。建筑装饰的重点部位主要集中在中轴线上。这作为建筑布局空间轴线的同时也是穿行与进退的视觉轴线，是观者的视觉中心。山门、过厅、正殿这些位于中轴线上的建筑装饰明显多于两侧的配殿。

（1）石雕装饰特征。锦州天后宫石雕装饰主要集中在正殿的基座上，包括栏杆、望柱、御路三个重点部位。栏杆与望柱上的装饰使用功能是第一位，装饰功能是第二位，其雕刻以大线条为主，做浅浮雕花纹，风格大气、简洁、浑厚；御路上的则是以装饰为主的雕刻，雕刻精致细腻。

（2）砖雕装饰特征。砖雕在锦州天后宫建筑中主要分布在各殿阁的博凤头及正殿与山门两侧的墀头墙上。其装饰题材主要分为三类，其一为云龙、卷草、蕃草等装饰性图案，多分布在衔接的部位。花草纹饰窄长位，花纹布局紧密，枝枝重叠交错，呈对称状均匀地布满空间。其二为吉祥器物图案，如博古、四艺构图均衡典雅，书卷气浓郁，具有较好的装饰效果。其三为仙家法器，如暗八仙、摩尼珠等。其整体装饰风格具有朴实、庄重、简洁、典雅的特点。在辽宁地区清代的古建筑中，墀头墙上布置如此多的砖雕装饰并不常见，是受到了文化来源之地装饰风格的影响的结果。

（3）木雕装饰特征。木雕刻在锦州天后宫建筑中成为装饰的重点，其遍布于各殿阁的斗拱、额枋、挂檐、雀替等位置，几乎达到了无木不雕的程度，这样数量众多的木雕刻装饰在辽宁地区是较为罕见的。其木雕刻的装饰分为三类，其一为民间故事，二十四孝系列故事具有浓厚的伦理教化色彩。这一部分位于正殿的额枋上，深浮雕雕刻，刻画细腻，情节清晰。其二是采用"二龙戏珠""凤凰牡丹""鹿鹤同春""福禄博古""加官晋爵""金玉满堂"等吉祥纹饰，这是封建社会传统意识、伦理道德的形象反映，此题材装饰多分布于檐下的挂檐、雀替等处，常采用透雕的方式进行处理。其三是运用我国传统的象征、寓意和祈望手法，选用谐音和暗喻组合起来富有吉祥寓意的题材，如用莲、鱼表示年年有余，用"仙桃"表示长寿；用蝙蝠、梅花鹿表示福、禄；用龙、蝙蝠表示祈望荣华富贵，追求幸福的美学观念。以上所有的木雕刻装饰，均外饰青绿彩绘作为防腐的处理，色彩基调为青绿色，是我国北方清末的装饰风格。运用高浮雕、浅浮雕、透雕、圆雕等各种手法进行创作，很好地反映了图案的凸透感和立体感。锦州天后宫的木雕刻装饰与东临的大广济寺相比较，两建筑虽然同兴建于清代，且重修于光绪年间，但天后宫檐口木雕刻的装饰数量和雕刻的精细程度明显高于大广济寺。如此众多木雕刻较少出现在辽宁地区的清代建筑中，其雕刻工艺精巧、细致，是受到南方砖雕风格影响的结果。

（4）彩绘装饰特征。彩绘同样是锦州天后宫建筑装饰的重要手段，遍布于建筑的外部和内部。从整体遗留图像的色彩感觉来说，其属于清中、晚期青绿彩画范畴。从建筑外部额枋与建筑内部檩和梁上绘制的彩画来看，主要分为两类：一类为清官式和玺彩画的变形；另一类则来自南方的包袱彩画。但锦州天后宫的彩画显然更具有自身的特点，所有位于正殿重点部位的彩画均为仿和玺彩画的变形，只在两侧绘制了箍头，省略了藻头，采用金线绘制枋心图案，整个彩画具有雍容华贵之感。而位于过厅、配殿、山门的彩画则更为自由，融和玺、苏画为一体，交替使用，题材也较为丰富，多以吉祥动物、植物作为装饰，整体风格华丽，给人目不暇接之感。这里需要强调的是，在过厅和正殿檐口的彩绘上，多个位置出现了以犬头、狼图形及背光巫兽为图案的彩绘。犬头呈吐云雾状；狼图形为黑色、具象的造型，背光巫兽只有眼鼻的造型。从图案上来看，背光巫兽与正殿檐口驮檐怪兽的头部造型较为接近，是辽宁地方萨满巫文化的装饰题材。

3. 从锦州天后宫看中国传统建筑装饰

锦州天后宫是北方地区一座典型的清晚期传统建筑，其建筑群落是常规的中国宫庙建筑院落形式，是含前殿、大殿和偏殿等的建筑群落，呈现出对称的布局形式。锦州天后宫建筑内外木结构上大量使用了雕刻、彩绘等装饰，还有大量的石雕与砖雕。锦州天后宫体现了中国传统建筑艺术的丰富与独特，正是中国万千遗留传统建筑的缩影，通过现场观察、深入研究和学习这些知识，可以更好地理解和欣赏中国传统建筑装饰的独特魅力，为后续依托传承展开创新奠定基础。

（1）从工程角度看中国传统建筑装饰特征。中国传统建筑装饰的实施依赖于具备精湛文化传承与施工技艺的工匠。在以手工艺作坊式、家族式传承的工程技艺实施过程中，他们掌握了大木作、小木作、雕刻、彩绘、髹（xiū）漆等工艺技术。这些技艺不仅赋予中国传统建筑装饰独特的美学价值，还体现了古代工匠对材料性能、结构力学和功能需求的深刻理解，从而建造了大量功能性与艺术性高度融合、美轮美奂的传统建筑。

1）中国传统建筑装饰具备整体结构的稳定性和功能性。中国传统建筑及装饰在设计和施工中都进行了巧妙的构思，部分装饰元素与建筑结构巧妙结合，既起到装饰作用，又兼具支撑作用，有的还能增强稳固性。例如在建筑斗拱、悬鱼构件设计上，同时具备装饰与支撑双重作用。

2）中国传统建筑装饰呈现出简约而和谐的美学特征。其核心是通过高度理性的工程思维实现"技术美学"，蕴含着深刻的营造智慧，是世代智慧传承和持续创新的结晶。中国传统建筑装饰不仅整体上呈现出和谐之美，还体现了中国传统审美观念中的"无为而治"和"含蓄而美"。

3）中国传统建筑装饰注重整体协调的秩序美感。中国传统建筑装饰多强调对称性、组合性，大量的运用方圆嵌套、分形构图等方式，其更具秩序美感。例如在门楼、亭台、窗棂等纵向构件装饰元素的处理上，往往采用有序排列的方式，更能增强稳固性与和谐的空间氛围。

4）中国传统建筑装饰善于运用丰富的符号展示深刻的寓意。在符号的选取上意蕴深厚，特别是在图形图案的选取上，通过特定的图案、图像或雕刻来传递寓意，大量的自然符号、动物符号、器物符号、文化符号的应用，使中国传统建筑装饰满足人们的心理诉求，具有更深层次的文化内涵。

5）中国传统建筑装饰还呼应传统"天人合一"的哲学思想。擅于运用自然元素的形式和图案，如常用山水、花草等结合展现空间美感,使之产生自然、舒适的美感。

总体而言,我国传统建筑装饰追求结构稳定、简约和谐、对称统一、寓意美满,展现出天人合一的总体美学特征;但随地域和文化的差异又各有侧重,如因地域气候各异的各民族居住环境。这些特征与差异体现了古代创新设计的审美特征和工程技术的高超水平,"和而不同、气象万千"正是我国特色传统文化和审美观念的东方魅力所在。

(2)从锦州天后宫看中国传统建筑装饰图案意必吉祥的习俗。吉祥图案主要是指有吉利祥和寓意的图案、纹样或纹饰,是自古以来普通民众用来表达美好意愿和愿望,祈求生活美满而形成的有吉祥寓意的图案样式。因不同时期、不同地域的差异,吉祥图案随人民群众心理诉求不同而有所差异,但总体来说,常常以带有一定的崇善向上、趋利避害的艺术形象出现。

锦州天后宫是地处于我国北方地区的妈祖民俗文化的宫庙建筑,民俗活动来源于南方,其建筑装饰的数量与规模也明显多于建筑群内同时期兴建的其他宗教建筑。其建筑装饰上运用了大量的传统图案,以营造吉祥、顺意的空间氛围。锦州天后宫建筑装饰上所运用的吉祥图案总体上分为动物纹饰、植物纹饰、人物纹饰、器物纹饰四大类。其中,以动物纹饰数量最多,其次为植物纹饰、器物纹饰、人物纹饰。为动物纹饰和人物纹饰装饰于视觉中心较为醒目的位置。

与中国传统建筑一样,锦州天后宫建筑装饰图案是通过象征、谐音等方式,传达吉祥的寓意。象征,即用代表性的装饰物图案来寓意吉祥喜庆,此种方式被认为是吉祥图案对素材的直接应用,通常是生活中较为常见的题材,能够给人较直观的祈福印象。锦州天后宫砖雕刻中出现了八吉祥图案中的盘肠缓带,寓意富贵长久。在彩绘的装饰中出现了西瓜、石榴、葡萄等题材的纹饰,寓意多子,人丁旺盛。谐音,是借用了同音不同义的现象。这种方式在吉祥图案中的运用比较常见。锦州天后宫建筑装饰中有大量谐音类型的吉祥图案出现,如雀鹿封侯、太师少师、喜上眉梢、福在眼前等寄托美好愿望的题材。

总之,锦州天后宫虽然是我国北方地区的民俗宫庙建筑,但其石雕、砖雕、木雕及彩绘均丰富而多样,运用了大量的吉祥图案,形式多样、构图丰富,体现出积极向上、纯真质朴的美好愿望。其总体寓意吉祥、境界深远,呈现出南北方文化交融与整合的特性。

(3)明清建筑装饰形式与样式雷家族。锦州天后宫建筑及装饰带有明显的清末官式建筑样式,我国清官式建筑得到了全面的发展,其发展与一个家族密切相关,这个家族就是样式雷家族。样式雷是对清代主持皇家建筑设计雷姓世家的誉称。该家族主要负责皇室建筑(如宫殿、皇陵、苑囿等建筑)、园林及室内外环境的修建工作,这一建筑世家几代人都从事宫廷建筑营造工作,是清廷样式房的掌案头目人,负责北京故宫、圆明园、承德避暑山庄、清东陵等一系列重要工程的设计与建造。样式雷家族进行设计都按1/100或1/200比例先制作模型提交内廷,以供审定。建筑模型用草纸板热压制成,也称烫样。烫样制作极其精细,详细到建筑的台基、瓦顶、柱枋、门窗及室内空间的床榻桌椅和屏风纱橱等细节都按比例得以呈现,是了解清代建筑、装饰和设计及建造程序的重要资料。样式雷家族还主持编纂了重要的文献资料《建筑图档》,该文献记录了清时期建筑和室内设计的诸多制作细节,是我国宝贵的建筑文化遗产。2007年6月20日,经联合国教科文组织认定样式雷建筑图档入选"世界记忆遗产名录"。

四、中国近代到现代环境设计发展

中国环境设计在近代到现代的发展过程中，经历了重大变革，展现出从跟随到引领的变化过程。

近代的中国环境设计首先受到了西方思潮的影响。自19世纪末至20世纪初，西方的建筑、景观和城市规划理念逐渐传入中国。这一过程最初是随着西方列强的进入而被动开始的。国外传教士、设计师等带来了西方的艺术、文化和设计理论，推动了中国当时设计的转型，并最终促成了中西文化的融合。总的来说，中国商业与办公类建筑及室内设计率先学习西方风格进行改革，呈现出多方交融的面貌。例如，近代上海外滩的洋行建筑，其装饰风格是融合了中国传统、欧洲历史和现代化建筑及装饰的典范。

进入20世纪的前40年间，中国环境设计逐渐觉醒，从跟随西方转向发展自身文化和特色，如新文化运动促进了中国文化新潮的尝试和革新。其是中国现代文化的起点之一，许多关于建筑及设计的理论在这个时期内出现。

1949年中华人民共和国成立后，在国家相关政策的全面推动下，中国的环境设计开始快速发展。中国的环境设计经历了从模仿到跟随，渐渐唤醒自身文脉，设计领域生发出鲜明的大国文化特色和个性。到今天，中国的环境设计已经能够以特色引领设计，逐渐走出自己独特的脚步。

国家文化自信和中华血脉的觉醒，使中国传统文化和思想得到全面弘扬及发展，许多新的建筑和景观设计（如北京天安门广场、香山饭店、上海人民广场等）在建造上融合了传统中国元素，富于浓厚民族特色和国际影响力的新时期中国环境设计在此期间踊跃出现。

改革开放至今，我国环境设计逐渐发展到了一个新的阶段，设计领域日益广泛，从家居设计到城市规划，从公共建筑到城市景观设计领域。同时，面对我国现代城市化进程，环境设计不再仅仅停留在样式美上，而开始更多地关注环保、可持续性、文化保护与传承、生态发展、人文关怀等议题。新的科技手段（如3D设计、数字化技术、AIGC技术等）的应用，也为我国本土的环境设计带来了更多的创新思路和空间。

更为重要的是，我国政府从人类命运共同体出发，从为满足人民美好生活向往角度出发制订的发展规划，既关注城市环境设计更新，又关注乡村生态环境建设，使人居环境得到全面的提升，使我国的环境设计创新设计从长远造福人类角度进行变革，朝高质量生态发展方向发展。习近平总书记在党的二十大报告中指出，"打造宜居、韧性、智慧城市"，强调"建设宜居宜业和美乡村"。都是从全面深远的角度出发提出的纲领建议，我国的环境设计在服务城乡发展上也全力保证中国建立在长远、现代、人文、智慧发展之上的特色创新。

总之，中国近代到现代环境设计的发展历程标志着中国文化艺术走向现代，并为富有中国特色的国际性艺术作出了贡献。在中国环境设计发展的过程中，从之前对西方文化的模仿到现在不断在国际舞台展现中国特色，乌镇互联网国际会展中心设计、G20杭州峰会会议中心设计、世界休闲大会会议中心等设计项目，都以独特的中式文化解读向世界展示中华文化之美、中国设计之美。引领东方文化走向世界的使命，引领越来越多的设计者将中国传统美学与文化作为底蕴，以自身独特的魅力与西方美学文化交相呼应，形成中国特色的现代环境设计。中国环境设计未来的发展也必将站在全人类可持续发展的更高的视角，关注和谐平衡生态文化、科技创新、人文关爱、文化特色体现，四位一体，并尊重设计的多样性和可持续性，实现长远的发展。

1. 中国传统建筑装饰的形式多样，说说你的家乡传统建筑装饰独有的样式。
2. 中国传统建筑装饰中的哪些样式让你印象深刻？请说出它的特点。
3. 样式雷家族的贡献有哪些？样式雷家族代表的哪些工匠精神值得我们学习？
4. 谈谈你对当代中国环境设计的理解，以及当代环境设计的使命。

第二节　国外环境设计发展进程

普遍认为，国外环境设计的发展可以追溯到古代文明时期，国外现代环境设计起源于19世纪末期的欧美。

到了20世纪初期，随着工业化进程的加速和城市建设的高速发展，建筑带动了室内外环境发展的全面进步。在欧洲，德国的包豪斯学派在建筑、家具和工业设计领域取得了重要的成就，对现代环境设计的发展产生了深远影响，也成为现代环境设计的有益探索。总体而言，国外世界各地在历史进程中，受到文化、宗教信仰、工业发展的影响，在环境设计领域都呈现出各自的特征。

一、神秘与宗教光辉影响下（约前935以前）

古代国外环境设计的发展与起源，与各地形成的独特宗教文化密切相关。在其起源阶段，环境设计在很大程度上受到神秘主义和宗教的影响。在许多文明中，信仰影响了建筑、规划、室内外设计等所有领域。古埃及的主要建筑，如金字塔和其他神庙，都是为了供奉神明并提供与神明沟通的空间而建造。这些建筑融合了对神秘主义和神话的理解，在高耸的空间中展现对信仰的崇拜。希腊和古罗马的建筑与城市规划也都是为了展示其神性的崇高，在空间形态、材料选用和装饰细节上均烘托宗教的神秘性，光影设置也烘托空间的神秘性。在其他文明中，如古印度、波斯等地，他们的建筑和宫殿虽各具特色，也都呈现出基于各文化特征的与信仰结合的装饰特征，充分展示国家与君主的威严。

古代国外的环境设计与建筑城市建设受到了宗教和神秘主义的重大影响。

1. 古希腊的环境空间与装饰（前800—前146）

古希腊建筑由石材建造为主，以其简约、优雅和比例感而闻名。古希腊三柱式是代表性样式，其中帕拉迪奥式(希腊神殿式)建筑风格，采用柱廊和三角山形墙(称为三角前额)是最为知名的代表性柱式。从代表性建筑帕特农神庙(图2.2-1)、雅典卫城和赫拉克利特神庙中可以看出，这一时期的室内设计中注重比例与尺度的运用，从整体到细部都力求达到完美的比例关系。在空间的布局上，通常采用对称的方式，以创造稳定和谐的感觉。在壁画和装饰方面，古希腊喜欢使用几何形状和图案对墙壁和柱子进行装饰，以增加空间的艺术感。

古希腊环境空间与艺术一样，强调人体的理想化和比例感，空间设计中的尺度和比例都进行了一定的处理。室内空间中多以雕塑和绘画为主要装饰内容，题材是以神话和历史人物为主。室内空间处理上多用严谨的对称结构呈现美好的比例关系，用精美的壁画和雕塑装饰装点细节，装饰图案上莨苕叶、橄榄枝纹样广泛使用，象征着生命与智慧。总的来说，此时期的室内外装饰设计上都展现了古希腊时期独特的审美和城邦文化。

图2.2-1　帕特农神庙

2. 古罗马的环境空间与装饰（前800—前395）

古罗马时期继承和发扬了古希腊时期的建筑及装饰传统，建设了大量的大型公共建筑及较大规模的基础配套设施。这时期知名的古罗马竞技场、巴黎斗兽场和巴士底狱等都是罗马风格的代表。

室外善于使用环廊结构，实现功能与艺术的统一。建筑上将混凝土与拱券技术相结合，形成代表性的装饰形式。其室内空间设计上，善于使用大理石和镶嵌画作为装饰元素，营造出豪华富丽的室内空间效果。室内空间中加入了拱顶和拱廊设计，使室内空间更加高耸而开阔，配合罗马雕塑作品，展现出豪华和雄伟的风格，展现了权力和神圣的氛围。科洛塞恩剧院是古罗马时期的又一代表建筑，室内空间中大胆采用了拱顶和拱廊结构，创造出宽敞开阔的室内空间，使用大理石和雕塑等元素，展示了古罗马人对奢华和实用性的双重追求。庞贝古城是古罗马时期的代表性城市遗址，其建筑内有"四式风格"壁画和马赛克装饰。古罗马的万神庙被普遍认为是中庭空间最早出现的案例，如图2.2-2所示。

图2.2-2　万神庙室内中庭空间

二、信仰与权威笼罩下（476—19世纪初）

1. 欧洲中世纪的环境设计（476—1453）

欧洲中世纪（5世纪至15世纪）的环境设计与该时期的宗教、政治和社会的特征密切相关，形成了功能与象征意义并重的设计风格。由于当时欧洲持续的战争和不断变化的政治局势，城市规划和建筑设计整体上更注重功能性、安全性和宗教象征意义。

在中世纪，城市的大教堂是中心区域，代表着信仰的力量和政治的权威。集会是常见的城市需求，城市中心围绕集会广场展开，是现代城市广场的早期样式。在建筑风格上，教堂多采用壮丽的尖顶、拱顶和彩色玻璃窗。这个时期的装饰艺术丰富多样且充满宗教寓意，教堂内的壁画、雕塑和彩色玻璃都围绕圣经故事展开，同时广泛运用纹章、挂毯、挂画等艺术形式。在庭院设计上，以回廊花园形式联通各景观空间。它将自然与信仰结合，成为冥想与艺术交融的户外空间样式。中世纪的环境设计形成了两个重要的装饰风格，即哥特式与拜占庭式。

（1）哥特式。哥特式是中世纪代表性风格，起源于12世纪的法国，一经出现在整个欧洲得到广泛发展。从建筑外观来看，哥特式以它的豪华、壮丽和尖锐的拱形(尖顶、尖顶拱和尖堂)为特征。这种结构使建筑物呈现向上延伸感，有直插云霄的垂直感。在室内形成瘦高狭长的空间效果，成为哥特式建筑内外的标志性特征。哥特式风格还以大型绚丽的玫瑰窗作为装饰，这些玫瑰窗通常位于立面的中央区域，由多边形或圆形窗框和彩色玻璃组成。整体上打造庄严华丽又神秘的室内外空间氛围，赋予浓厚的宗教情感和艺术感受。例如，巴黎圣母院作为哥特式建筑的典范，以其高耸的尖塔、繁复的石雕和华丽的玫瑰花窗闻名于世。遗憾的是2019年的一场火灾导致大部分玫瑰花窗损毁，之后法国政府启动了修复工作。德国的科隆大教堂是继巴黎圣母院之后建成的宗教建筑，其壮观的尖塔和拱顶同样也是哥特式风格的代表。

（2）拜占庭式。拜占庭式是中世纪艺术的另一种重要风格，其起源可以追溯到罗马帝国晚期，遗留下来的多以宗教建筑为主。其特点在于融合了古希腊、古罗马与东方文化，形成了自己独特的装饰特征。圆顶和穹顶是其标志性特征，其建筑通过逐层堆砌构建出半圆形或圆形屋顶结构，并以多个带状拱门作为装饰。装饰上喜欢用大量的彩色马赛克进行处理，装饰图案的选择上以宗教图像和宗教故事为主，全面烘托建筑的宗教属性。拜占庭式风格对东欧、中东建筑及室内设计影响较为深远，著名的圣瓦西里大教堂、圣索菲亚清真寺，都采用了其穹顶样式和室内空间的装饰手法。

哥特式和拜占庭式是中世纪最重要的两种设计风格，之间有一些近似之处。为了更好地分辨，我们将两种风格进行对照，发现它们在结构、形式和装饰细节等方面有着明显的区别（表2.2-1）。

表2.2-1　哥特式建筑与拜占庭式建筑对照一览表

名称 项目	哥特式建筑	拜占庭式建筑
结构	哥特式建筑注重高耸的结构和垂直感，以尖拱形的天花板和窗户为特征。它们常常采用薄壁结构、飞扶壁和尖塔等建筑形式，以支撑高大而轻盈的建筑体量	拜占庭式建筑注重巨大的穹顶和圆顶结构，通过使用拱形和圆形的结构来支撑建筑。它们常常采用圆顶和半圆顶及厚重、坚固的墙体结构
形式	哥特式建筑常呈现出复杂而雄伟的外观，具有许多凸出和复杂的细节，其中包括尖拱门、峭壁式的尖顶、尖形窗户和尖形拱券	拜占庭式建筑的外观通常比较平衡和均衡，没有哥特式建筑那种垂直感和尖锐的形式。它们通常呈现出圆拱门、半圆形窗户和穹顶等独特形式
装饰	哥特式建筑的装饰注重细节和精细的雕刻，常常以石雕、花窗玻璃和拱顶上的彩色装饰为特色。这些装饰通常融入了宗教和神话题材的雕像及浮雕，展现出浓厚的宗教象征意义	拜占庭式建筑的装饰注重细致、几何和抽象的图案，常使用马赛克、彩色玻璃、瓷砖和金属装饰等，展现出精致和华丽的效果

总体来说，哥特式风格注重垂直感、尖拱形的天花板和窗户，以及复杂的雕刻装饰，而拜占庭式风格则侧重于圆顶结构、平衡的形式和几何图案装饰。

2. 意大利文艺复兴建筑及装饰（14—16 世纪）

意大利文艺复兴时期艺术变革的主要核心思想为复兴古典文化，复兴思潮延伸拓展到城市规划、建筑设计和室内装饰设计等领域。

这个时期摒弃了哥特式典型的尖顶形式，回归古希腊罗马时期的样式。经过重新诠释的柱式、拱券和穹顶等元素，成为室内外装饰的标志形式。总体呈现出回归理性的特征，即回归秩序美感。在空间的整体布局上善于使用对称和几何形态。在景观设计上用精心规划的道路和街道来平衡整体的环境布局，使整体更为和谐。城市中出现了大量的广场、公园和花园等公共空间，成为公众户外活动的场所，是现代城市广场与公园的雏形。

文艺复兴时期的室内装饰追随人文主义思潮的回归，选材以神话故事和文学作品中的故事为主，带有极强的宗教性和故事性。空间比例尺度更倾向于对古罗马时期的标志性形式。为营造豪华、庄重的艺术氛围，室内空间中壁画、彩色玻璃窗等装饰大量使用。室内中柱廊、方向柱、拱门和壁龛等形式的使用，与绘画和雕塑结合营造神圣的空间氛围。文艺复兴时期的家具和陈设设计上为展现精致而细腻的风格，采用大理石、木材、金属和宝石等材料联合制作。室内空间装饰上还以雕花、仿古纹饰和复杂的镶嵌装饰来突出烘托特色。

3. 巴洛克（17—18 世纪）

巴洛克时期的环境设计以其丰富、夸张和戏剧化的装饰而闻名于世。这个时期喜欢用更为奢华的装饰细节来展现空间的细节，特别是在一些宫廷、宗教建筑中，金色与大理石的完美组合，形成了金碧辉煌的质感。装饰纹样上喜欢用复杂的曲线纹、卷草纹装饰细节。用规模宏大的雕刻、雕塑、壁画等元素，营造丰富而华丽的室内外视觉效果。巴洛克风格颠覆稳定与均衡的美学特征，以曲线的立面和动态的线条注重表现空间的感官冲击和戏剧性。巴洛克时期的建筑善于运用明暗的变化来增强内外空间的光影效果。巴洛克时期建筑立面上，常采用夸张的形式（如用巨大的拱门、高大的塔楼等），以此形成视觉中心。此外，景观设计注重水景与雕塑的互动，进一步强化了空间的纵深感。

此时期建筑装饰上，常常使用大型、夸张而丰富的雕塑装饰，在楣板、壁柱等建筑构件及雕像、浮雕上广泛使用。这些装饰元素具有豪华、精细和装饰繁复的特点。巴洛克建筑常用扭曲的柱子和倒悬的拱门等特点赋予建筑空间自由流动的视觉感受。此时期在室内设计上也同样追求奢华和装饰的极致深入，室内装饰上各界面（天花、墙壁、地面）、家具陈设等都经过精心的雕刻、镀金和镶嵌，形成错综复杂而奢华的装饰效果。另外，室内规模巨大的壁画和天花画也是巴洛克时期室内设计的重要装饰形式，其室内壁画和画作多为描绘神话、宗教及历史故事的恢宏场景，整体营造出室内空间的戏剧性、奇幻性、神秘性结合的空间氛围。

4. 洛可可（约 18 世纪）

洛可可时期是18世纪早期欧洲盛行的建筑及装饰风格，它延续了巴洛克的装饰性和奢华感，但更加突出设计中的优雅、婉约和柔美形式。

洛可可建筑在形式上与巴洛克类似，注重曲线和装饰，但经过适当的简化后更加轻盈和优雅。建筑立面的窗户和壁柱上多采用曲线形状，装饰细节丰富，精致而细腻。在解构上使用轻盈、透明的元素，用优雅拱门形态展现灵活雅致的空间形式。此时期的室内设计以豪华、细腻的装饰而著称，用壁纸和织物来丰富空间细节，以优雅的陈设衬托空间风格。装饰细节中多有复杂的花卉、浮雕纹样和曲线装饰；在织物配饰上，常使用丰富的图案和柔和的色彩，以增加空间的舒适感和视觉效果；配套的家具设计和陈设多采用曲线形状、丝绸、贝壳镶嵌和金属装饰，以营造华丽、精致的氛围。

洛可可时期的户外景观设计以花园设计为代表，整体上强调优雅、对称和精致。其花园中常出现曲线路径、喷泉、雕塑和华丽的花卉装饰，水体设计灵动多变，喷泉造型精致小巧。雕塑也是洛可可景观中的重要元素，多以神话人物、天使等为主题，造型优美，工艺精湛，为整个景观增添了浪漫的艺术氛围。另外，洛可可时期由于受到文化交流的影响，很多设计常常借鉴中国和东方的设计元素，如屏风、云彩和东方绘画的形式，使花园呈现出一定东方情调。

总之，洛可可时期的环境设计以其柔美、优雅和装饰性而独树一帜，反映了当时社会对优雅生活和艺术品位的追求。

5. 新古典主义（18—19世纪初）

新古典主义风格可理解为对古典艺术形式更为理性、秩序的复兴。这一设计潮流倡导对古希腊和古罗马古典风格的复兴，并在其基础上进行重新演绎。新古典主义首先反对洛可可风格的冗余繁杂装饰，在设计上大量使用了对称、比例等形式，还将经典元素重新演绎，重新应用到设计中。避免过度装饰和繁杂的细节，简洁、优雅和永恒的设计理念贯彻到装饰细节，以此与古典风格进行区分。

在建筑设计上，新古典主义通过运用古罗马和古希腊时期标志性的廊柱、拱门、圆顶等结构，创造庄严和均衡的形象，形成庄重、威严的艺术形象。室内中大量使用浮雕、壁画、雕塑及古希腊、古罗马时期的装饰元素。在欧洲、美国等地，许多政府建筑、博物馆、剧院等重要公共建筑均采用了新古典主义形式，可见其影响力。其优雅、典雅的设计理念和复古的风格体现了对古代文化及传统的尊重和传承。

三、呼应传统与大胆革新（19世纪初至今）

到了19世纪初，以欧洲变革为主的设计领域开始朝着多样化发展，逐渐形成了丰富而多样的风格。

1. 维多利亚风格（19世纪30年代—20世纪初）

维多利亚风格是以维多利亚女王统治时期盛行的设计风格而得名，是带有一定的统治者审美倾向影响下的艺术风格。这一时期的设计注重繁复的装饰和豪华感。

维多利亚时期的建筑上使用砖石和石膏进行外墙装饰，使整体更为细腻。建筑立面上用悬挂着装饰丰富的壁画或花卉图案的浮雕，窗户和门上有精美的花纹及装饰。另外，使用金属材料（如铁和铜）来制作扶手、栏杆、门铃。室内设计中用复杂的线条和精细的花饰进行大量的装饰。墙壁上常用华丽的壁纸、织物和绘画，烘托出温馨浪漫的宫廷氛围。常见的装饰图案有花朵、叶子、葡萄藤等。在家具座椅和桌子的材料上也强化了宫廷色彩，用丝绸、绒布等华丽的柔性材质，突出柔性质感。景观花园设计上，以种植种类多样呈现缤纷色彩效果的大型绿植为主，在园艺设计中的花坛造型设计上，运用镶边、几何形状形成对称性的装饰，突出宫廷风情。在户外设施配置上还注重曲径和座椅的合理化设置，营造供舒适、优美的休憩场所。

2. 转型与变革

水晶宫是为1851年在伦敦召开的首届世界博览会而专门建造的（图2.2-3）。它是由约瑟夫·帕克斯顿设计，设计灵感来自帕克斯顿在贝尔沃公园的玻璃暖房，其室内外建造大胆采用了大量的铁和玻璃，使该建筑看起来像是一个巨大的透明晶体，因而得名水晶宫。在当时，其与西方砖石结构为主的传统建筑形成了强烈反差，引起剧烈讨论，引发了变革，标志着工业革命时期建筑技术的重要突破。

图2.2-3　运用AI技术复原的水晶宫

水晶宫的大胆设计使光线可以轻松透过玻璃板照射到室内，创造出通透明亮的环境氛围，这与当时西方建筑神秘又高雅、以暗影塑造神秘氛围的宗教建筑形成了鲜明的反差。它是为进行展览而建造的，内部以容纳工艺品、艺术品、科学发明等为主要功能，与当时的传统建筑相比前沿而另类。虽然水晶宫毁于1936年的一场大火，无法再现原貌，但其在世界建筑史、设计史上仍然占有重要的地位，被视为19世纪工业革命时期的杰作和建筑技术的突破。在那之后许多玻璃和铁结构的建筑设计、室内外设计迅速发展起来。

维多利亚末期的水晶宫展示了当时英国在工业和科学领域的优势及实力，它象征着那个时代工业的繁荣及科技与艺术的进步，成为一个重要的历史符号。

3. 工艺美术运动（19世纪下半叶）

工艺美术运动是19世纪下半叶兴起的一股艺术潮流，它对设计领域产生了重要影响，是起源于英国的一场设计改良运动，也称作艺术与手工艺运动，是当时艺术和设计领域对工业化的巨大反思，并为之后的现代主义设计运动奠定了基础。

这场运动的理论指导是约翰·拉斯金，运动主要实践人物是艺术家、诗人威廉·莫里斯。在美国，"工艺美术运动"对芝加哥建筑学派产生较大影响，代表人物路易斯·沙利文，工艺美术运动广泛影响了欧洲大陆的部分国家。

这一时期在建筑设计上对传统设计形式提出了质疑，取而代之的是流畅而曲线优美的设计。建筑物的外观常常充满了波动的线条和抽象的装饰使用彩色玻璃窗来增强空间的艺术效果，这些玻璃窗使用鲜艳的颜色和复杂的花卉、动植物和几何形状的图案，通过光线的穿透创造出梦幻般的效果。这一时期还将自然元素融入建筑设计中，建筑物外部的装饰常常包括植物、动物和昆虫的形象或轮廓，营造出一种有机而生动的感觉。室内设计上强调整体性，并注重各个元素之间的协调；在装饰上注重使用豪华材料和精致的装饰。该时期的花园景观设计注重曲线形和流动感的表达。曲线形的小径、雕塑、花坛及流动式的水景和喷泉被广泛使用，植物被精心培养为独特的形状，如球形树冠或高大拱形的树木，通过修剪和雕塑来营造装饰性。

总体而言，工艺美术运动时期的设计注重自然主题、有机形态和艺术与生活的结合。通过创新的设计和独特的艺术语言，为建筑与设计领域带来了前所未有的变革和灵感。

4. 新艺术运动（1890—1910）

新艺术运动发生在19世纪末端，其在建筑、室内设计、景观设计、平面设计、首饰设计等方面都表现出独特的风格和特点。

新艺术运动时期在建筑设计上整体强调流线型线条和曲线形态，风格上喜欢优美、流畅的外观设计。通过使用曲线和波浪形的线条结合抽象的装饰元素，在建筑上整体营造出一种富有魅力而独特的视觉效果。这一时期在设计中考虑从室内空间到室外环境的连续性，即强调建筑的整体性。此时期还引入了一些新的建筑材料和技术，如钢筋混凝土、钢铁和大面积的玻璃。新艺术运动时期的建筑室内设计上主要以曲线和装饰性为特点；家具、墙壁、地板和天花板的设计通常采用曲线及流畅线条，营造出柔和、优雅的空间氛围；喜欢运用整体性强的装饰元素（如花卉、植物纹样和几何图案等），将装饰元素应用在墙面、地毯、窗帘、家具和照明设备上，为室内空间营造了丰富的艺术氛围。新艺术运动时期的景观设计上，常常运用有机形态与装饰性相结合的方式，如弯曲的小径、曲线形植物坛和喷泉等元素被广泛采用在景观细节中，创造出一种流畅而优雅的景观氛围。另外，新艺术运动整体上还倡导艺术和自然的交织。此时的环境设计，擅于将艺术装饰物和雕塑与植物、水景和石头等景观元素相结合，营造出独特的景观效果。

新艺术运动时期的环境设计充满了流畅的曲线、装饰性的元素和对自然的追求，让人们感受到一种诗意和梦幻的美。这个时期的设计师通过其独特的创意和艺术表达，为环境设计领域带来了一种新的美学体验。

5. 现代主义（1919 至今）

现代主义风格环境设计是建立在现代主义思潮之上的，它代表了20世纪建筑和室内设计的形态，以简约的线条、几何化的形式、空间和大量新材料等特征而著名。2019年发生了2件大事：包豪斯一百周年诞辰，世界各地举办隆重的纪念活动；华人大师贝聿铭离世。这是与现代主义密切相关的事件，可见现代主义引发的是一场颠覆性的变革。

现代主义虽只有短短一百多年，但其自兴起以来即以独特的面貌和风格，以及与工业大发展同向而行的大胆革新，在建筑、艺术和设计领域吸引了大量追随者，涌现出大量的代表人物和代表作品。

（1）密斯·凡·德·罗：德国建筑师和设计师，现代主义建筑学派的重要代表人物之一，包豪斯创始人和第一任校长，代表作：包豪斯校舍等（图2.2-4）。

（2）赖特：美国著名建筑师，被称为"现代建筑的先驱"，其作品强调与自然的融合，注重线条的流畅和建筑的功能性，代表作：流水别墅等（图2.2-5）。

图2.2-4　包豪斯校舍　　　　　　　　　　图2.2-5　流水别墅 与山水交融的现代建筑

（3）勒·柯布西耶：瑞士裔法国建筑师、城市规划者和画家，是现代主义建筑运动的重要代表人物，提倡"形式遵循功能"的设计理念。

（4）阿尔瓦·阿尔托：芬兰著名建筑师和设计师，他的作品融合了现代主义和有机主义风格，在建筑和家具设计领域都有杰出的成就。

（5）贝聿铭：出生于中国广东广州，祖籍江苏苏州，华裔设计大师，中国工程院外籍院士，被誉为"现代主义最后的大师"。在设计中，他始终坚持着现代主义风格，在将建筑人格化的同时为其注入东方的诗意，形成了自身独特的韵味。他在现代设计中从未忘却东方底蕴，在东西文化中游走，从容而坚定，使中式现代设计在国际上熠熠发光。其代表作：巴黎卢浮宫玻璃金字塔、香山饭店、苏州博物馆新馆（图2.2-6）。

图2.2-6　苏州博物馆设计中的灰白中式情怀（侯玉慧拍摄）

　　总体来说，现代主义建筑设计和室内设计强调极简主义的设计语言，通过直线、平面和点构成简洁明快的空间及布置，通常采用直角、尖角和平面等几何形状来刻画新形象空间，成为划时代的变革，影响人类的审美和生活细节。

　　总结：近代国外环境设计的复兴与思潮主要集中在欧洲，影响到了建筑和城市规划的设计风格及理念。从复兴时期、启蒙运动到现代主义，环境设计与建筑和城市规划一样，考量的焦点从美化和装饰转向了功能、实用性及环保。现代主义的出现引发了一系列的变革，包豪斯现代主义学校的出现也成为设计学的起点，逐渐形成现代环境设计的基础。

 **思考题**

　　1. 简述西方环境设计发展的几个重要时期。

　　2. 现代主义引起的变革有哪些？

　　3. 谈一谈对贝聿铭大师代表作品（香山饭店或苏州博物馆）的理解。

第三节　工业进程与现代环境设计

　　工业发展的突飞猛进，带来了设计领域的全面变革。虽然对工业发展进程见仁见智，但全球较为普遍认同的观点是基于工业发展的不同阶段，对工业发展进行了四个阶段的划分，参看表2.3-1。按照以上共识，工业1.0是蒸汽机时代，工业2.0是电气化时代，工业3.0是信息化时代，工业4.0则是利用信息化技术促进产业变革的时代，也就是智能化时代。工业不断演进发展，将全面促进设计领域的革新。工业5.0是指当下至未来，仍然在发展进化中的人工智能影响下的工业发展。

表2.3-1　工业发展特征一览表

阶段 项目	工业1.0	工业2.0	工业3.0	工业4.0	工业5.0
时间	发生在18世纪末至19世纪初	主要发生在19世纪末至20世纪初	主要发生在20世纪70年代后期至21世纪初	2013年，由德国提出	2024年依然处于过渡时期
内容	工业1.0是指第一次工业革命，是工业化时代的开端	工业2.0是指第二次工业革命，是继第一次工业革命之后的又一次重大工业变革	工业3.0是指第三次工业革命，是一次以自动化和信息化为主要特征的工业革命	工业4.0是指第四次工业革命，是在信息技术和物联网等新兴技术的推动下，对传统工业制造业进行数字化、网络化和智能化升级的概念及趋势。它标志着工业生产方式和管理模式的重大变革	工业5.0这个概念并没有被广泛接受或定义。多样可能性可能成为其特色
代表	蒸汽机时代	电气化时代	信息化时代	利用信息化技术促进产业变革的时代，即智能化时代	智慧时代等待引领式的变革出现

1. 工业发展对环境设计的主要影响

　　工业革命引发了生产力的巨大变革，生产方式的转变影响了设计的表达、实施、展现。每一次工业发展，新材料、新技术的不断涌现，为设计领域提供了更多的可能和无尽的变革。

　　工业技术的进步在生产过程中提高了环境空间装饰材料的性能、质量和生产效率。例如，合成材料的出现，有效地提高了建筑装饰材料的质量、质感和人类对于材料的安全性需求。

　　随着工业生产的自动化和智能化，环境建造装配化程度加深。在装饰实施中，通过模块化设计，产品由工厂制造送至现场用户使用，在提高施工效率的同时，避免了施工过程中的"灰尘污染"等负面影响。

　　工业化发展也不断影响了人们的审美观念，使在一定时期环境设计趋向于简洁、舒适，具有形式美和功能实用的方向发展。

　　工业化发展还为环境设计的创新和发展提供了广泛的可能性。它不仅促进了室内外设计与实施的创新与技术发展，也加快了室内外设计的可持续性和智能化的实现。

　　工业发展带来的创新和科学技术的发展也会对环境设计带来影响。为了适应技术变革，环境设计需要运用现代数字技术手段，如数字建模、AI控制性生成和机器人技术等，将科技成果切实应用到设计实践和工程实施中，提升设计作品的效率和质量。特别是数字化工具等新技术在设计领域的应用，如建筑信息模型（BIM）、虚拟现实和增强现实技术，将继续促进设计的全新发展和创新。

　　2. 工业发展对环境设计的其他影响

　　工业进步在带来积极影响的同时，也带来了一些负面影响。高速的工业化进程，带来了大环境质量的下降。在环境质量下降的影响下，赋予环境设计承担更多的责任，即不仅考虑室内外空间的功能性和美感，还需要考虑如何有效地结合环境保护、生态发展解决设计问题。例如，低碳可持续，废弃物处理、污水治理等问题，成为环境设计中需要综合考量的隐含内容。不计后果的设计，可能会给城市发展、村庄的生活造成恶劣的影响。为解决这些问题，环境设计需要从长远的角度进行设计。

　　总之，工业带来的进步是利大于弊的，但是合理应用工业成果需要设计者进行理性的判断。在现有工业发展的基础上，运用创新的设计思维和方法，从发展和环境保护两个方面出发，为构建绿色、智慧、可持续发展的城市和乡村环境服务，是环境设计者的使命。

第四节　环境设计风格与流派

　　艺术在漫长的历史进程中形成了自身的特色，设计领域也如此，各时期均有自身特色的代表特征及独特的风格，因被大众认可而长时间流行，进而形成了设计者和大众喜爱的设计流派。环境设计风格和流派形成了各自的特点，在历史发展进程中不断闪耀，并成为今天设计领域继续发展进步的基石。

一、环境设计风格

　　环境设计风格是一种通过设计手法和方式给环境空间赋予不同的特色及意义的设计形式。在历史发展进程中普遍被认为有代表性的风格很多，如要进行区分可从时代、地域等不同角度进行。

1. 亚洲设计风格、欧式设计风格

（1）亚洲设计风格。以中国为代表的亚洲设计风格是指源自亚洲各国的设计风格，亚洲虽然包括很多国家和地区，但多受到中国木式建筑体系的影响，设计风格较为相近。亚洲设计受到中国悠久历史文化、建造文化的影响，追求与自然的亲密关系，注重使用自然的材料（如木材和竹子），并通过布局和装饰方式，营造出自然、恬静的氛围，体现出对自然的尊重和崇敬。亚洲环境设计普遍讲究结构、造型和配色的简约性，从细节传递出优雅和自然的优美感。

亚洲设计风格强调对亚洲域内传统文化的传承和发扬，如中国风的唐诗宋词、民间工艺风格，源自中国传统建筑的韩国、日本传统建筑及园林等，造园理念、诗词意境、工艺技术等元素常常被融入设计风格中，既让人们感受到传统文化的厚重，也体验到现代化设计的舒适感和实用性。

（2）欧式设计风格。欧式设计风格是指源自欧洲传统文化与历史的设计风格，但是通常被理解为具有浓厚的西方古典和贵族气息的设计风格。欧式设计风格源自欧洲历史上的各个时期的代表性文化，如知名的古希腊、古罗马、巴洛克、洛可可、新古典主义时期的建筑和装饰等，形成了具有欧洲风情的浪漫贵族风情。这种设计风格在现代设计中被简化处理后，仍然呈现出对欧式纹样对称、繁复、豪华装饰形式的提取。在材料与软装上，欧式设计风格多以昂贵的材质、华丽的图案和雕刻、精致的家具与陈设作为装饰特点。随着时代的发展，特别是现代主义出现后，欧式设计风格也朝着现代欧式设计风格转变，环境设计中逐渐融入了一些当代元素后，欧式设计风格在保持特色的基础上也越来越兼具时尚感和现代感。

2. 以地理区域或某国家民族为区分的设计风格

由于各地存在明显的地理区域和生活习俗的差异，所以设计风格可以根据地理区域或某国家民族的文化特征进行分类，常见风格如下。

（1）中式设计风格：源自中国源远流长的传统文化的设计风格，整体设计上呈现出平衡、和谐、高雅和精致的中式韵味，同时由于中国各地、各民族的差异，还常使用各地、各民族的传统的装饰图案、色彩，选用各地独特的材料质感。

（2）日式设计风格：以日本简约式风格为主，日式在传承中国唐代装饰的整体上，进一步简化了装饰细节，总体呈现出极简主义和功能性特征，装饰材料常选用自然材料，如木材、竹子和麻布等。

（3）法式设计风格：源自法国宫廷传统的设计风格，整体营造出优雅、浪漫、古典的艺术气质，在装饰细节上喜欢繁复的装饰纹样、华丽的家具和精致的陈设装饰。

（4）北欧设计风格：北欧是指围绕斯堪的纳维亚半岛的国家，如瑞典、丹麦、挪威等地区，这一地区的设计整体呈现出简约、舒适、功能性的特征，室内空间的处理上更注重自然光线的利用。

（5）西班牙式设计风格：带有鲜明西班牙文化特征的设计风格，环境设计上擅长运用鲜明的色彩对比，呈现出强烈而热情、色彩鲜明的异域风情。

（6）地中海风格：源自地中海沿岸地区的设计风格，突出蓝白色系的现代主义设计元素，擅长运用自然元素和简约的空间相结合。地中海风格的环境设计，具有浓郁的地中海特色的色彩搭配，以蓝色和白色融合自然元素，使设计更为活泼，还常常将室外自然元素与室内空间进行有效的衔接，强调空间的连通性和开放性。

（7）东南亚设计风格：源自亚洲东南部以中式为核心集合多元文化形成的设计特色，在中式木结构基础上融合了泰国、马来西亚等地的传统元素和文化，以及以印度佛教文化形成的装饰特征，整体呈现与民族、宗教相结合的多元美感和风情。

设计风格是多样的，根据不同的设计项目特征，应选择不同设计风格特点进行设计创新。在进行设计时，考量项目设计需求，注入相应特征的艺术风格、空间氛围和情感需求，才能创造出丰富多彩的设计作品。

3. 现代风格与新古典主义风格

（1）现代风格：强调清晰的线条、材质的简朴及空间功能的完美性，注重精准的细节和自然光线的运用。现代主义风格的环境设计是当代最普及和流行的设计风格之一。

（2）新古典主义风格：是一种古典主义元素和现代设计元素的结合体，强调对古典艺术和文化的传承与发扬，追求永久、稳定和大气的设计感。

4. 工业风格与田园风格

（1）工业风格：源于将旧厂房或仓库进行改建或更新，其核心在于展现粗犷的裸露结构和历史质感。这种风格注重将建筑、装饰与工业元素相结合，形成了以采用金属基底、裸露钢铁和水泥等原始材质，强调装饰的实用性和灵活性一体的设计风格。

（2）田园风格：是一种以乡村、农田和自然景观为灵感的设计风格，强调自然、舒适、温馨和宁静的氛围营造。整体为满足对自然乡村生活的向往，进行具有返璞归真、田园气息的设计，常常将自然元素融入室内外空间，营造出温馨舒适的乡村生活氛围。

5. 其他风格

（1）后现代风格：这种风格的环境设计具有超现代主义的视觉效果，强调非正规结构、变异和分散，较多地应用转化物，以及模棱两可的和暧昧的图形设计，也善于运用现代科技产品和效果。

（2）极简主义风格：极简主义风格强调对物质流程的极度删减和简化，追求极简化的空间结构和造型效果，注重形式的美学和机能性的结合，具有极高的设计感和视觉效果。

二、设计流派

设计流派是指一种在较长的历史中得到流传，在较长的时间内被广泛接受和认可的设计风格，是在某个特定时期或地域内得到广泛流传，并影响到后来一系列设计的概念、理念和思维方式。以下是一些常见的设计流派。

1. 高技派（重技派）

高技派是在室内暴露梁板、网架等结构构件，以及风管、线缆等各种设备和管道，强调工艺技术与时代感。这种风格的设计常以展现先进的科技和现代化的工业产品为特征，采用坚硬的线条和折角形状，并突出材料、机械和技术的力量及功能性，形成冷峻、机械化的视觉效果。普遍认为高技派典型的实例为法国巴黎蓬皮杜国家艺术与文化中心等。

2. 光亮派（银色派）

光亮派强调在建筑和室内设计中使用高度反光、光泽的材料、颜色及形状，以创造现代化、新奇而富有未来感的效果。在设计上，通常大量采用镜面及平曲面面玻璃、不锈钢、磨光的花岗石和大理石等作为装饰面材；在室内环境的照明方面，常使用投射、折射等各类新型光源和灯具，在金属和镜面材料的烘托下，形成光彩照人、绚丽夺目的室内环境。

3. 白色派

白色派即设计中以白色为主色调，通过简洁、概括、精要的设计，赋予空间整体明亮而干净、轻松而畅快的特征，营造高雅、现代的空间氛围。总的来说，白色派不仅为色彩的轻盈简洁，还包涵形态与装饰的高度概况和精致细致，结合了设计元素进行深层的构思，具有深刻的内涵。白色派的代表人物有迈耶等。

4. 新洛可可派

洛可可起源于18世纪欧洲宫廷盛行的建筑装饰风格，其代表性特征为大量的精细轻巧而繁复的雕刻装饰。新洛可可派显著继承洛可可繁复这一装饰特点，但在装饰造型上进行了恰当的简化，技术上更多采用现代的材料和施工工艺以实现雕刻的转型和发展，使空间具有华丽、浪漫、优雅的装饰氛围。

5. 风格派

风格派风格派起始于20世纪20年代的荷兰，以画家蒙德里安等为代表的艺术流派。总的来说，风格派更喜欢抽象的几何形成的"纯造型"形态，代表性的矩形、方形的比例搭配呈现在空间界面形态、装饰纹样、家具与陈设等诸多细节中，色彩上更以红、黄、青为标志色，或以黑、灰、白等色彩相配置。风格派擅长在形态和色彩中用体块展现变化，细化对建筑室内外空间采用内部空间与外部空间穿插统一构成为一体，还将屋顶、墙面进行一定的凹凸处理，以及强烈色彩块体形成的对比来强化风格，营造特色。

6. 超现实派

超现实派希望全面营造超越现实的艺术效果。往往在空间布置上大胆地采用异常的空间组织或异常的空间界面和其他出其不意的配套装饰。例如，用曲面或具有流动弧形线型的界面；用浓重梦幻的色系搭配；用多样奇特的光影效果；用造型奇特的家具与陈设等。有时，还用具有鲜明个性特征的现代绘画或雕塑来烘托超现实的室内环境气氛。或神秘、或怪诞、或扭曲的手法均为实现另类的氛围。总的来说，超现实派的环境较为适合对视觉形象有特殊要求的空间，如某些展示或娱乐场所。

7. 解构主义派

解构主义是20世纪60年代，法国哲学家德里达提出的哲学观念，在设计领域可以认为是对20世纪前期欧美盛行的结构主义和理论思想传统的质疑与批判。在建筑和室内设计中，解构主义派对传统古典、构图规律等均采取否定的态度，打破常规而不完全厌弃常规。强调不受历史文化和传统理性的约束，重点在突破传统形式的构图和装饰材料选择的粗放上。

解构主义出现在现代主义之后，它对现代主义批判地继承的一个突出表现就是颠倒、重构各种既有词汇之间的关系，使之产生新的意义。运用现代主义的词汇，却从逻辑上否定传统的基本设计原则，由此构成了新的派别，称为解构主义派。

解构主义的设计，常喜欢用分解的观念，以打碎、叠加、重组为设计流程，在功能与形式上，强调叠加、交叉与并列的变化以生成新的视觉效果。用于了解构重组方法的设计作品往往带给人意料之外的刺激和感受。

8. 装饰艺术派（艺术装饰派）

装饰艺术派是19世纪末至20世纪初兴起于欧洲的一种艺术运动和设计风格。20世纪20年代，法国巴黎召开了一次装饰艺术与现代工业国际博览会，后传至美国等地。装饰艺术派起源于运用多层次的几何线型及图案纹样，重点在建筑内外门窗、细部的线脚、檐口及建筑腰线、顶角线等部位饰以装饰。

装饰艺术派强调自然的有机曲线、与生活紧密联系的艺术表达和细腻的装饰技法，追求艺术与日常生活的融合。装饰艺术派偏爱流畅、柔和的曲线和弧线，模仿自然界中花朵、藤蔓等植物的生长形态，强调细腻的装饰技法，常使用华丽的图案、花卉、拱形、螺旋等装饰元素，创造出独特的艺术风格。

9. 现代主义派

现代主义强调设计的实用性和形式美，并倡导采用新的技术和材料制作设计作品。几何图形和平面色彩成为现代主义的标志，该设计流派在20世纪初期盛行并影响了建筑、家居、服装、工业产品等领域。包豪斯是20世纪初期德国魏玛的一所艺术学校，主张通过新科技的发展和人的意识的解放，达到一种理想社会。现代主义是1919年由格罗皮乌斯兴建包豪斯院校而流行起来并至今影响深远的设计风格，之后若干设计师追随、认同形成了鲜明的设计流派。在设计方面，包豪斯强调将艺术与工业相结合，追求设计的功能性、实用性、工艺性和美感，并积极运用新材料为设计注入新生命。其设计风格简洁大方，视觉效果极佳，造型科技和工艺至上，影响了建筑、平面、工艺美术、家具等众多领域，并在欧洲及世界范围内产生了深远影响，是现代设计的重要流派之一。包豪斯的设计师们在工业化和现代化的历史进程中为设计注入了新的理念及方法，为现代设计创造了新的发展空间和思考视角。现代主义派的代表人物较多，华裔大师贝聿铭被称为"现代主义最后的大师"，他的代表作有香山饭店、苏州博物馆新馆等。

🔍 思考题

1. 工业的进步、技术的革新对设计提出了更严峻的挑战，从环境设计发展进程中，可以发现哪些引领设计的经验？

2. 举例说明中国文化血脉觉醒的设计创新案例。

3. 贝聿铭在东西方文化融合上留下了灿烂的一笔，请以他的某一作品为例，解读设计创新。

4. 现代主义派的贡献有哪些？其在环境设计中有哪些具体表现？

第三章 环境设计的内容、分类、流程、方法

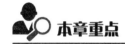

本章重点

1.环境设计内容。

2.环境设计流程。

3.设计概念生成类型与方法。

建议学时：4

　　环境设计涵盖的设计内容广泛，根据项目的特点进行分类有助于展开设计工作。总体来说，设计可以遵循一定的流程，便于开展细致的设计工作。同时，在环境设计项目中从不同角度展现设计特点，参考案例学习设计方法，有助于全面建立环境设计思维。

第一节　环境设计内容、分类

通常，环境设计主要分两大部分内容，即建筑室内环境设计、环境景观设计（图3.1-1）。

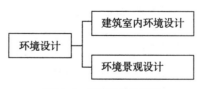

图3.1-1　环境设计分类图

　　建筑室内环境设计（内环境设计）是根据建筑室内空间的使用性质、项目所在地域环境，考虑使用功能的相应标准，运用设计原理和设计方法，制订设计主题，创造功能合理、满足人们物质和精神生活需要的创新环境。

建筑室内环境设计是为建筑室内的某一使用功能进行环境创新设计的，应该既具有使用价值，满足相应的功能要求；同时也反映项目的历史文脉、建筑风格、环境气氛等精神因素。室内功能千差万别，设计的形式也多种多样。

环境景观设计（建筑外环境设计）是根据现有的自然环境或人工环境进行场地、空间、配套设施等进行具有一定艺术美呈现的创新设计。景观设计主要依据景观的主要功能与场地环境，考量相应的设计要求和国家标准，运用适当的方法进行景观规划和布局，以一定的设计主题开展满足人们户外活动物质和精神需求的创新设计。

景观设计既具有使用价值，满足相应的功能要求，同时也反映地域文脉、建筑风格、环境气氛等精神因素。景观设计的目的是在满足人们生活功能、生理健康的基础上，进一步提高人们的生活品质，丰富人的心理体验和精神追求。

一、建筑室内环境设计内容及分类

建筑室内环境设计（以下简称室内设计）包含丰富的设计内容（图3.1-2），从布局到组织、从界面到空间、从家具到陈设、从光影到材料，都是塑造空间的重要内容，不可或缺，需要全面考量、展开设计方能达到创造舒适优美人居环境的目的。

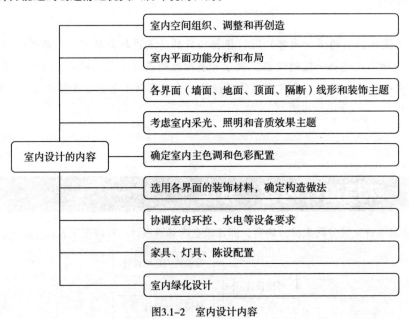

图3.1-2　室内设计内容

1. 室内环境设计内容

（1）室内设计的空间组织。室内设计的空间组织包括平面布置，首先需要对原有建筑设计的意图充分理解，对建筑物的总体布局、功能分析、人流动向及结构体系等有深入了解，在室内设计时应对室内空间和平面布置予以完善、调整或再创造（图3.1-3）。

不同角度展示 Display from different angles

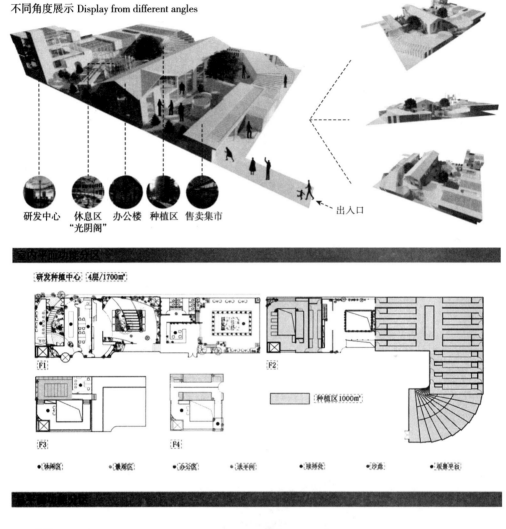

研发中心　休息区"光阴阁"　办公楼　种植区　售卖集市　出入口

研发种植中心 4层/1700㎡

F1　F2

种植区 1000㎡

F3　F4

●休闲区　●景观区　●办公区　●洗手间　●接待处　●沙盘　●观景平台

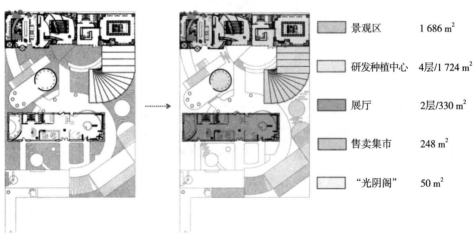

景观区	1 686 m²
研发种植中心	4层/1 724 m²
展厅	2层/330 m²
售卖集市	248 m²
"光阴阁"	50 m²

图3.1-3　城市田园综合体设计系列设计案例（2022届赵子炎、柳绪伟、司怡）

（2）室内界面处理。室内界面处理指对室内空间的各个围合——地面、墙面、隔断、平顶等各界面的使用功能和特点的分析，界面的形状、图形线脚、肌理构成的设计，以及界面和结构连接构造，界面和通风、水、电等管线设施在协调配合等方面的设计（图3.1-4）。

面积：935 m² 长：39 300 mm 宽：38 200 mm 高：3 200 mm

图3.1-4 各界面丰富的处理形式（北京建院装饰工程设计有限公司-某公司餐饮空间设计）

（3）室内内含物。室内内含物是指空间内部所含物件的选用和搭配，如家具、陈设、灯具、绿化等。有时，家具、陈设等对氛围的营造起到重要的烘托空间氛围的作用，它们的选用对室内空间整体风格的形成起到举足轻重的关键作用。在技术突飞猛进的今天，灯具、绿化的设计和应用也成为氛围营造的重要一环，如图3.1-5、图3.1-6所示。

面积：155 m² 长：15 000 mm 宽：11 550 mm 高：2 800 mm

图3.1-5 空间内含物丰富而多样（北京建院装饰工程设计有限公司-某公司办公空间设计）

图3.1-6　空间内含物丰富而多样（北京建院装饰工程设计有限公司-某餐饮空间设计）

（4）室内光照、色彩设计和材质选用。在室内设计中，室内光照、色彩设计和材质选用是非常重要的方面，它们除起到基础的使用功能外，还全面起到提升、烘托、润色空间氛围、视觉效果和舒适度的作用（图3.1-7）。

图3.1-7　空间光照、色彩、材质丰富多样营造出生动的空间效果（北京建院装饰工程设计有限公司-某酒店大堂吧空间设计）

　　室内设计过程中应充分考虑空间的采光进行室内照明设计，进行与空间设计主旨一致的色彩设计，并选择具有丰富质感和触感的材质，如木材、石材、金属、玻璃等，以增加空间的层次感和品质感。

2. 室内环境项目方案设计的涵盖内容

　　下面以邮轮商业单元内装设计项目为例展开讲解，见表3.1-1。

表3.1-1　环境设计工程项目内容一览表

设计内容	设计案例
设计主题和灵感来源：明确设计项目的主题和灵感来源，如文化、自然、艺术等，以确保设计风格和元素的一致性	**概念生成** 主题分析  项目主题："翰墨丹青"邮轮商业单元环境设计 　　本次的课题设计灵感源自于中国宏大的历史文化，为展现大国形象，我将文化的特色——"翰墨丹青"的写意之风作为设计主题贯穿设计。"翰墨丹青"象征了中国文化，象征了中华民族的自强不息的精神，也象征了我们中华民族数千年的历史底蕴，象征我们中华民族数千年来，历经磨难但如今日益繁荣，象征了中华光辉整体的自然形象等。本次课题设计以"文"为主题，分成三个小的主题，分别是"免税店环境设计——儒雅文化""写意生活超市——水墨文化"海洋无极限运动品卖场—山海经文化"。 **概念生成** 主题分析  免税店环境设计——儒雅文化 　　儒家注重"人道大伦"，希望推行"爱与敬"。儒家"中道"思想注重以人为本，以人性为主体，儒家是孔子所创立、孟子所发展、荀子所集其大成，之后延绵不断，为历代儒家推崇，仍有一定生命力的学术流派。 　　从设计的角度来说，偏静的色彩在纯度的柔和色调上，自然对应的色彩纯度也会偏低。选择柔和雅致的色彩，回避鲜明的色调。整体空间以木色为主，大量地使用木质装饰品。 **概念生成** 主题分析 写意生活超市—水墨文化 　　写意生活超市环境设计的设计主题是"水墨文化"。水墨画是中国绘画的代表，更多时候，水墨画被视为中国传统绘画的代表，也称国画、中国画。很多时候水墨的精神是很多的，如梅兰竹菊；梅花高洁志士，一身傲骨不畏严寒与冰霜，代表着坚韧不屈的精神；兰花世上贤达，身处幽谷也能放恬然清秀，代表着聪达贤明的精神；竹子谦谦君子，具有清秀自然的潇洒品性，代表着谦虚大气的君子精神；菊花世外隐士，凌霜绽放象征着孤清君子。

续表

设计内容	设计案例
空间布局：对室内空间进行规划，包括空间的布局、功能划分、人流动线等，以实现空间的合理利用和舒适度	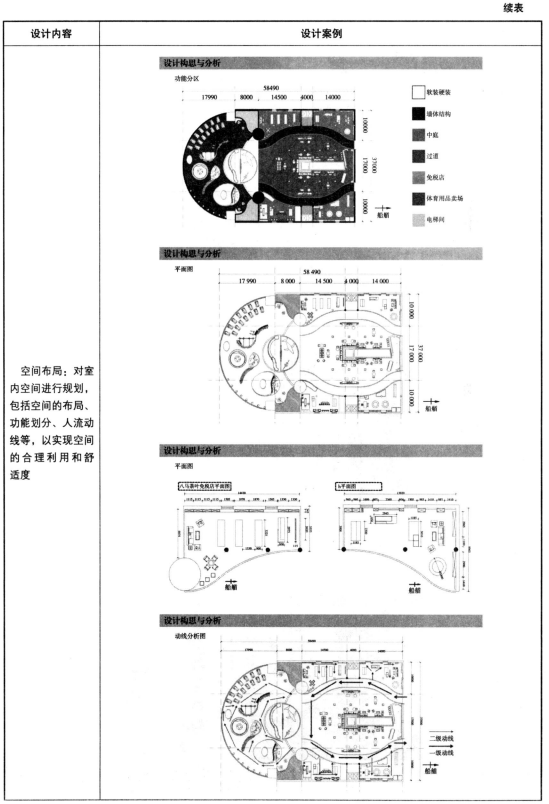

设计内容	设计案例
色彩设计：根据设计主题和空间特点进行色彩设计，包括墙面色、地面色、家具色等，以及色彩的搭配和过渡，以营造出预期的氛围和情感效果	茶饮与零售空间具有售卖、零售的性质，在色彩上相较于康养中医馆颜色要更浓重一些，主色调为暖黄色，以米黄色、米白色和木色为主，同时，文化石的深灰色和实木家具的深棕色占据了空间的一部分，使空间整体活泼而不过于跳脱。 综合文化展馆以白色灰色为主，多金属质感装饰，相较于非遗文化展馆配色更加偏向现代风格 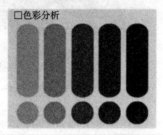
材质选择：根据设计主题和空间特点，选择合适的材质，包括木材、石材、金属等，以及材质的组合和运用，以营造出预期的质感和风格	**推导分析** 邮轮免税区中庭前台 邮轮结构层 隐藏式通风口（科技木贴皮） 邮轮设备层（通风管道） 邮轮设备层（通风系统） 造型石膏板 壁画 承重结构 2 700 k LED吊灯 2 700 k LED壁挂灯 侧方位分解图 复合式墙板 UV膜 超能石墨纤维 热能线阵列 结构层 热转印　A级阻燃基材　铝板
家具和陈设配置：设计并选用合适的家具和陈设，包括沙发、椅子、床、灯具、装饰品等，以实现室内环境的整体风格和氛围	邮轮免税卖场区 中庭  软装 大堂cad施工图

续表

设计内容	设计案例
照明设计：设计合适的照明方案，包括自然光、人工光、照明布局等，以实现室内环境的明亮、舒适和安全	**设计构思与分析** 天花图
室内绿化设计：设计合适的室内植物景观，包括花卉、绿植、水景等，以增强室内环境的生机和自然感	**邮轮免税卖场区** 华族经典旗袍免税店
其他配套设计：考虑设计中的细节问题，如收纳、散热、隔声等，以确保设计的实用性和舒适度	**推导分析** 邮轮免税区中庭前台

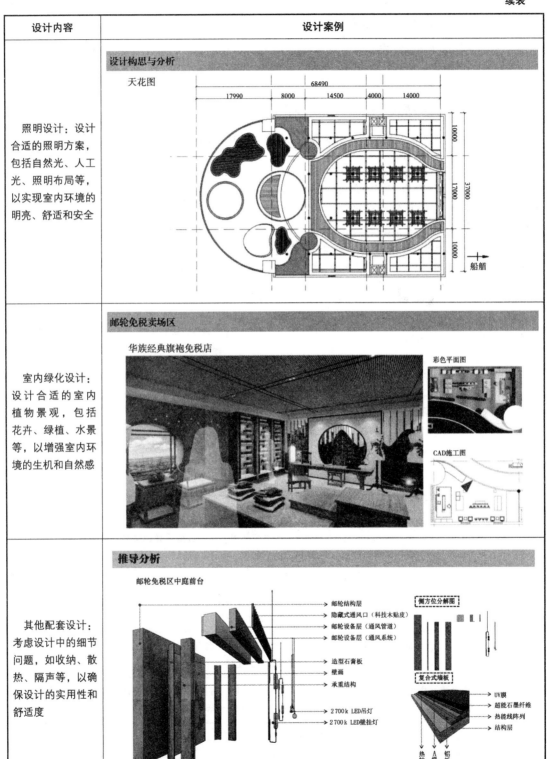

另外，室内环境项目方案设计还需要进行设计预算，即根据项目的实际预算，选择合适的材料、家具、灯光等，以实现设计效果的同时合理控制成本。

3. 建筑室内环境设计分类

建筑室内环境设计可以根据功能、风格、用途等不同标准进行分类，如此展开设计才能契合人居需求。

（1）居住类室内环境设计类别及功能见表3.1-2。

表3.1-2　居住类室内环境设计类别及功能一览表

类型	功能空间组成
集合式住宅：在一幢建筑内，有多个居住单元，供多户居住的住宅，多户住宅内住户一般使用公共走廊和楼梯、电梯	起居室、卧室、卫生间、厨房、书房等
公寓式住宅：公寓式住宅一般建在大城市，大多数是高层，标准较高，每一层内有若干单户独用的套房，供一些常常往来的中外客商及其家眷中短期租用。其特点是一个单元内通常有3~5个房间，房间的面积普遍较大，共用厨卫阳台	卧室、起居室、客厅、浴室、卫生间、厨房、阳台等
别墅式住宅：改善型住宅，在郊区或风景区建造的供休养用的园林住宅，一种享受生活的居所	门厅设计、起居室设计、书房设计、工作室设计、卧室设计、厨房设计、休闲室设计、储藏室设计、浴厕设计、客厅设计等
院落式住宅：规模更大，由多个建筑体围合串联院落。位置多在风景优雅独特的区域。其包括山地院落（包括森林院落）、临水（江、湖、海）院落、牧场（草原）院落、庄园式院落等	玄关设计、起居室设计、书房设计、工作室设计、卧室设计、厨房设计、休闲室设计、储藏室设计、浴厕设计、客厅设计等

（2）公共类室内环境设计的类别及功能见表3.1-3。

表3.1-3　公共类室内环境设计的类别及功能一览表

类型	功能空间组成
文教建筑室内环境设计：学校环境	门厅设计、图书馆环境设计、过道设计、文教环境中庭设计、休息厅设计、教室设计、会议厅设计、学术报告厅设计、阅览室设计、管理房设计、卫生间设计等
医疗室内环境设计：医院环境、疗养院环境	门厅设计、门诊部环境设计、诊室设计、治疗室设计、病房设计、休息厅设计、辅助空间设计、卫生间设计等
商业室内环境设计：商店环境、商场环境	门厅设计、营业厅设计、餐厅设计、酒吧设计、茶饮设计、展示区设计、工作房设计、卫生间设计等
餐饮室内环境设计：中餐厅、西餐厅、特色餐饮等环境设计	门厅设计、营业厅设计、餐厅设计、酒吧设计、茶饮设计、展示区设计、工作房设计、卫生间设计等
酒店类：旅居室内环境设计	大堂设计、游艺场环境设计、客房设计、舞厅设计、会议厅设计、餐厅设计、健身房设计、管理区设计、游艺场设计、卫生间设计、内庭设计、精品店中点设计等

续表

类型	功能空间组成
民宿类：特殊的住宿空间环境设计	可以从"景+X"到"宿+X"两个方向进行功能设定。在旅游业发展的不同地域侧重点略有不同，在以观光旅游为主的区域，应以"景+X"模式为主。在自然风光主导地区则倾向休闲度假模式。其主要功能应包含特色客房设计、特色大堂设计、特色体验设计等
观演室环境设计：剧场环境、电影环境、音乐厅环境	休息厅设计、观众厅设计、排演厅设计、化妆室设计、卫生设计、控制室设计、管理房设计等
办公室环境设计：办公楼环境、写字间环境等	门厅设计、接待厅设计、办公室设计、会议室设计、工作间设计、卫生间设计等
体育场馆类室内环境设计：体育馆环境、游泳池环境等	门厅设计、休息厅设计、比赛厅设计、训练厅设计、设备间设计、卫生间设计、转播间设计等
展示类室内环境设计：美术馆环境、博物馆环境、展览馆环境等	休息厅设计、展厅设计、展廊设计、报告厅设计、会议室设计、**管理房**设计、卫生间设计等
娱乐类室内环境设计：KTV、游乐场、棋牌室、休闲会所、轰趴会所等	接待设计、主功能空间设计、标准间设计、声光设计等
交通辅助类室内环境设计：车站环境、候机环境、候船环境等	空间组成：休息厅设计、等候厅设计、商业区设计、检票区设计、卫生间设计、辅助空间设计等
其他类型的室内环境设计厂房、实验室、种植暖房、饲养房等	此类空间组成需要参看相应的空间使用要求进行功能设计

（3）建筑室内环境设计按不同要求进行分类见表3.1–4。

表3.1–4　建筑室内环境设计不同空间类型一览表

分类方式	空间功能组成
按空间使用类型	居住、公共
按生活行为方式	餐饮、睡眠、会议、购物、休息、娱乐
按空间构成方式	静态空间、动态空间、虚拟流动等

二、环境景观设计内容及分类

1.环境景观设计内容

环境景观设计是指利用植物、水、地形、景物等自然元素，以及石头、木材、钢铁、灯光和建筑等人造元素，对环境空间进行整体规划和配套设计。其目的是创造出优美舒适的室外环境，为人们提供便捷、优美的户外生活和活动的人居场所。通常，景观设计应包括以下基本内容。

（1）总体规划：总体规划是景观设计的第一步，是从宏观角度对场地进行的划分。应对场地进行合理的田野调查、分析、评估后，结合设计需求进行整体的规划。

（2）景观造型：主要是从场地的整体布局、位置、功能、形态进行设计，并适当考量景观材料进行横纵向铺设，是重要的展现设计主题并全面深入展开的部分。它需要考量地形、绿地、水体等自然要素进行设置，需要综合考虑到不同元素之间的相互关系，协调设计。

（3）植物配置：是景观设计中重要的一环，是回归自然、实现生态延续的重要部分。总体来说，植物配置主要包括对植物的选择、配置、组合形式进行合理的规划。配置时应综合场地地形特点、气候条件、植物生长特点、季节变化等在地因素，选取适合场地的植物种类、数量、种植方式，进行合理的布局，从树种本身和多样的种植形式实现丰富的植物搭配效果。

（4）构筑物造型：构筑物是指景观内含的建筑小品（如亭、台、公共艺术品、雕塑）等，是景观中不可或缺的点缀，同时能够有效提升环境体验度、舒适度和美观度。构造物在造型的设计和材料的选用上，需要考量景观设计整体的立意和主题，较为常见的是以统一风格来达到和谐一致的效果，还有以差异化设计实现醒目特异的视觉中心效果。总体来说，构筑物的造型，需要尊重项目所在地的自然、历史与人文，形成和谐友善的人与自然的交互。

（5）设施配置：景观设计通常规模较大，还需要配置一定数量的配套设施用于为户外活动的人们提供休憩、娱乐、观赏，如户外座椅、景观小品、道路灯具、公共垃圾桶等。

2. 景观项目设计方案涵盖内容

下面以义县白庙子乡项家台村环境设计为例展开讲解，见表3.1-5。

表3.1-5 义县白庙子乡项家台村环境设计涵盖内容（设计中使用了部分素材）

设计内容	案例
（1）鲜明的设计理念和主题：可来自生态、文化、休闲等方面。应与项目建设地现有资源文化相关	

设计内容	案例
（1）鲜明的设计理念和主题：可来自生态、文化、休闲等方面。应与项目建设地现有资源文化相关	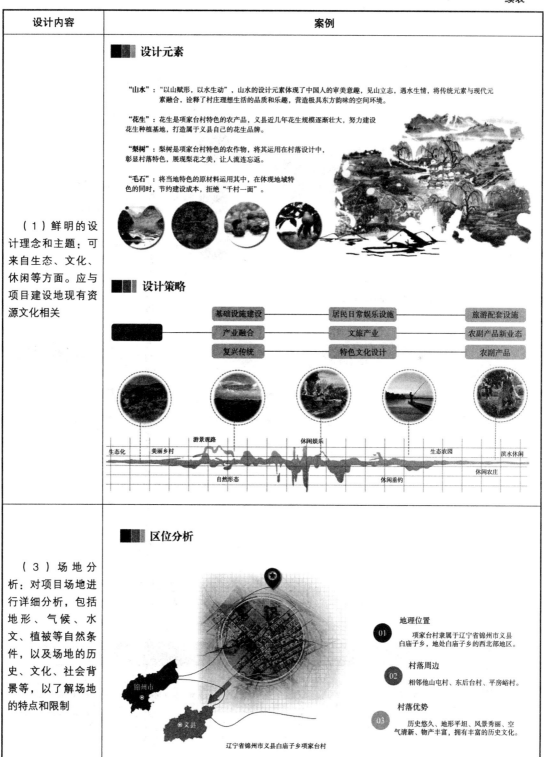
（3）场地分析：对项目场地进行详细分析，包括地形、气候、水文、植被等自然条件，以及场地的历史、文化、社会背景等，以了解场地的特点和限制	

设计内容	案例
（4）场地分析：对项目场地进行详细分析，包括地形、气候、水文、植被等自然条件，以及场地的历史、文化、社会背景等，以了解场地的特点和限制	■■ **项目概况** **"义县项家台村"** ——新农村建设 **01** 项家台村位于辽宁省锦州市义县白庙子乡境内，拥有丰富的历史文化和民俗文化。 **02** 该项目是通过对村落的改造与升级，改善村民的生活环境，带动村落整体发展。探索村落的寻根与再生，实现山、水、田、村的融合与对话。 **03** 风格：中式与现代的融合 ■■ **现状问题综述** **2020** 资源优势　**2021** 重点资源　**2022** ■区位交通优越，村内有两条主要交通道路穿过，交通系统比较齐全； ■拥有丰富的人文历史底蕴； ■拥有独特的山、田、水等生态环境资源； ■传统的村庄肌理和水网骨架基本保留。 ■古街、古宅、古树（梨树）； ■村内小河，可做景观节点； ■平坦的地形； ■特色农产品——花生； ■特色材料——毛石，以及民俗文化。 ■现状风貌杂乱无序，特征不明显； ■传统建筑破坏比较严重，且留存不多； ■道路及环境卫生等公共基础设施较差； ■河道水系生态及景观受到一定程度破坏； ■人口空心化，产业空心化。 ■■ **村委村民诉求** 配套设施　景观风貌　特色文化　休闲娱乐 希望完善基础配套设施和服务设施，修缮停车场、体育设施、村主路路灯、垃圾站等。 希望提升村庄景观风貌，增加入口标志、公共雕塑、巷道绿化、美化等。 挖掘村庄文化内涵，村文化特色的活化利用。 增加公园绿地，灵活利用村前空地建设休闲小空间，为村民平时的休闲娱乐提供更多的场所。

续表

设计内容	案例
（5）空间规划：根据场地特点和设计理念进行空间规划，包括景观轴线、道路规划、立面、节点、功能区、人流动线等，以实现空间的合理利用和舒适度	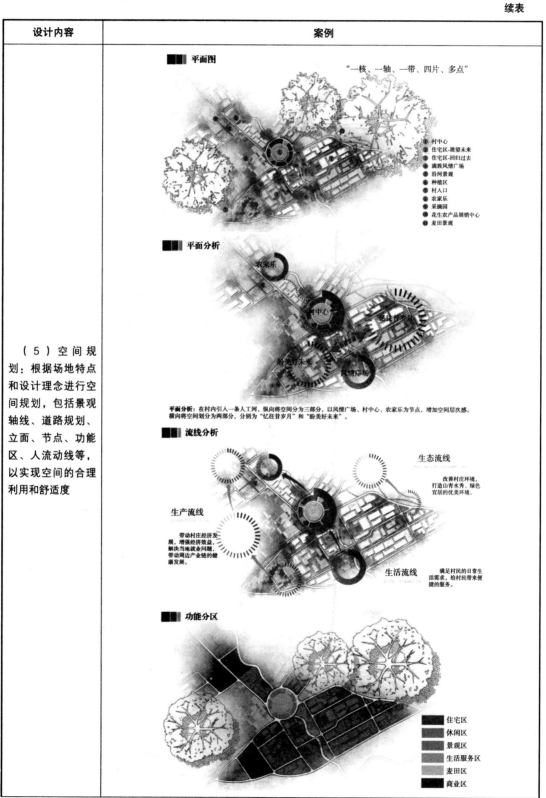

设计内容	案例
（6）景观元素设计：根据设计理念和场地特点，设计合适的景观元素，包括地形、水体、植物、小品、设施等，以营造出预期的景观效果和氛围	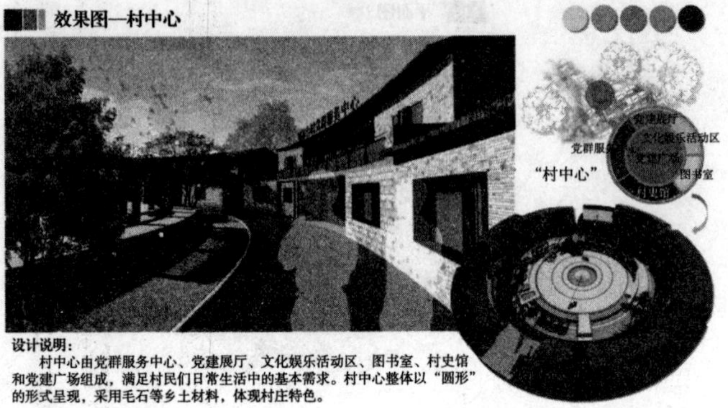

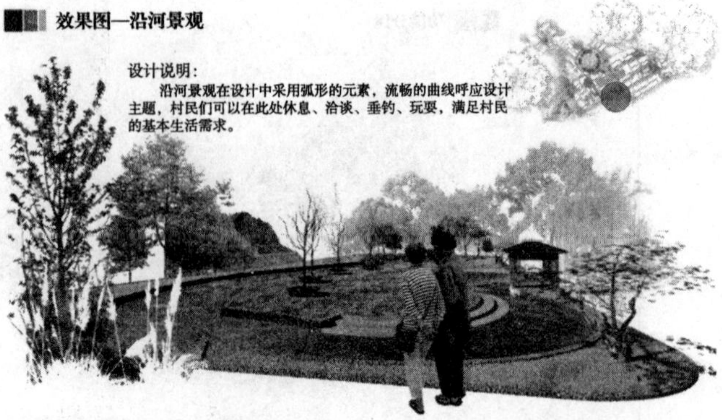

■ 效果图—村中心

设计说明：
村中心由党群服务中心、党建展厅、文化娱乐活动区、图书室、村史馆和党建广场组成，满足村民们日常生活中的基本需求。村中心整体以"圆形"的形式呈现，采用毛石等乡土材料，体现村庄特色。

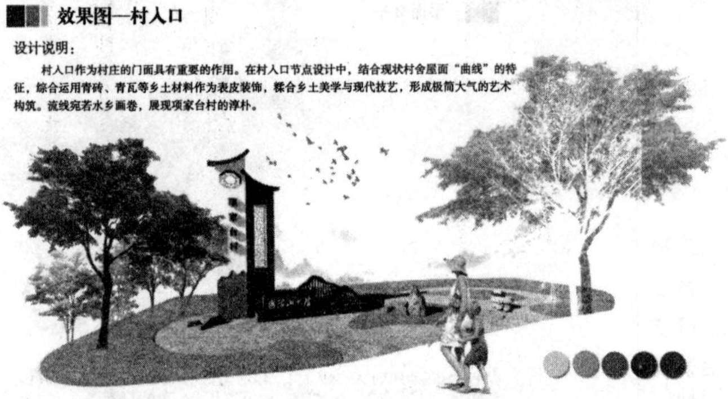

■ 效果图—村入口

设计说明：
村入口作为村庄的门面具有重要的作用。在村入口节点设计中，结合现状村舍屋面"曲线"的特征，综合运用青砖、青瓦等乡土材料作为表皮装饰，糅合乡土美学与现代技艺，形成极简大气的艺术构筑。流线宛若水乡画卷，展现项家台村的淳朴。

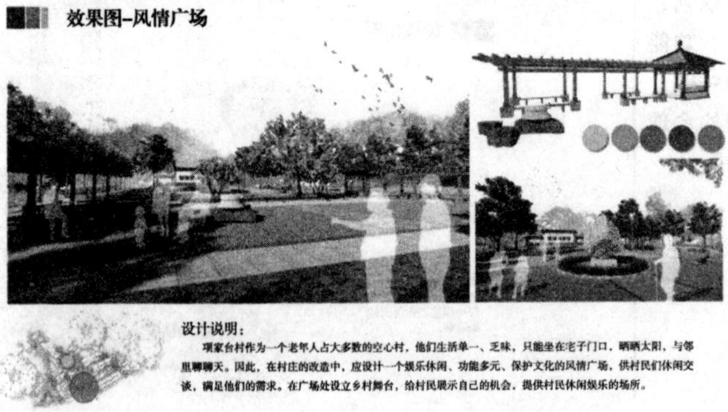

■ 效果图-风情广场

设计说明：
项家台村作为一个老年人占大多数的空心村，他们生活单一、乏味，只能坐在宅子门口、晒晒太阳，与邻里聊聊天。因此，在村庄的改造中，应设计一个娱乐休闲、功能多元、保护文化的风情广场，供村民们体闲交谈，满足他们的需求。在广场处设立乡村舞台，给村民展示自己的机会，提供村民体闲娱乐的场所。

■ 效果图—沿河景观

设计说明：
沿河景观在设计中采用弧形的元素，流畅的曲线呼应设计主题，村民们可以在此处休息、洽谈、垂钓、玩耍，满足村民的基本生活需求。

续表

设计内容	案例
（7）植物配置设计：根据场地特点和设计理念，选择合适的植物种类和配置方式，包括植物的季相、色彩、形态、文化内涵等，以实现植物的多样性和生态性	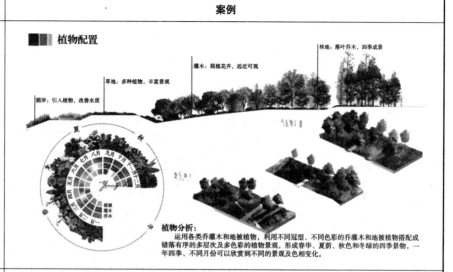 **植物配置** **植物分析：** 运用各类乔灌木和地被植物，利用不同冠型、不同色彩的乔灌木和地被植物搭配成错落有序的多层次及多色彩的植物景观，形成春华、夏荫、秋色和冬绿的四季景物，一年四季、不同月份可以欣赏到不同的景观及色相变化。
（8）照明设计：设计合理的景观照明方案，包括道路灯光布局、照明方式、灯具选择等，以增强夜间景观效果和安全性	 **照明分析** **照明系统分析：** 照明系统满足了村庄内的基本需求，不仅保障了村庄的安全可靠性，同时加强了村庄景观的观赏性，创造出安静惬意的氛围，使整个地区有重点、有衬托、有韵律感。
（9）施工图设计：根据设计方案，绘制详细的施工图和施工说明，以指导施工和确保设计的实施效果	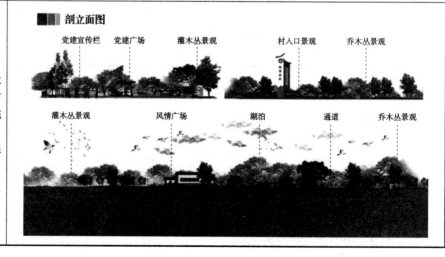 **剖立面图**

另外，环境景观设计还包含设计预算，即根据项目的实际预算，选择合适的材料、植物、灯光等，以实现设计效果的同时合理控制成本。

以上是一个景观项目设计方案的基本内容，但具体内容还需根据项目实际情况进行调整和完善。

3. 景观设计依据分类

（1）按照不同侧重点分类，见表3.1-6。

表3.1-6　景观设计依据不同侧重点分类一览表

分类依据	景观类型
依据建筑使用功能	居住环境景观设计、公共环境景观设计
依据景观特性侧重点	以自然为主的景观设计、以人文为主的景观设计
依据景观的开放程度	私家环境景观设计、公共经营场所环境景观设计、公园环境景观设计
根据项目所处位置类型	城市环境景观设计、乡村环境景观设计
根据街区类型	历史文化街区景观设计、商业街区景观设计、文教街区景观设计、运动街区景观设计等

（2）根据景观用途分类，见表3.1-7。

表3.1-7　景观设计根据景观用途分类一览表

用途	景观功能
商业用途	商业建筑的配套景观设计，如购物中心、办公楼、酒店等，注重创造吸引人、舒适和独特的环境氛围，以提升顾客体验和品牌形象，可以包括露天广场、商业街区、室外座位区等，同时植物选择和装饰细节需要与商业主题及品牌定位一致
教育用途	环境景观设计旨在提供一个美丽、宜人和有益的学习环境。景观设计可能包括开放的草坪、步行道、阅读区和树荫下的座位，为学生和教职员工创造放松及社交的空间
住宅社区	为住宅社区提供舒适、绿化丰富的室外环境，增加社区居民的生活质量。景观设计可能包含公共花园、花坛、运动场所、儿童游乐区等，以满足不同年龄群体的需求
医疗与养老	为医院和养老院等场所提供的配套环境景观设计，创造安静、宁静和治愈的环境氛围。景观设计可能包括花园、康复区、户外休息区等，为患者和居民提供舒适、放松及疗愈的环境
城乡公共空间	为城乡居民提供的景观设计，以创造美观、舒适、功能多样化且人与自然相融合的城乡宜居室外公共场所，如城市、乡村的花园、公园、广场等

 **思考题**

1. 一个室内设计项目涵盖的设计内容有哪些？

2. 一个乡村景观设计项目涵盖的设计内容有哪些？

3. 建筑室内设计有哪些内容？

4. 景观设计有哪些类型？

第二节　环境设计流程、方法

　　环境设计是一个系统的工作，需要进行严谨的流程划分，方能对设计项目进行全面的设计创新。其流程主要分为设计准备阶段、设计调研阶段、方案设计阶段、设计实施阶段四大部分，如图3.2-1所示。

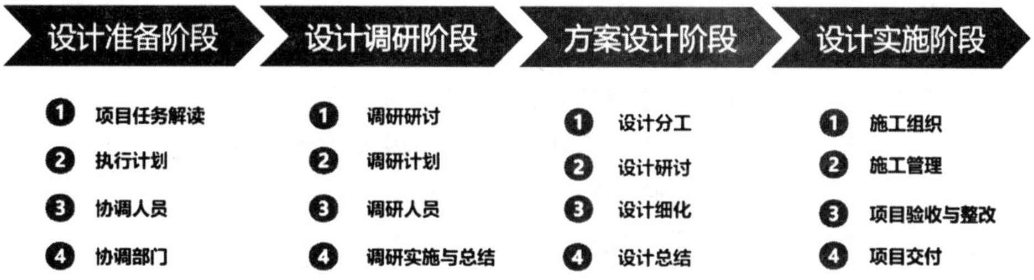

设计准备阶段	设计调研阶段	方案设计阶段	设计实施阶段
❶ 项目任务解读	❶ 调研研讨	❶ 设计分工	❶ 施工组织
❷ 执行计划	❷ 调研计划	❷ 设计研讨	❷ 施工管理
❸ 协调人员	❸ 调研人员	❸ 设计细化	❸ 项目验收与整改
❹ 协调部门	❹ 调研实施与总结	❹ 设计总结	❹ 项目交付

图3.2-1　环境设计流程图

一、设计准备阶段

　　设计准备阶段是环境设计的第一个阶段，在接到设计任务后，应在解读任务、分析需求、分析标准、制订计划等方面做好前期准备。

　　（1）解读任务：即解题，主要是指对设计任务进行理解和分析的过程。通常在此前已经获得了设计任务书，应仔细阅读任务要求，咨询客户并提出相关疑问，查找相关资料，理解任务的目标、内容和限制条件，提出可行的设计初期构想方案。

　　（2）分析需求：全面了解项目的设计需求和设计目标（含使用者、经营者、消费者等多方需求），包括希望环境设计可传达的信息和设计风格、整体设计的基本预想、所需环境功能、工程预算范围，形成设计总概况。

　　（3）分析标准：查找项目相关的规范、国家标准、等级标准，熟悉设计有关的要求、规范和工程定额标准，如养老场所应考虑国家老年空间规范，各经营类场所需符合国家防护等级规范等。收集分析必要的资料和信息，包括对现场的调查踏勘，以及对同类型实例的参观、网络查找等，进行项目计划的编写。

　　（4）制订计划：在签订合同或制定投标文件时，还包括详细的设计进度安排，同时提供设计费率标准。

二、设计调研阶段

1. 调研内容

设计调研阶段既包括对项目进行全面而深入的摸底，又包含对未来工作素材的全面查找，是设计工作准备与设计创造开始的衔接阶段，也是必不可少的过程。

对设计项目进行细致的调查研究，包括了解项目的场地设置、建筑结构、空间布局、自然条件，还包括了解工程项目涉及的市场调研，如品牌形象、使用人群、市场定位等。以上材料的调研考查有助于开展合理设计和融入工程现有环境要素展开设计。调研后应形成调研分析报告，用于指导设计。此部分调研内容的侧重点：委托方意见调研、工程实地调研。

创新工作需要的设计素材调研：素材调研涵盖多个方面，具体取决于设计的领域和项目的需求，包含设计艺术趋势调研，包括色彩、形状、材质、风格等方面的发展；项目相关的历史与文化背景调研，收集相关历史人文信息形成设计元素、艺术风格和意义；相关的技术和创新成果，包括材料、制造工艺、数字技术等方面的发展；调查适用的材料资源，以便在设计中选用合适的材料等。

2. 调研方法

调研方法有询问式、工程实地调查（田野调查与踏勘）、资料收集法（县城走访与网络调研）三种。

（1）询问式：询问咨询投资方及经营者对项目的初步设想，主要建设目标形成初步的设计计划。

（2）工程实地调查（田野调查与踏勘）：对项目进行再次走访，进行深入的调研、测量、记录。对图纸进行初步的对照和校正。测量（排尺）常规内容：定量测量，即测量设计项目室外、室内长、宽，室内部分还需要计算出每个房间的面积（供做预算时参考使用）；定位测量，即主要用于将辅助功能等进行位置标注，如门、窗、管道、上下水、电路的现在位置（在甲方提供的平面图上标示）；高度测量，即主要测量各房间立面的高度测量（用来进行纵向界面装饰面积的计算）。以小规模居住空间测量为例，室内部分包括表3.2-1的测量数据。

表3.2-1 小规模居住空间测量数据一览表

测量位置	测量项目
各空间的门	门（宽、高、厚）、窗（宽、高）、哑口（宽、高、厚）、梁（宽、高）的尺寸
入口（玄关）、客厅、卧室	层高、长、宽、窗台位置、暖气片位置、配电位置、开关位置、空调孔洞位置
餐厅与厨房	层高、长、宽、暖气片位置、洗菜池上下水位置、配电位置、窗台位置、烟道位置、天然气表位置、热水器管道位置等
卫生间与洗手间	管道最低点、坐便管道位置、地漏位置、热水器管道位置、洗脸盆上下水管位置、洗衣机上下水管道位置、浴盆位置、淋浴位置、地漏位置等
阳台与飘窗	层长、宽、高，离地面高度等尺寸

常规测量顺序和方法：室内项目进入项目地点后先整体观看空间现有的结构，之后依次从外到里，或从里到外，或按一定方向进行测量。建议从入户门左至右测量，同时记录相关数据。为保证测量的准确性，应先行与客户沟通，获取原始平面图，测量过程中可与原始平面图对照标出相应有出入的尺寸。当无法获取原始图，应以单线的形式徒手画出户型图，画好后一边测量一边记录测量数据和测量内容。

室外部分通常需要团队配合，建议以3人以上为团队，程序如下。

1）执尺和读数的人、读数的人和绘制草图的人、绘制草图的人和负责记录的人3人相互兼任，以免中间环节疏漏出错。

2）记录人绘制草图要仔细认真，比例准确，数据翔实。可以用不同颜色的笔来区分数据和图样。

3）应首先绘制平面图，再画立面图，最后画纵横向剖面图。

4）现场测绘完成后，组员在组长带领下，应尽快核对数据，适当分工，按正确比例绘制正式的测绘草图，尽快输出计算机后复合（图3.2-2~图3.2-4）。

图3.2-2　室外环境测量1
（建筑学2021级学生　指导教师田波）

图3.2-3　室外环境测量2
（建筑学2021级学生　指导教师田波）

图3.2-4　室外环境测量3（建筑学2021级学生　指导教师田波）

关键出入点问题可以单独列表记录，见表3.2-2。

表3.2-2　测量记录表

测量构件尺寸登记表				
编号	构件尺寸			备注
	长/mm	宽/mm	高/mm	

（3）资料收集法：收集相关的设计案例信息，提炼相关设计信息用于指导设计。收集相关的政策法规用于限定设计。

3. 调研报告的编写

调研报告通常在大量收集整理材料的基础上进行分类整理后，资料归类、信息条理化、整理特色、提炼元素、进行适当的分析与说明，提出问题，探讨解决意向。调研报告通常包含工程实地调研、项目类型调研、项目背景调研三个部分（图3.2-5）。

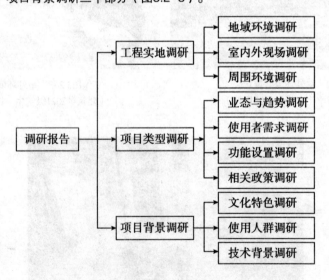

图3.2-5　测量登记表图展示

4. 环境设计工程项目涵盖的调研与分析内容

下面以某旧锅炉房改造项目为例展开讲解，在实施中，调研提供基础素材，还应在基础上进行分析归纳，为下一步开展设计做准备（表3.2-3）。

表3.2-3　一个环境设计工程项目涵盖调研内容一览表

调研与分析内容	案例
1.实地调研 项目背景	
2.周边环境	
3.环境与功能 关系	

续表

调研与分析内容	案例
4.使用人群与需求分析	
5.主题相关调研	

续表

调研与分析内容	案例
6.业态需求调研	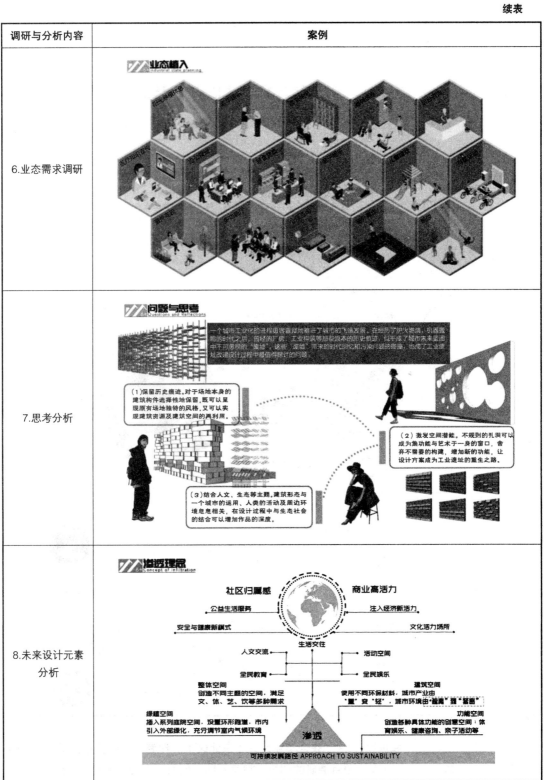
7.思考分析	
8.未来设计元素分析	

续表

调研与分析内容	案例
9.设计理念调研与分析	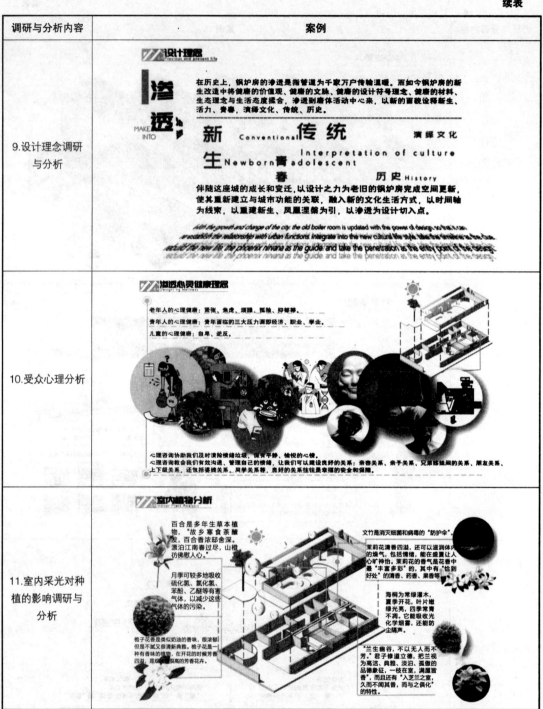
10.受众心理分析	
11.室内采光对种植的影响调研与分析	

案例来源：2021年"室内设计6+"联合毕业设计（东北区）。作者：辽宁工业大学2017级邹哲、曹彤彤、陈凯盟。不同的设计项目调研的侧重点略有不同，例如，办公空间设计应侧重企业文化，商业空间应侧重商品类型和展示需求，民宿空间应侧重特色塑造。

三、方案设计阶段

方案设计阶段分为概念设计阶段和深度方案设计阶段两部分。

设计阶段应首先在调研分析的基础上进行设计定位，明确设计要达到的目标、设计要解决的问题，并制订明确的设计分级目标，进而形成设计主题概念方案。

1. 概念设计阶段

设计概念方案即设计的主导概念（初步构想），在设计初期应对各目标进行排序：总目标→局部目标→次级目标。

概念设计阶段以草图与构思分析为主。草图构思主要解决功能问题，可以从平面图和整体入手，应率先明确系统的功能布局；确定初步的概念形式主题，进行系统的构思；构思可以从功能、形式、造价、材料、位置、环境等多角度展开；构思概念方案的表现用手绘和数字化结合的形式表达设计，应包含平面图、立面图、透视草图、效果图、模型等内容。

初期概念的拟定是重要的内容，主题概念来源多样，应多次进行头脑风暴，优选一个或一系列概念作为设计主题，为后续全面设计做纲领。设计概念是经过反复对比推敲后生成的，这是一个耗脑力的过程，也是最能展现设计亮点之处，在AIGC全面介入的今天，人文回归与引领正是体现人类智慧的最佳点。因而，环境设计需要在此处下功夫，展现特色。

（1）以某个概念做设计主线。案例专题：北京冬奥场馆设计中的设计智慧。

秉承着对奥运精神的共同追求，北京2022年冬奥会场馆设计既和谐统一，又各具特色特色，它们以符合中国传统又现代的方式展现，得到多方赞誉（表3.2-4）。你印象最深的北京冬奥会场馆是哪个？

表3.2-4　北京冬奥会场馆设计中的主题一览表，参考网络资料

展馆与概念	概念解读
国家速滑馆主概念——冰丝带	冰丝带的设计概念将冬奥体育文化与"谁持彩练当空舞"的中华之美融为一体。整体立意整合了冬奥会和冰雪运动的元素，将冰与速度结合。设计理念源于速滑运动员在冰场上风驰电掣时冰刀留下的轨迹（22条飘逸的丝带），将冰、速度、时间完美结合，展现冬季运动项目的独特魅力

续表

展馆与概念	概念解读
首钢滑雪大跳台——雪飞天	首钢滑雪大跳台建设在首钢老工业遗迹之上,是典型的旧工业遗迹改造项目,项目展现了我国在国际赛事项目上贯彻低碳环保理念的决心。 首钢滑雪大跳台的设计立意源于敦煌"飞天"飘带形象,在冬奥元素中滑雪跳台竞赛赛道的剖面曲线形态与飞天完美契合,因此被称为"雪飞天"。夜色中,跳台光影营造上采用以北京东奥会会徽色彩为基调,色彩最高处为蓝色系,向下渐变为黄色系,再向下至起跳区为红色系,整体逐级变化,与运动员比赛中的滑行、起跳、空中动作方向动态轨迹一致,整体上烘托出腾跃向上的绚丽恢宏形象 
国家雪车雪橇中心——雪游龙	国家雪车雪橇中心采用中国文化龙腾的形象做概念,依托小海陀山天然山形进行赛道设计,将中国龙形象、气质和蜿蜒腾挪的形象融入设计之中,赛道设计是在运动的安全性、挑战性、趣味性、文化寓意中巧妙地寻找到平衡点,体现了中国文化的独特魅力 
国家高山滑雪中心——雪飞燕	国家高山滑雪中心根据《山海经》中"王次仲落羽化山"的传说而设计,赛道设计依山而建,两侧沿山势而下,仿佛如燕子展翼飞行,因此得名"雪飞燕"。"雪"是冬奥元素,"飞燕"是吉祥之鸟,是传统文化的美好传承,"雪飞燕"概念生动形象描绘了场馆和项目的特点 

续表

展馆与概念	概念解读
国家跳台滑雪 中心—— 雪如意	国家跳台滑雪中心位于张家口赛区，其设计立意源于中国的传统吉祥饰物"如意"。国家跳台滑雪中心与中国传统吉祥物"如意"的S形曲线完美融合，仿佛一柄如意安放山间。在体育场馆动感线条造型设计的基础上，有机融入了中国元素，赋予场馆更深的文化内涵和意义 

案例总结：从北京冬奥场馆设计看设计概念生成。

北京冬奥场馆设计中的概念生成丰富而多样（图3.2-6），与中国的历史文化、场馆建设地理气候条件、中国低碳可持续发展观、冬奥运动特色等方面密切相关。概念生成中融合传统与现代，将中国丰富的历史文化做主题概念，注重将传统元素与现代设计融合，展现独特的中国魅力。

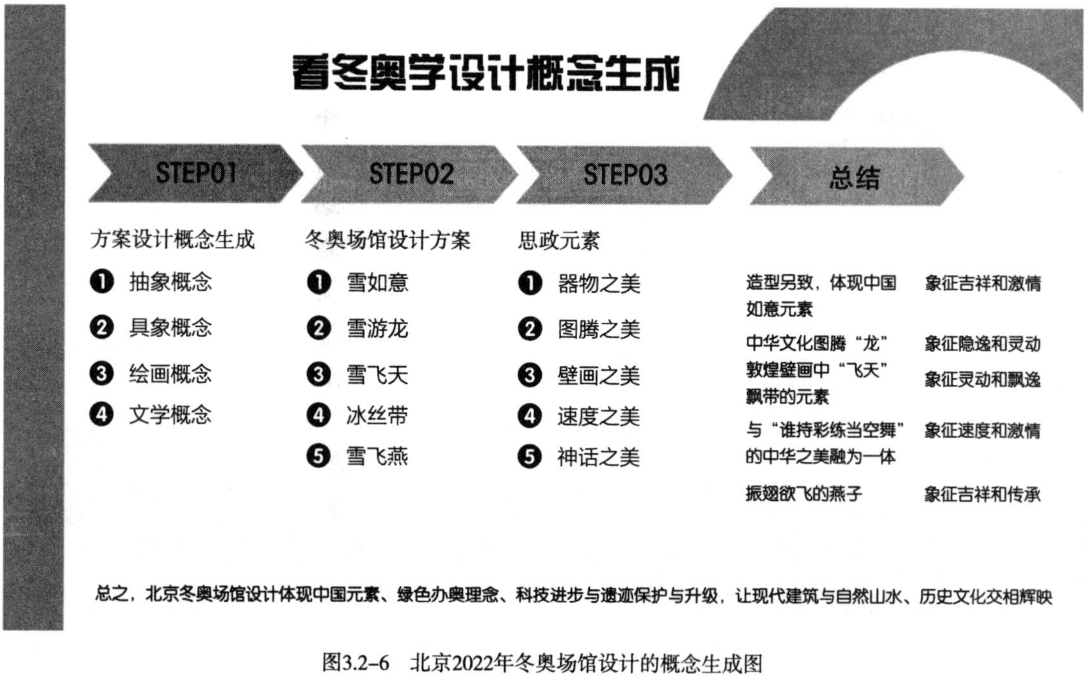

图3.2-6　北京2022年冬奥场馆设计的概念生成图

除上述以传统文化为主要理念的概念生成外，还有以几何形态、仿生形态、诗词意蕴、科技未来等为主概念的设计生成，成为大胆而新颖的设计切入点（表3.2-5）。

表3.2-5　概念生成类型一览表

概念类型	案例
形象（几何与仿生形象）	 海洋主题游乐园设计（环境设计2019级刘昱麟）
图腾、动植物形象	 飞鸟与鱼主题景观设计　　 猫爪幼儿园设计（环境设计2019级刘昱麟）

续表

概念类型	案例
器物	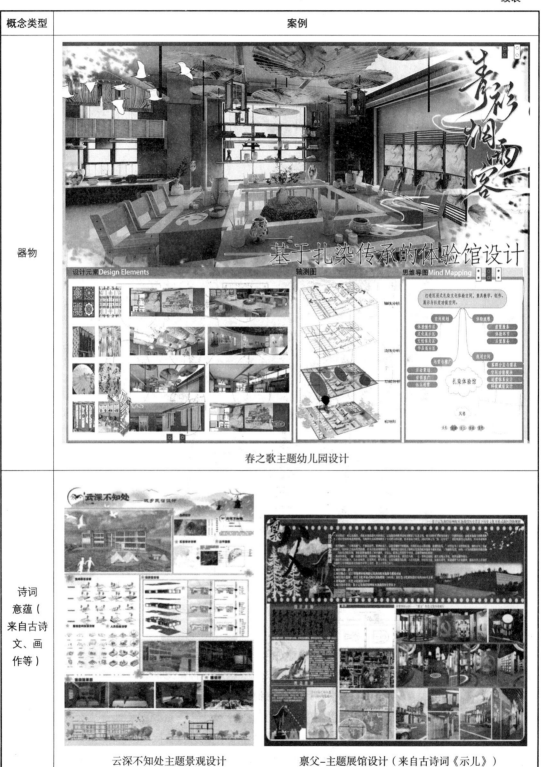

春之歌主题幼儿园设计

| 诗词意蕴（来自古诗文、画作等） | |

云深不知处主题景观设计　　　　禀父-主题展馆设计（来自古诗词《示儿》）

概念类型	案例
气象、宇宙	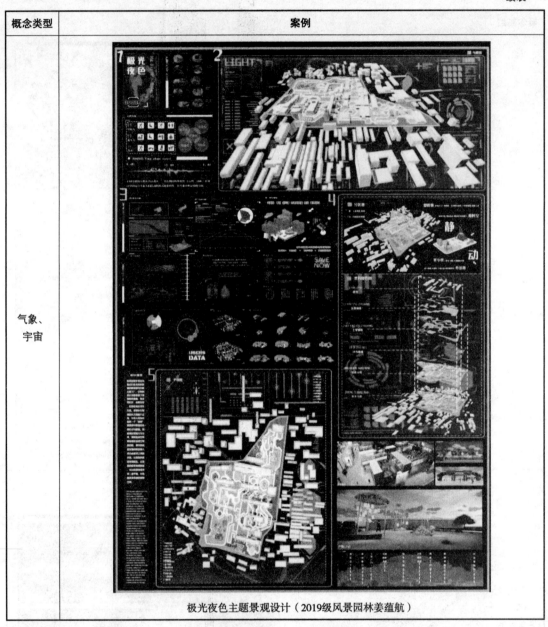 极光夜色主题景观设计（2019级风景园林姜蕴航）

（2）以系列概念做设计主题。实际上，在一定规模的设计项目中设计主题概念往往并不单一，而是丰富多样的、系统地出现。将系列概念作为设计主题是一种常见的设计方法，可以使设计项目中保持连贯性、独特性和丰富性。在设计系列概念时，往往选择一些统一的元素或风格作为主题线索，如特定的图案、形态、色彩等，以确保不同方向有一致性某一点或相关性；或者选择一个核心概念或理念，然后在不同设计项目中延伸和演化这一概念；或者探索同一主题或元素的不同变体和表现形式，从而呈现出源自同一主题方向的多样性和丰富性，同时保持设计风格的连贯性；还可以

将某一情绪或故事作为设计的系列主题，通过设计作品传达特定的情感或故事情节，多个细节都呈现出独特的表达；或者选择不同的年代、季节或时段作为设计系列的主题，根据季节变化或特定时段的某些特征进行设计创作，展现出时序变化和生活气息，展现自然变迁的年代感；或者依托项目特定的文化或历史元素作为设计系列的主题，将系列文化传统元素融入设计中，展现文化整体的内涵和一个时期的历史积淀（表3.2-6）；或者以科技发展、宇宙未来为创新概念主题，探索不同设计项目中科技含量，以此进行创新，形成技术主题的设计系列；或者以故事序列为延展做主题。

总之，将系列概念作为设计主题，可以在同一项目中保持设计风格的连贯性和独特性，同时展现出多样性和创意思维，使设计作品更具有创意上的辨识度，具备吸引力。

表3.2-6 江阴国乐岛中国国乐中心项目概念设计一览表（北京建院装饰工程设计有限公司提供）

江阴国乐岛中国国乐中心项目设计背景
"中国国乐岛"（北门岛）位于江阴主城区北部，地处北门历史街区核心地段，东至君山路、南至五星桥、西至锡澄运河、北至北大街历史街区，总面积约220亩（1亩≈666.67 m²），是江阴主城区唯一的四面环水自然岛。 "国乐之乡"：国乐是江阴最靓丽的文化标签。江阴曾多次荣获"全国民间文化艺术之乡（民乐）""江苏省民乐之乡"等称号，国乐的普及程度远超其他城市，拥有深厚的国乐发展土壤。深厚的背景和基础让江阴的国乐完全有可能成为全国知名的文化艺术品牌。江阴在历史上涌现出郑觐文、周少梅、刘天华等一批国乐大家，时至今日仍占据着举足轻重的学术地位
设计总概念
立足江阴深厚的国乐基础，以北门岛的开发作为平台，致力发展以中华国乐为主题的文化产业，打造激活江阴、服务江苏、辐射全国、走向世界的"中华国乐中心"

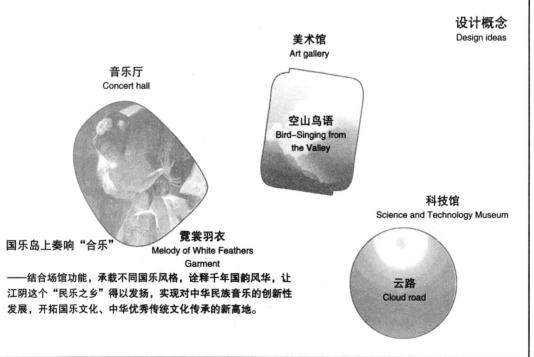

设计概念
Design ideas

美术馆
Art gallery

音乐厅
Concert hall

空山鸟语
Bird-Singing from
the Valley

科技馆
Science and Technology Museum

国乐岛上奏响"合乐"

霓裳羽衣
Melody of White Feathers
Garment

云路
Cloud road

——结合场馆功能，承载不同国乐风格，诠释千年国韵风华，让江阴这个"民乐之乡"得以发扬，实现对中华民族音乐的创新性发展，开拓国乐文化、中华优秀传统文化传承的新高地。

续表

设计总概念
建筑语言

建筑外观形态以流畅曲线表现"行云流水"的建筑理念

【建筑—室内】室内延续舞动形态

室内概念

霓裳羽衣

云想衣裳花想容 春风拂槛露华浓

【江南丝竹】是江阴的重要非物质文化遗产,是我国传统艺术殿堂中熠熠生辉的瑰宝。选取"江南丝竹"中的霓裳曲做为音乐厅概念表达。

【霓裳羽衣曲】既是极富浪漫色彩的作品,也是经典国乐流传之作。它既代表文化的开放性和多元性,也反映创新性和东方大国的融合性。

【室内概念】将这首延传至今的带有深刻历史意义的"大型交响乐"通过"曲舞韵律、丝竹乐器、乐师华服"三个元素进行整体刻画。

韩熙载夜宴图(节选)

概念元素
概念元素

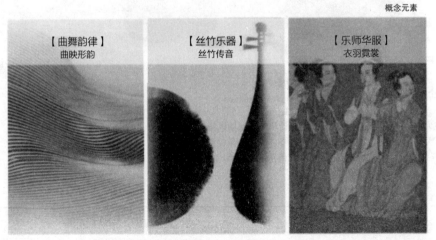

【曲舞韵律】
曲映形韵

【丝竹乐器】
丝竹传音

【乐师华服】
衣羽霓裳

续表

概念元素

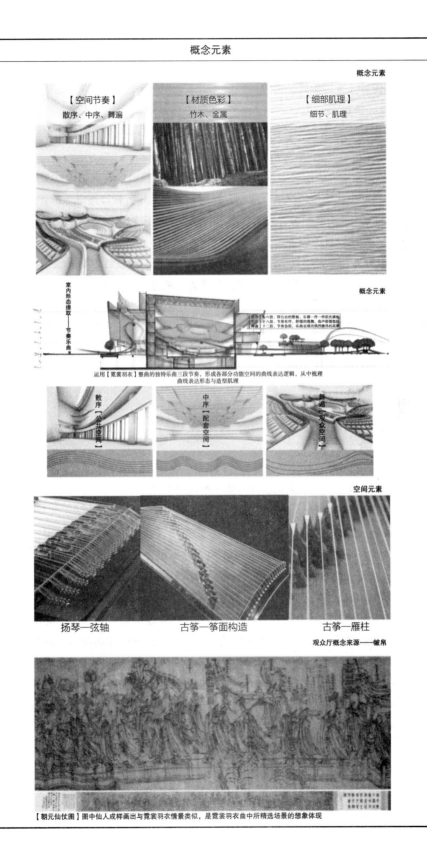

概念元素

【空间节奏】
散序、中序、舞遍

【材质色彩】
竹木、金属

【细部肌理】
细节、肌理

概念元素

室内形态提取——节奏乐曲

运用【霓裳羽衣】整曲的独特乐曲三段节奏，形成各部分功能空间的曲线表达逻辑，从中梳理曲线表达形态与造型肌理

散序【公共空间】

中序【配套空间】

舞遍【观众空间】

空间元素

扬琴—弦轴

古筝—筝面构造

古筝—雁柱

观众厅概念来源——皱帛

【朝元仙仗图】图中仙人成样画出与霓裳羽衣情景类似，是霓裳羽衣曲中所精选场景的想象体现

总结：由以上案例可知，设计概念生成过程并不是单一的简单呈现，而是根据工程实际从深厚的项目定位、文化背景、地域气候等诸多元素中凝练历史、人文、科技等要素大胆整合创想，提出连贯的创意理念。在中国博大的历史人文背景中，结合项目的多重因素组合生成与项目所契合的综合性理念，是环境设计应大胆挑战的内容。

2. 深度方案设计阶段

深度方案设计阶段是对概念设计的深入阶段，需要通过详细的设计功能布置、平立面布置及效果图绘制来表达设计的细节。在这个阶段，主要进行以下工作。

（1）围绕概念主题进一步明确设计方案。根据项目需求将已经确定的设计主题概念落实，从场地环境、室内空间布局与功能等角度进行规划，提出初步构思和多种方案供选择。

（2）进行深入的项目勘察和设计分析。对项目建设地室内外空间进行现场勘察，并调研地质、环境、气候等制约、影响设计的因素，为后续设计深入提供必要的数据和工程项目的背景信息。

（3）制订设计方案。根据项目需求结合调研结果，制订初步设计方案。通常包含室内外空间形态、结构与功能布局、设备布置、家具与陈设搭配等方面的综合初步构思。

（4）方案研讨与调整。将阶段性方案进行梳理，与客户沟通听取客户意见，就相关设计进行讨论，听取反馈意见，针对意见进行合理调整和优化。

（5）编写设计报告和图纸。编制方案设计创意报告，涵盖室内外设计项目的项目背景、设计概念来源、立意分析、需求分析等内容。此阶段应提供方案设计阶段部分效果图和部分施工图纸。

四、设计实施阶段

设计实施阶段主要包括施工图深化设计与施工阶段两部分。

1. 施工图深化设计

施工图深化设计是指在方案设计基础上进一步完善和详细化设计方案的过程，以满足实际施工需要并确保工程质量。施工图深化设计位于施工前、方案设计完成后的中间阶段。具备一定资质的设计公司，通常设置有施工图深化部门专门进行项目施前的对照工作。这是更为严谨的参照相关标准规范，深化设计的过程。

一个综合性环境设计项目经甲乙双方确认后即进入深化设计阶段，一个中等以上规模的环境设计项目的深化工作涵盖内容丰富，是一个团队的工作。例如，一个室内项目，涵盖地面铺装深化、照明设施深化、结构深化、配套建筑设备深化、材料家具深化、施工工艺深化、软装配饰深化等内容。深化设计工作的主要任务是在开工前为施工提供详细的图纸和设计说明，减少施工阶段的改动和调整，从而节约预算、提高效率、降低风险。施工图深化设计还需要遵守相关的法律、法规和规范要求，并充分考虑环境保护、节能减排等可持续发展的要求。

（1）完善总体设计：完善总体设计，如空间布局、形式、风格、整体造型、主体造型、装饰。当总体设计完成后，还需对各部分进行修改或加强和减弱某些因素。

（2）与各技术专业协调：与空调、水电、消防、音响、给水排水等工程的技术要求相协调。

（3）设计、制作设计详细的施工图：包括各层的平面布置、天花布置、灯位、家具布置、立面尺寸。

（4）材料等详图：包括构造节点详图、细部大样图、设备管线图，以及编制施工说明、造价预算。

2. 施工阶段

施工阶段是指在完成设计和准备工作后，按照施工图纸和施工方案进行实际施工的阶段。施工阶段需在全面掌握施工流程的基础上展开。下面以室内施工为例，具体可分为以下环节。

（1）施工组织准备：需首先编制施工组织设计方案，确定施工队伍，制订详细的施工计划，并按计划配备施工所需的材料、设备和人员。

（2）现场保护阶段：对室内区域进行相应的保护，如电梯楼道等做防撞，室内门窗等贴防护膜等形式。

（3）材料进场：根据施工组织的流程按工种计划进行材料分批进场。

（4）主体结构拆改建施工与设备安装：根据结构设计方案进行水、电、防水等工序，完成室内主体结构的施工，做好隐蔽基础工程。根据设备安装图纸和方案进行设备安装、管道敷设、电气线缆布线等工作，将各种设备安装到位。

（5）强弱电工程施工：在室内装饰施工前，应进行电气系统的布置，结合设计中的照明和艺术灯光设计要求进行照明、强弱电线路的铺设。在室内装饰施工结束后，应进行安装相关的灯具等工作，确保电气设备正常运行。

（6）室内装饰施工：进行室内部分的结构铺设、材料安装、涂装、界面铺装、门窗安装等工作，使建筑物内部通过全面的施工安装达到设计预期的装饰效果，并呈现一定的艺术氛围。

（7）竣工验收：完成施工后进行竣工验收，按照竣工要求从效果呈现、使用要求和安全质量角度，确保设计与施工符合相关法规和设计要求。

在施工阶段，设计团队需要协助施工方进行驻场指导，施工方需要严格遵守法律法规，采取安全措施，保障施工设计实施，这是使设计项目落实到现实的最终阶段。需要协助施工方编制施工组织方案，按编制的造价预算完成施工。

 思考题

1. 测量的内容和方法有哪些？

2. 请为某一个设计项目写出调研与分析提纲（不少于8项内容）。

3. 设计概念生成可以从哪些方向出发？

4. 方案设计应包含哪些内容？

5. 施工图深化阶段的重点是什么？

习题： 运用AIGC生成锦州烧烤地方特色餐馆设计方案1套，设计面积为300 m²左右。

（1）AIGC概念设计案例1（表3.2-7）

表3.2-7

设计者工作室AIGC辅助概念设计

使用软件:豆包AI

描述语:

　　此空间是设计师的休息空间，空间设计宽敞明亮充满云朵的感觉，墙壁上摆设各种唯美柔和的画作，采用的都是大型的沙发，搭配各种绿植营造舒适放松的空间，空间主配色为蓝粉白，配以少量其他色彩。

郑成睿

使用软件：豆包

描述语:

　　此展区空间设计宽敞明亮，充满科技感。墙壁上悬挂着巨大的高清显示屏。旁边设置有互动显示屏，可以通过触摸屏幕了解结构和工作原理。

罗娅菲

续表

设计者工作室AIGC辅助概念设计

使用软件：豆包

描述语：

　　中式韵味浓郁:休闲区以沉稳的原木色为主调，搭配红色的靠垫、窗帘等软装，彰显中式风格的典雅与热情。古色古香的屏风将空间巧妙分隔，营造出静谧的氛围。

　　自然舒适交融:区内摆放着由天然木材打造的中式桌椅，纹理细腻。一旁的绿植生机盎然，与丝绸质感的装饰相得益彰，让人们在自然与舒适中放松身心。

门广多

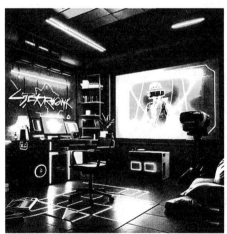 

使用软件:豆包

描述语：

　　此房间用做赛博朋克风格的艺术工作室，空间充满科技感，旁边有个使用VR辅助工作的小空间，还有全息投影。

郭占辉

（2）AIGC 概念设计案例2（表3.2-8）

表3.2-8　某养老院概念设计环设211班小型建筑设计作品

小程序与术语	概念生成图
程序名称：建筑学长 魔法语句：最高质量，位于城市海边的现代风格养老院，两层，白色外表，人视图，日景，MIR渲染，高质量，建筑摄影	
程序名称：建筑学长 魔法语句：最高质量，养老院住宅，灰瓦坡屋顶，清水墙，透视图，高清，高质量	
生成魔法：科技，美感，大气 　AI养老院的外观设计和功能主要体现在其智能化的设备和系统上，通过集成物联网、大数据、人工智能等前沿技术，为老年人打造一个全方位、全天候的照护体系	
程序名称：建筑学长 生成关键词： 线稿渲染 建筑外观 铝合金窗框 绿色植被背景 柔和的自然光线 真实	

续表

小程序与术语	概念生成图
|生成语言| 舒适，和谐，宁静 　　养老院主体以纯洁的白色为主色调，显得干净而明亮。大面积的玻璃窗户增强了室内的采光效果，赋予建筑一种通透感和轻盈感。建筑线条流畅，没有多余的装饰。建筑前方的庭院宽敞而绿意盎然，植物和树木错落有致，被一条蜿蜒的小路巧妙分隔，营造宁静和谐的氛围。草地上的绿色与天空的蓝色交相辉映，让整个场景更生动。整体社区养老院既现代又自然，给人以宁静和舒适的感受	
关键词：舒适，现代化，温馨 　　立意：现代风建筑设计，是想要为老年人创造一个既时尚又舒适的晚年生活空间。它打破传统养老院的刻板印象，以简洁、明快的线条和现代化的设计理念，为老年人带来全新的生活体验。在这个养老院里，每一处细节都透露出对老年人的关怀与尊重。宽敞明亮的公共活动区，让老年人可以自由交流、享受快乐；舒适温馨的居住空间，让老年人感受到家的温暖	
AI软件：文心一格 　　魔法语句：充分利用绿色植被和开放式设计，打造出一个与自然和谐共生的养老环境。院内绿树成荫，小径蜿蜒，让老人在晨练或漫步时都能感受到大自然的清新与宁静。设置了多个小型花园和休憩区，供老人们在此聊天、阅读或进行简单的户外活动	

第四章 建筑室内环境设计依据与要求

 本章重点

1.空间界面的处理。
2.采光与照明。
3.室内人体尺度与心理。
建议学时：8

建筑室内环境设计受到空间与界面、界面处理方式、采光与照明、人体尺度、心理等多项内容的制约和影响，设计应以上述内容为依据，考虑相应的要求展开细节。

第一节 室内空间与界面

一、室内空间的概念

室内空间是相对于外部空间、自然空间而言的。抽象的空间由设计要素（点、线、面、体）多样的形式构成，多样要素赋予了丰富的室内空间样式。建筑就是由这些要素形成的地面、顶棚、四壁围合而成的空间。这些形状不同的限定空间的要素集结形成的围合体，就是环境设计领域普遍认同的界面。界面有形状、比例、尺度和式样的差异，这些差异的创造和创新形成了建筑内空间的功能与风格的变化，使建筑内环境呈现出不同的艺术氛围。

室内空间的功能包括物质功能和精神功能。物质功能包括使用上的要求及良好的物理环境。**精神功能是在物质功能的基础上，在满足使用者物质需求的同时，从人的人文诉求、心理需求出发，充分体现在空间形式的处理和空间形象的塑造上，使人们获得精神上的满足和美的享受。**

二、室内空间组合

室内空间组合是指将多个室内空间单元以多种方式组合在一起，形成一个整体的空间。为了满足设计项目的特殊需求和呈现不同的艺术效果，设计中通常灵活地将各种空间组合形式进行组合和布置。室内空间的组合方式是多种多样的，但最为常见的是集中式组合、线式组合、组团式组合。

1. 集中式组合

集中式组合是指以某一主导空间为核心进行空间集中式的组合形式，其他的空间区域围绕核心区域展开布局。集中式组合给人稳定的、向心式的空间组合感觉，具有一定的秩序感，如图4.1-1所示。中心空间的形式多样，但通常以规则的形态为主，如圆形、三角形、方形、多边形等，可以辅以材质、色彩、装饰等变化（图4.1-2）。中心空间通常相对较大，形式上近似于将次要空间集结在其周围，形成聚焦、聚集、视觉中心的效果。

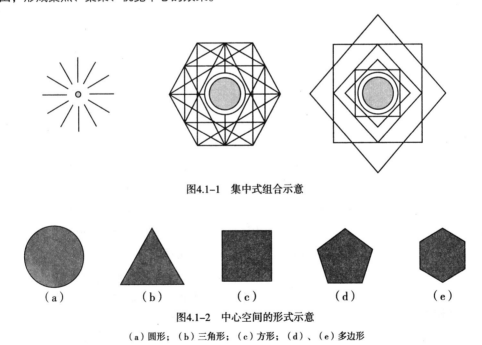

图4.1-1 集中式组合示意

（a） （b） （c） （d） （e）
图4.1-2 中心空间的形式示意
（a）圆形；（b）三角形；（c）方形；（d）、（e）多边形

2. 线式组合

线式组合可以理解为一个沿线性分布的空间系列组合。线性的分布可以是逐个连接的，也可以是由一个单独的不同的线式空间联系在一起的；可以是并列的，也可以是串联的，甚至可以设置一定的中转过渡空间后再继续串联/延展/并联。总体来说，该空间布置更为灵活（图4.1-3）。

线式空间由一个基本单元作为基础，基本单元的空间形式可以是相同的，也可以是近似的，或者是由尺寸、形式和功能相同或相似的空间形态按一定规律、一定线路重复出现而构成，或者可将一连串形式、尺寸或功能不尽相同的空间，沿一定线性轴线进行分布，形成有某一共同特征的空间组合。

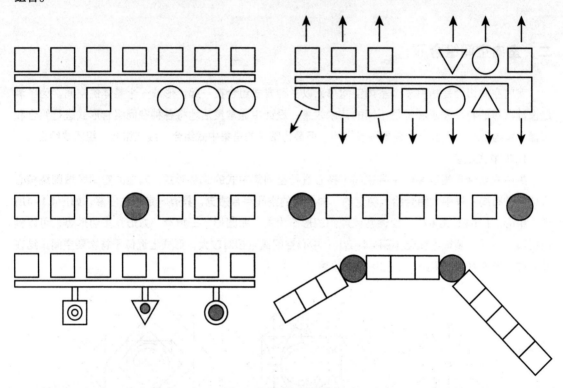

图4.1–3　线式组合的形式

3. 组团式组合

组团式组合是指将多个形态、功能相关或相似的空间或单元按一定的方式组合在一起，形成一个整体的空间组合。通过将各个空间单元适当组合，产生相互联系、相互配合的效果，创造出具有连贯性和统一性的形式空间，以满足特定的功能需求和呈现出空间多样的形式，从而产生空间的多样化，提升空间层次。组团式组合常常应用于中等以上规模的综合性空间，场地的规模较大方能进行空间的变化和过渡。大型室内设计项目或综合性空间场所更适合采用组团式组合形式，如商业综合体、大型酒店、宴会酒楼等，能够有效地整合多种功能区域，并适当呈现多样空间的组合，从而产生丰富的空间变化。这种空间形式设计更为注重空间的整体性和协调性，可以创造出更具活力和宜居性的空间环境。

组团式组合的形式灵活多样，可以是以重复的形式展现规律的组团，也可以按照设定好的轴线进行组团，组团的基本单元形态可以适当变换，但整体呈现出一定的规律，即性质良好的空间整体形式美感。总体来说，组团式组合空间设计是一种综合考虑功能需求和空间布局的设计方法，能够有效地整合各种空间单元，创造出具有连贯性和统一性的空间环境，为人们提供舒适、便利、富有创意的生活和工作空间（图4.1–4）。

重复的空间

具有相同的形状

以轴线组合

围绕一个路口进行组合

沿通道组合

以环形通道组合

集中式图案

组团式图案

在同一空间内组合

有多条轴线的情形

有轴线的情形

对称的情形

图4.1-4　组团式组合的形式

三、室内空间类型

室内空间类型是指不同功能和用途的空间区域。室内空间类型多种多样（图4.1-5），常规上往往根据分类方式的不同，划分成不同类别。

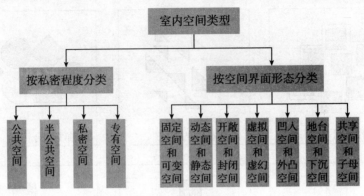

图4.1-5　空间类型示意

1. 按私密程度分类

室内空间按私密程度大致可分四类，见表4.1-1。

表4.1-1　室内空间按私密程度分类一览表

类型	私密程度
公共空间	供公众集体使用的开放性空间，包括图书馆、博物馆、剧院、办公场所的公共区域等。公共空间的设计和规划目的是提供休闲娱乐、社交交流、文化活动和集会的场所，属于社会成员共有的空间
半公共空间	是介于公共空间和私密空间之间的中间空间。它既具备公共性，也具备一定程度的私密性，是允许一定范围或尺度的公共访问或共享使用的空间，如大堂、健身房等都属于此类空间。半公共空间既向公众开放，又需满足特定群体或个人的私密性需求
私密空间	是供个人或少数人独享的空间，保护个人隐私是空间的重要诉求，设计上应满足用户的独处、个性化和隐私防护的需求。私密空间多以住宅区或工作场所的个人办公区相关，常见的有卧室、个人办公室、浴室、更衣室、书房等空间
专有空间	私密程度最高，是为某一特殊人群服务或提供某一类行为的专有空间，指的是完全属于个人或少数人使用和拥有的私密空间。这些空间通常是住宅中的个人卧室或专门办公室

2. 按空间界面形态分类

空间界面是指在空间设计中，不同空间之间或空间与人的互动之间的接触点或交互的界面。传统的空间界面是指从使用者角度看到的六个面或多个面。空间的界面可以是实体的，也可以是虚的面，通常用多样的形式以制造出开敞程度不同的空间形式以满足功能的要求（表4.1-2）。

表4.1-2 室内空间按空间界面形态分类一览表

名称	特点	图示
固定空间	固定空间与可变空间是相对而言的。固定空间一般指相对稳定的空间，既可能是原始墙体，也可能是分隔出的空间。稳重的场所一般选用固定的空间形式	
可变空间	可变空间是指在室内设计中可以根据需要灵活变化和调整的部分或区域。这些空间通常包括可移动可折叠的墙壁、多功能家具等	
动态空间	动态空间与静态空间是相对而言的。动态空间在视觉感受上是灵活变化的，多采用动态的界面形式形成变化与跳跃感，通常活泼的场所采用此种空间形式	

续表

名称	特点	图示
静态空间	静态空间是指在视觉感受上形式比较稳定的空间，常采用对称式和垂直水平界面处理。静态空间构成相对单一，视觉常被引导在一个方位落在一个点上。严肃端正的场所通常采用此空间形式	
开敞空间	开敞空间的开敞程度取决于有无侧界面、侧界面的围合程度、开洞的大小及启用的控制能力等。在空间感上，开敞空间是收纳性的、开放性的，空间表现为更带公共性和社会性，是流动的、渗透的，它可以提供更多的室内外景观和扩大视野。在心理效果上，开放空间常表现为严肃的、活跃的	
封闭空间	封闭空间可以理解为用限定性围护实体（各类墙体与隔断）包围起来的空间。无论是视觉、听觉、小气候等都有很强隔离性的空间称为封闭空间。封闭空间常表现为严肃的、安静的或沉闷的，是拒绝性的，空间更带私密性和个体性，但富于安全感	

名称	特点	图示
虚拟空间	传统的虚拟空间是指没有设置明确的隔离形态，没有较强的空间限定程度，靠部分形体的启示引发想象拓展，或以不同材质、色彩的平面变化来限定空间、想象空间等，现如今也指设计中结合数字技术模拟并创造出的虚拟环境，包括虚拟现实（VR）、增强现实（AR）和混合现实（MR）等技术。总体来说，虚拟空间能够展现设计的动态效果，增强体验感与沉浸感	
虚幻空间	虚幻空间是指通过光影、镜面叠加等科技手法，创造出超越现实感知的空间形式。常见的方式是利用不同角度的镜面折射（镜子、金属等多种材质）或室内镜面反映的虚像，产生空间扩大、神秘等视觉改果，还可以利用镜面的幻觉装饰来丰富室内空间	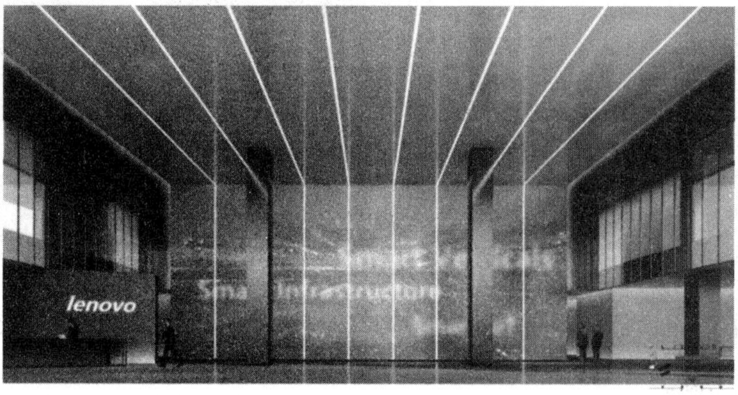
凹入空间	凹入空间是指在建筑设计或室内外设计中，利用界面墙体形成的向内凹陷的空间形式，能够有效打破空间单一、呆板的形式。这种设计可以为环境空间增添层次感、丰富功能、增强视觉效果，还可以提供舒适的私密空间或创造出独特的氛围	

名称	特点	图示
外凸空间	外凸空间通常是指在建筑设计或室内外设计中向外凸出的空间形式。这种空间能打破空间的平铺直叙，使空间向外产生搭接的形式，丰富空间，也容易形成视觉的中心	
下沉空间	下沉空间又称地坑，是将室内地面局部下沉，在统一的室内空间中，创造出一个界限明确的向下拓展的空间。此种形式打破了纵向空间呆板的形式，有助于形成富于变化的、独立的、区分明显的具有一定私密性的小空间	
地台空间	地台空间是将室内地面纵向方向局部升高一层或多层，如此将产生边界明确的空间，与原空间相比地台凸出一个或多个高度，传递出居高临下视觉感，增加空间层次和立体感。地台空间对空间高度有一定要求，升起的地台如果需要上人，应考虑升起的高度在一定范围内	

续表

名称	特点	图示
共享空间	共享空间即公众共同享用的空间，共享空间通常兼顾多种功能，可以满足空间使用的不同需求，促进使用人群之间的交流和互动。例如，办公、酒店等都有大堂作为共享空间，一般承担的是主形象作用	
子母空间	子母空间是指通过实体性或象征性的手法，在原空间（母空间）中限定出小空间（子空间）。这样可以兼顾开放与私密的心理需求，使大空间中的各个小空间可以相互沟通，同时，保持相对的独立性和安静，适用于中等规模以上空间	

四、室内空间序列

室内空间序列是指在建筑室内空间环境中，一系列室内空间的有序排列和连接方式及其顺序关系。这种设计是综合考虑空间功能、流线、环境氛围等因素，创造出具有连贯性和流动性的空间序列体验，有时还需要考虑具体的建筑需求、功能需求和经济条件。通过合理的空间布局和设计手法，可以创造出具有流动性的室内设计功能，给予现有区域合理组织的空间组合，使室内各个空间之间具有顺序、流线和方向的联系。室内空间序列组织是影响空间整体布局的重要部分。

进行室内空间序列设定时通常有四个重要的阶段：起始阶段、过渡阶段、高潮阶段、终结阶段。

以居住空间为例（图4.1-6）：玄关入口为起始阶段，门厅为过渡阶段，客厅为高潮阶段，各起居室为终结阶段。

以某酒店设计为例（图4.1-7）：起始阶段是酒店入口，为空间序列的开端；过渡阶段是酒店接待区，为承接阶段；高潮阶段是酒店大堂或中心景观区，为中心与精华序列；终结阶段是通向各客房的通过空间，为恢复序列。

空间序列合理展开是展现空间动线与场景有序变化的手段，能够产生空间的神秘感和过渡效果，丰富空间形式，避免枯燥。

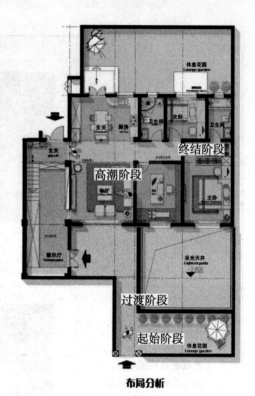

图4.1-6　居住空间中的空间序列
（辽宁工业大学环境设计201班董函芸）

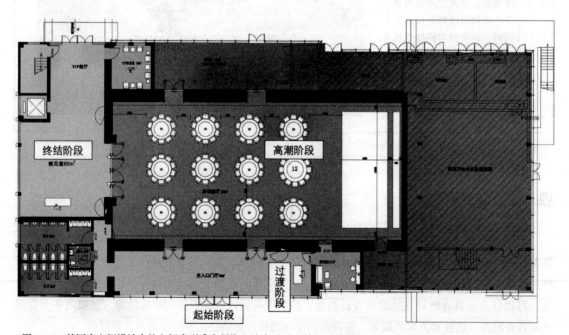

图4.1-7　某酒店空间设计中的空间序列［广州海心沙东区（B1栋）改造项目-北京建院装饰工程设计有限公司设计］

五、室内空间构图与室内界面的构图原则

1. 室内空间的构图要素

室内空间的构图要素是影响空间视觉效果的基本元素。在生活中，成为影响视觉效果的基本元素通常是由点、线、面生成的多种空间界面或围合或点缀而成。不同的点、不同的线、不同的面、不同的体及其相互关系可以产生个性差异的不同变化，形成各种不同的界面和空间。

处理好了面的关系，就控制住了整体。通过千变万化的点、线、面，可以看到它们对现代人居环境所产生的深远影响，如图4.1–8、图4.1–9所示，但变化的形态必须统一在整体的外形，而整体的外形必须增加内部的变化性。良好的设计必须是一种直觉和深思熟虑的和谐统一。

2. 室内界面的构图原则

室内界面的构图原则与建筑的构图原则相似，在室内设计中追求个性化的表达是非常必要的，但同时有一些共性的构图原理还是要考虑的。

（1）协调。协调即将所有的设计因素结合在一起去创造协调平和的视觉效果。协调最常见的表现手法就是秩序化的表现（图4.1–10、图4.1–11）。但过分强调以重复或其他方法形成的秩序感，又容易使空间形成单调、呆板的氛围。因而，应尝试设计出既不单调又不混乱的构图形式。在设计中采取有趣的变化，不破坏各组成部分的协调是关键。设计中的变化虽然是多样的，但应该将提高设计所要表现的主题和思想的气氛作为核心。室内设计中各因素或综合体应保持合而为一的整体关系，且每个因素对设计的主题和气氛起到烘托作用，能使空间更具特色。

图4.1–8 点与线要素在空间中的应用

图4.1-9　线与面之间的交相呼应，形成了装饰与背景之间的变化

图4.1-10　运用重复的形态形成协调的视觉效果
（江西省文化中心建设室内装饰设计项目图书馆地方典藏阅览室–北京建院装饰工程设计有限公司设计）

图4.1-11　多界面的近似装饰构成了界面的协调形式
（石家庄新合作大厦室内设计项目商业大堂–北京建院装饰工程设计有限公司设计）

（2）比例尺度。室内设计的整体和局部、局部和局部、局部和整体各部分，应形成一定的比例和尺度，设计时应注意空间形态、家具、装饰物件，以及空间布局的比例与尺度，确保它们之间的协调关系，避免过大或过小的物件导致视觉不和谐（图4.1-12、图4.1-13）。

图4.1-12　空间的尺度感形成宏大的空间氛围（江西省文化中心建设室内装饰设计项目图书馆中庭–北京建院装饰工程设计有限公司设计）

图书馆大堂
——方案效果图
2F

图4.1-13 图书馆大堂公共空间的家具与界面形成对照，使空间尺度比例更为大气（中新天津生态城图书档案馆精装修设计项目图书馆大堂-北京建院装饰工程设计有限公司设计）

（3）平衡。视觉中当各部分的"重量"围绕一个中心，使整体感受处于安定状态时称为平衡。在设计中，可以通过平衡空间中的形态、物品和家具的位置、大小、形状等因素，使整个空间视觉上更平衡、和谐。当在中心两边的物体摆放和色彩设置等各方面均近似或相同，形成对称空间效果，这种效果具有静止和稳定性，但有时略显呆板。使用不对称的平面格局或色彩、材料质感虽然会增强空间的活泼感，但有时也会引起空间过渡的跳跃，因而可采用适当的平衡手段营造活跃中的平衡感。空间中较为常见的体量上的不对称，常常会利用色彩和质地来达到平衡的效果，如图4.1-14所示。

图4.1-14 体量存在不平衡时以色彩或光影制造平衡空间效果
（国家网球中心配套餐饮综合楼项目餐厅设计-北京建院装饰工程设计有限公司设计）

（4）韵律。韵律是指通过多种方式，空间看起来具有一定的规律，形成一定的空间意蕴，进而塑造空间的形式美感。使空间呈现一定韵律的方式较为多样，连续、重复、放射、渐变、交替等构图方式，都可达到呈现空间韵律感的效果（表4.1-3）。

表4.1-3　空间韵律构图方式一览表

方式	方法	案例
连续线条	空间的界面设计上通常由许多不同的线条组成，运用连续的线条可以创造出流畅和连贯的视觉效果。连续线条具有流动的视觉效果，在室内经常用于踢脚线、各界面的装饰线条等。线条既可以少量出现，也可以多样连续，同样都能够产生韵律的视觉效果	 连续线条形成韵律的天花（某办公空间设计）
重复	使用相似的元素或模式进行重复，创造出一种视觉上的韵律感。通过线条、形状或空间的重复，能引导人们的眼睛按指定的方向运动。 　　例如，在界面装饰形态、材质、家具、灯具、装饰物等元素中重复使用相似的形状、线条或纹理，以形成统一而有序的韵律。但应避免重复过多，否则会形成单调感。如果重复过多，可通过不同的质地或图案的变化打破单调	 重复的装饰产生韵律的视觉效果（某酒店入口设计）
放射	通过放射中心向四周或局部延伸产生的视觉效果。延伸的既可以是线条，也可以是形状或组合。运用放射创造出的视觉效果可以通过地面、天花板、墙面装饰、光影、家具陈设布置等多种渠道来实现。放射的韵律感增加空间的动感和层次感	 心点及远处的放射形成的韵律使空间韵律形成动感，打破空间的呆板与平淡（某图书馆公共区设计）

续表

方式	方法	案例
渐变	逐渐变化的形态、色彩、大小等，形成了设计中渐变的元素，变化的规律是灵活多样的，以此生成的界面效果更为丰富和多样。例如，从深色到浅色、从曲面到平面、从大到小、沿着某一曲度变化等渐变效果，都可以增加空间的层次感和韵律感。除此之外，渐变的方式还可以拓展到明暗光影、图案、质地、色彩的渐次变化。渐变的形式比重复更为灵活多样，富于变化，因而视觉效果也更加生动	 渐变形成的波浪效果打破空间的呆板，使层次丰富 （某酒店大堂设计）

　　（5）突出重点。室内空间要想给人以深刻的影响，就要根据空间的类型、性质、布局、功能、需求等方面进行有意识的突出和强调，形成设计的重点和中心，从而使整个室内空间主次分明，或形成一个视觉中心，或形成一个趣味中心，或形成一个功能中心，如酒店大堂中的接待区、饭店的宴会厅、家庭客厅的背景墙等。空间的重点区域可以是单一的，也可以是多个，但不能过多，重点太多会引起空间混乱。以图书角/阅读室为例，创造一个舒适的读书角落或专门的阅读室，配备舒适的沙发、书架和良好的照明条件，能够为人们提供一个安静、放松和专注阅读的环境（图4.1–15）。

图4.1–15　以天花板和家具呼应突出空间重点区域

在室内设计中，形成重点的手法是通过突出某个元素或区域，以吸引人们的注意力并为空间增添亮点。在不平常的位置，利用不平常的陈设物，采用不平常的布置手法，也可以出其不意地创造出室内的趣味中心。例如，天花板设计以裸露结构质地占大多的情况下，一片木质的渐变形态会引起注意等。可以通过墙面砖石的纹理、墙面染色、壁画等方式突出一面墙，以创建一个焦点区域（图4.1–16、图4.1–17）。

图4.1–16 变化的天花板材质突出空间重点区域

图4.1–17 以团组的灯饰变化突出空间重点区域

 **思考题**

1. 适用于大型空间的组合形式有哪些？
2. 适用于现代展馆设计的空间类型有哪些？
3. 设计时如何选择空间类型？
4. 在特色工程项目设计中如何运用空间序列展现变化、塑造氛围？

第二节　室内界面处理

一、界面的要求和功能特点

　　界面是形成空间的基本构成要素，如一间卧室通常由上、下、左、右、前、后6个界面围合而成（图4.2-1）。界面是形成空间分隔、产生空间变化的基础。设计中通常需要通过创造界面、丰富界面来形成变化和差异，使设计更为多样。

图4.2-1　界面的基本样式

1. 各类界面的共同要求

空间的界面虽然位置、类型、功能多样，但总体来说有一些是需要共同满足的基本要求。

（1）界面的稳固性和耐久性。室内界面的材料和构造应具备一定的稳固性及耐久性，能够经受日常使用损耗和磨损，以保持其良好的使用功能和外观效果。

（2）界面的耐燃性。室内界面的设计应符合安全和防火要求，避免造成意外伤害或不安全的环境。

（3）界面的无毒无害性。室内界面设计时应考虑选用无毒无害的材料，避免造成环境污染，环保生态。

（4）界面的易于安装和更新。室内界面往往由多种形态、结构和功能的地面、天花板、隔墙等构成，设计时应考虑安装、维修的便利。

（5）界面的隔热、保暖、隔声、吸声性。设计室内界面时，还应考虑地区的气候、地理、特殊使用功能等特征，需要兼顾保温、隔热、吸声等特殊要求，不能只追求视觉效果，在设置上应整体考虑室内功能需求。

（6）界面的装饰美观性。室内界面的设计应与整体室内外设计风格和概念主题协调统一，或有序过渡。材质、色彩和纹理等要素应在设计中考虑，以达到美观的效果。

（7）界面处理的经济性。从室内项目的总造价角度进行室内设计界面处理，不做超出经济能力范围的设置。

2. 各类界面的功能特点

不同功能空间对界面的要求存在偏差，同一空间的不同界面也存在不同的功能差异。例如，针对娱乐场所，室内空间界面可能需要更加个性、有趣，以吸引客户和提供更好的用户体验；而对于医疗领域的室内界面，需要更加严谨和专业化，以确保实现医疗场所的特殊功能需求。例如，对于老年空间，对界面的无障碍处理、视觉识别处理提出了更高的要求。厨房与卧室的界面处理方式因功能不同而差异明显。同样是居住空间，地面与墙体之间由于功能存在差异，在界面的设计和材料的选取上也存在明显的变化。

二、界面装饰材料的选用

总体来说，界面的差异处理通常是由界面装饰材料的变化而产生的。室内界面装饰材料的选用，需要考虑下述几个方面的要求。

1. 适应室内使用空间的功能选择界面材料

对于不同功能性质的室内空间，需要由相应类别的界面装饰材料来实现功能需求。例如，餐饮空间需要选用能够展现餐饮功能的材料，办公空间应选用可实现办公高效便捷的功能需求的材料，家庭装饰应选用满足各空间功能的装饰材料。

2. 适应装饰的相应部位选择界面材料

不同的装饰部位，相应地对装饰材料的物理性能、化学性能、观感等的要求也各不同。地面、墙面、顶面对材料从强度、物理等多角度要求千差万别，因而需要酌情选择。

3. 适应烘托室内空间的整体风格选择界面材料

不同的设计风格和定位需要不同的装饰材料来营造出对应的氛围及视觉效果。另外，还应该考虑界面装饰材料色彩、质地与整体风格的协调性。色彩的选择应该与整体色调相符，材料质地的选择应该与整体空间环境的质感设定相呼应。例如，室内空间设计为自然风格的，可以选择一些具有自然质感的装饰材料（如木材质感、天然石材等材料），以其复杂的质感花纹和图案呈现特色。

4.考虑维修与更新需求选择界面材料

设计装饰完成后的室内环境，通常并非"一劳永逸"画上句号，而是需要考虑后期的维护和更新的。因此，在选择界面装饰材料中，需要综合考虑材料的美观程度、质量、寿命，以满足防腐耐磨、维修更新的需求。选择使用寿命长、维护成本低、维修时间长、装饰效果好、多位一体的界面材料，提高性价比，实现低损耗高效果是理想状态，这是需要一定的经验积累才能实现的。另外，在倡导低碳环保、生态修复的今天，在有地方材料的地区，应尽量选用当地材料，既能够减少运输成本降低造价，又可以使室内装饰上具有鲜明的本土肌理质感和地方特色。

三、室内界面处理及其感受

人们对室内环境气氛的感受通常是综合的、整体的，既有空间形状，也有作为实体的界面。视觉感受界面的主要因素有室内采光、照明、材料的质地和色彩、界面本身的形状、线脚和面上的图案肌理等。

1.材料的质地

材料类型多样，不同类型的材料质地形成的质感各异，根据其特性大致可对照分为：天然材料——人工材料；硬质材料——柔软材料；精致材料——粗犷材料，如磨光的花岗石饰面板——天然硬质精致材料，斩假石——人工硬质粗犷材料。

不同质地和表面加工的界面材料的质感效果见表4.2-1。

表4.2-1　不同装饰材料的质感效果一览表

质地	感受	样例
平整光滑的大理石等	整洁、坚硬、精密	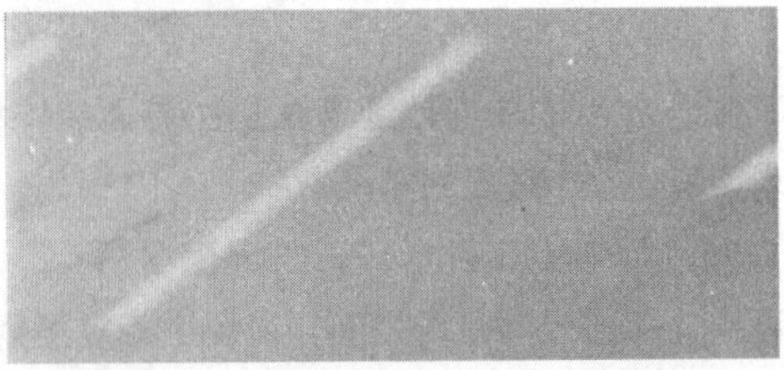
粗糙平整的水磨石等	质感、朴实	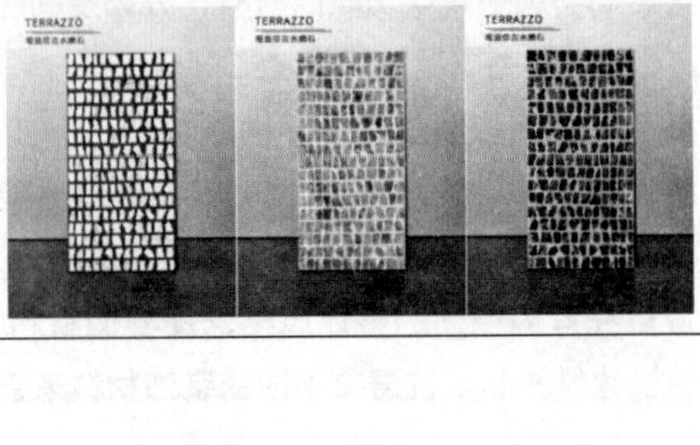

续表

质地	感受	样例
纹理清晰的木材等	自然、亲切	
具有纹理痕迹的各种人造石材等	有力、粗犷、硬朗	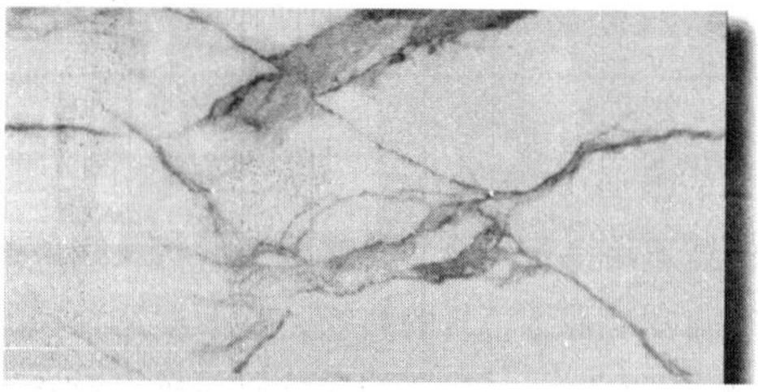
带有反射效果的镜面、不锈钢等	精密、闪亮、科技	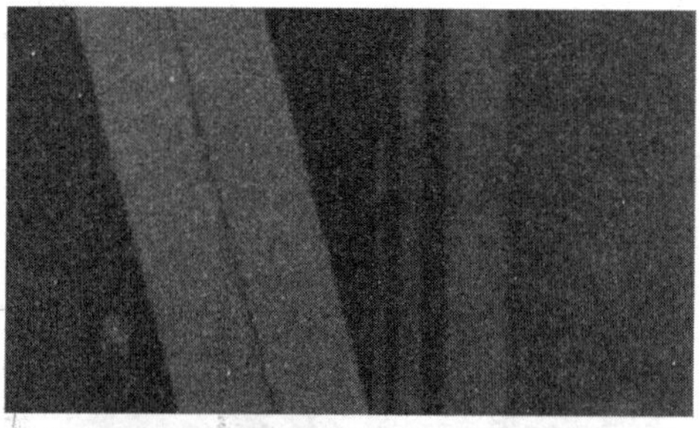
清水勾缝砖墙等	传统、质朴、乡土	
大面涂装粉刷面等	平整、宽阔、大气、整体	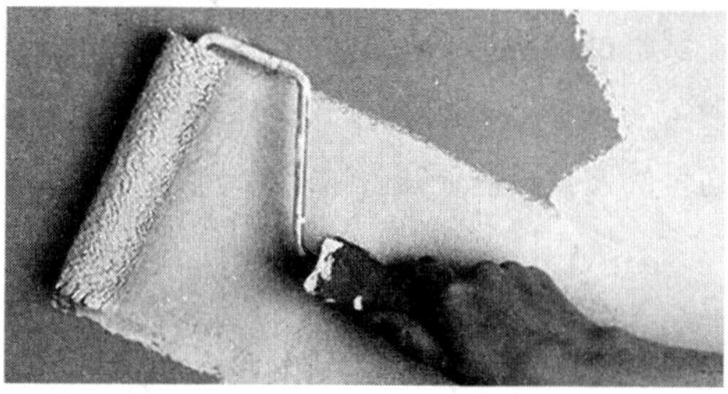

续表

质地	感受	样例
棉、麻、布、竹、藤等天然材料	质朴、亲切、温和、自然感	

2. 界面的线形

界面的线形是指各界面元素的线条形状及线条的排列方式。界面线形设计应通过系统性规划，利用线形变化实现视觉语言的转换，从而塑造独特的设计风格。在选择线形时，应考虑界面的整体风格和功能，配合以材料光影的变化，将极大激发出设计的创造力。例如，界面的整体风格是现代简约风格，可以选择简单、直线的线条来强调简洁和现代感；如果界面的功能需要突出某些重要元素，可以使用粗线条或颜色鲜明的线条来突出重点。如需要灵活动态的整体风格，可以选用大量的曲线结合色彩变化实现。界面线形的多样化如图4.2-2所示。

图4.2-2　界面线形的多样化

另外，线形的排列方式也需要考虑到用户的使用习惯和视觉感受。例如，当界面需要强调左右对称形式时，可选择线形排列方式；如果界面需要强调上下层次感，可以选择有规律的重复与渐变结合界面高差的方式灵活处理。

四、室内各界面的装饰设计

在建筑室内的整体设计中，通常包含顶面、墙面、地面三部分的界面装饰设计，这三者共同组成室内空间，它们既要统一协调，又在承担的功能和空间需求差异下各具特色。

1. 顶面装饰设计

顶面装饰设计是室内设计中一个重要的组成部分，它主要通过对顶部空间的布置和美化来增加空间的美观性、舒适性及功能性；也是室内空间装饰中在高度上进行变化，从而引人注目，其透视感较强，通过不同的处理，配以灯具造型能增强空间感染力，使顶面造型丰富多彩，新颖美观（图4.2-3、图4.2-4）。不同顶棚界面处理差异明显，适用于不同的空间类型（表4.2-2），在一个空间中可以通过多种顶面处理方式丰富空间效果（图4.2-5）。

图4.2-3　通透开敞的顶面装饰设计

图4.2-4　丰富迂回的顶面装饰设计

表4.2-2　部分顶面设计样式一览表

样式	图示	案例
平整式	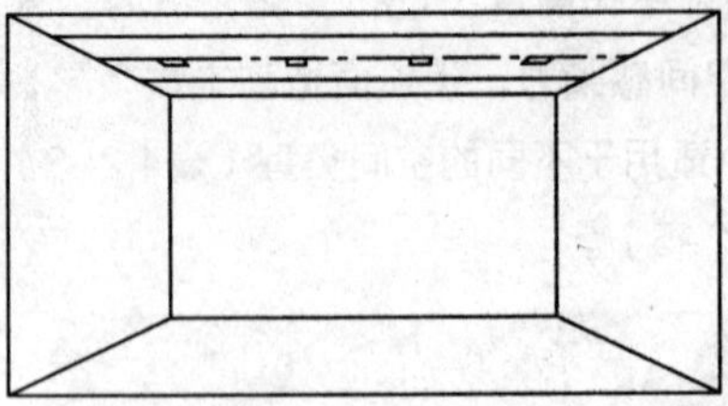	
井格式	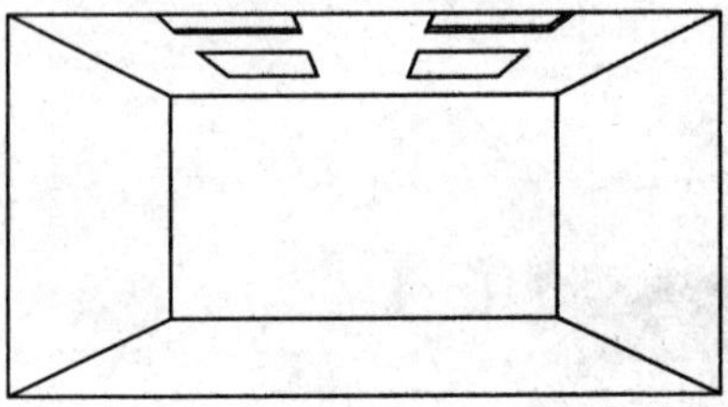	
悬挂式	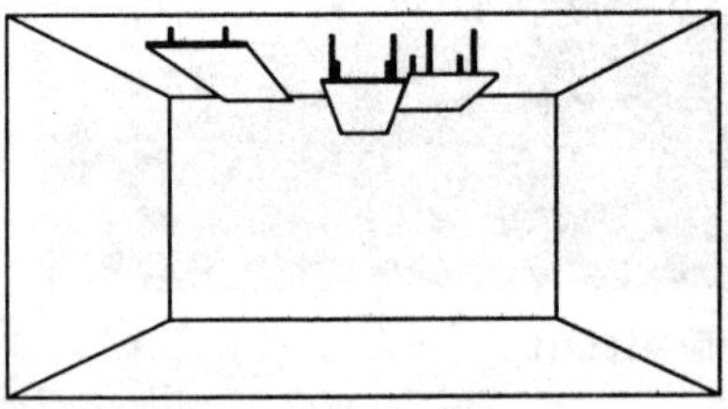	
分层式	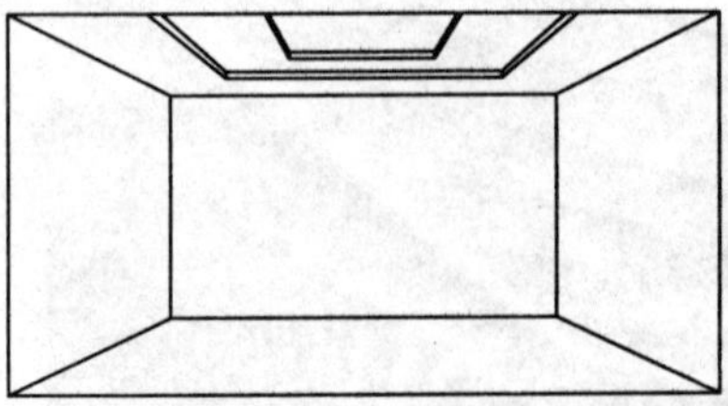	
玻璃式	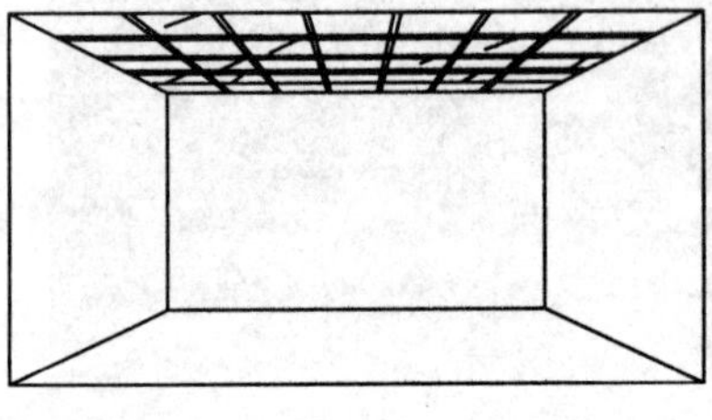	

续表

样式	图示	案例
裸露式	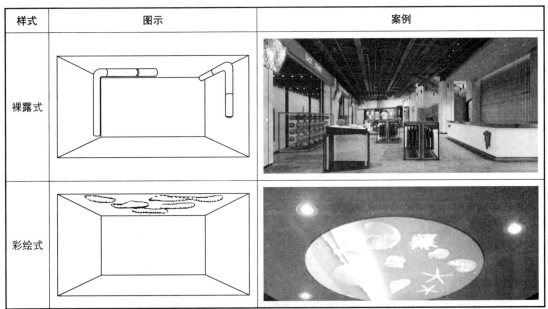	
彩绘式		

图4.2-5 以多样顶面设计为主的室内设计——唐山港岛中心商业室内设计项目中庭设计
（北京建院装饰工程设计有限公司）

2. 墙面装饰设计

墙面装饰设计是室内界面设计的重要部分，涵盖四面的墙体。通过合理的墙面设计，可以为室内空间增添美感和艺术气息，从而影响整个室内空间的氛围和视觉效果。

墙面装饰材料的选取总体来说应该具有防水、防潮、易清洁等特性，以提高墙面的实用性。墙面装饰材料应该具有防火、防震等特性，以保证使用者的安全。墙面材料质感的选择，应该考虑到室内空间的整体风格和室内功能等因素展开。在选择墙面色彩时，应该考虑到整体风格和室内光线等因素。例如，对于现代简约风格的室内空间，可以选择简单、大方的材料，如石膏板、木板等；而对于传统风格的室内空间，可以选择具有传统特色的材料，如石材、木材等（图4.2-6~图4.2-9）。

图4.2-6　具有良好收声功能的大型会议中心墙面装饰材料

图4.2-7　干净、整洁的墙面材料处理烘托了企业高效、科技的文化氛围

图4.2-8　独特的书墙界面装饰烘托了图书馆的书香氛围——中新天津生态城图书档案馆精装修设计项目
（北京建院装饰工程设计有限公司）

图4.2-9　可爱的墙面装饰展现出良好的儿童空间氛围，增加了趣味性——邯郸市鸡泽县文化艺术中心亲子阅览室设计
（北京建院装饰工程设计有限公司）

综上所述，墙面设计应遵循整体性、物理性（保温、隔热、防腐等）、艺术性、环保性相结合的原则，才能在具体空间中选用贴合空间特点的墙面设计。

3. 地面装饰设计

地面装饰设计应在保障环境使用者的安全和健康的前提下展开设计，因而需要考虑到安全性、舒适性、美观性、耐久性和环保性等综合因素。

地面兼具承托和美化的功能需求，应该在美化设计中考虑防滑、耐磨等特性；地面材料的选用还应兼备良好的脚感和保温性，以提高环境使用者的舒适感；地面材料的颜色、花纹等应该与室内空间的整体风格协调，以提高室内空间的美观性（图4.2-10）；地面材料应该具有较长的使用寿命，以减少更换和维护的成本；地面界面装饰设计应该考虑到地面材料应用的环保性，以保障使用者的健康和环境的可持续性（图4.2-11）。

图4.2-10　地面界面的材质变化、线条变化、色块变化都丰富了样式和氛围

图4.2-11　不同地面界面处理的视觉效果

4. 界面不同处理方式的视觉效果与感受

室内空间中不同的界面处理方式（线形样式、花纹样式、图案大小、色彩深浅等）会形成视觉上的差异，见表4.2-3。

表4.2-3　界面差异引起的视觉差异一览表

处理方式	案例
垂直线形的墙面处理拉长了空间	
水平方向的切割墙面处理方式，可增加空间的开阔感，降低空间的高度	
在大的装饰花纹衬托下空间缩小	
在小的装饰花纹衬托下空间增大	
顶面装饰丰富或色彩深，空间感觉降低	

续表

处理方式	案例
地面装饰丰富或色彩深，空间感觉增高	
玻璃、砖石等材料在界面的应用，可提升冷峻感、科技感	
棉、麻、布等天然材料在界面的应用，可营造空间亲切感	

思考题

1. 在进行某养老空间设计时，界面处理应注重哪些内容？
2. 顶面装饰设计的样式有哪些？都适用于何种类型空间？
3. 影响界面效果的重要因素是什么？
4. 可以运用哪些处理方式以界面处理产生良好的视觉差异，提升空间视觉效果？

第三节 室内采光与照明

　　室内空间需要达到一定的照度才能保证人在室内空间生活、工作等活动中在视觉上具备一定的可视度、舒适度，这是基础的采光与照明需求，在此之上根据具体的空间需求，还应满足更高的视觉效果呈现。室内照度应根据不同的室内空间功能和使用需求来确定，通常从室内采光和人工照明两个方面满足空间需求。

一、采光与照明设计基本概念

　　说到采光与照明，我们需要从照度、光色、亮度等几个重要的概念入手，理解一个重要的问题——眩光，并掌握运用合理的采光与照明取得最佳的视觉效果、营造空间氛围。

　　（1）照度：照度是指单位面积上所接收到的光线照射强度，单位为勒克斯（lx）。照度是影响观者感知到的光线的明亮程度，照度越高，表示单位面积上接收到的光通量越多。光通量是指单位时间内通过某一表面的光能量总量，单位是流明（lm）。在照明领域中，光通量用来衡量光源发出光的总体量，而照度是光线照射到一个表面上的光强度，还与接收光线的单位面积相关。照度、光通量、接收光线的单位面积三者之间的关系，可用以下公式表示：照度=光通量/接收光线的单位面积。照度与人类的视觉感知密切相关，具体表现见表4.3-1。

表4.3-1　照度与感知一览表

感知类型	设计应用
亮度感知	较高的照度会使物体看起来更亮，而较低的照度则会使物体看起来较暗。照明强度越高，照射到物体上的光线越多，物体反射的光也越多。室内空间的亮度决定了视觉效果的可识别性、可观测性
对比度感知	照度的差异会影响物体之间的对比度。人类视觉系统对对比度非常敏感，高对比度的图像通常更加清晰和容易辨认，较高的照度使物体之间的亮度差异更加明显，增强了对比度，细节更加清晰可见
视觉舒适度	适宜的照度可以提供良好的视觉环境，使人感到舒适和愉悦。过低的照度可能导致眼睛疲劳和视觉模糊，而过高的照度则可能造成眩光和不适感。营造适宜的光环境是设计中必要的一环
工作效率	合理的照度可以提高工作区的舒适度，从而提高工作效率和生产力。在工作场所中，较高的照度可以提供足够的光线，使人们更容易看清工作区域和细节，从而减少错误和提高工作效率

　　（2）光色：是指光线的颜色，通常用色温来表示。不同的光色可以营造出不同的氛围和效果，主要取决于光源的色温，并影响室内空间的气氛。

（3）色温：是指光源发出的光的颜色偏暖或偏冷的程度，通常用开尔文（Kelvins）来表示。较低的色温对应着偏暖的光，而较高的色温对应着偏冷的光，其产生的效果差异明显，可根据具体的空间形式和设计立意选用合理的光色配合。一些常见的光源色温及可能产生的效果见表4.3-2。

表4.3-2　色温范围与视觉效果一览表

色温范围	特点
低色温 （2700~3000K）	低色温的光线呈现出暖黄色调，色温越低，光线越偏向红黄暖色调，给人以落日暖阳般的温暖感觉。因此，低色温的光线适合用于需要营造温馨、浪漫、放松氛围的空间，如餐饮空间和居住空间的卧室，以营造温馨的空间气氛。低色温的光线还能模拟太阳光，减少蓝光的刺激，有助于用户放松身心。在客房等住宿空间使用低色温光线，有助于提高睡眠质量
中等色温 （3500~4500K）	中等色温的光线介于低色温与高色温之间，呈现出介于暖光和冷光之间的中性光源，较接近自然日光。中等色温的光线能够提供较好的视觉清晰度和环境亮度，帮助空间形成良好的可见度，广泛应用于公共空间中。中等色温的光环境空间能够有效减少使用者的视疲劳，有助于提高工作和学习效率，适合在有照明需求的场所应用。生活中办公室、商业场所、学校等公共场所，以及居住场所的客厅、厨房等区域多使用中等色温的光线
高色温 （5000K以上）	高色温的光源反射率高，易在空间中形成强烈的明暗对比，如主要入射区和其他区域，能够提供较高的亮度和色彩还原度，适合照明要求较高的工作场所和需要长时间保持专注的场所。人体对高色温的光还会产生抑制褪黑素分泌，短暂提升警觉性，在需要高度警觉的空间使用较多。在室内设计中，高色温的光线还应用于塑造清新、冷峻、洁净、现代的空间。但是，长期暴露于高色温光下，会对眼睛产生过度刺激，引发光污染，造成身体不适。因此在选择照明方案时需要综合考虑室内空间的需求和整体风格，以及对人体健康的影响，通过适度适量、局部使用高色温光来满足设计要求

（4）显色：通常用显色指数来表示显色能力，用 Ra 表示。它的取值范围为0~100，数值越高表示光源还原物体颜色的能力越强。不同光源的显色指数见表4.3-3。

表4.3-3　光源类型与显色指数一览表

光源类型	白炽灯	卤钨灯	白色荧光	高压汞灯	高压钠灯	LED灯
显色指数	97	95~99	70~90	20~30	20~25	70~95

（5）亮度：光线的强度或明亮程度即亮度，它是人眼对光的感知程度，与光源的光通量有关，光通量越大，其产生的亮度也就越高。较高的亮度会给人一种明亮、清晰的感觉；而较低的亮度则会给人一种暗淡、昏暗的感觉。过低的亮度可能导致看不清，如果长时间处在低亮度的环境中，会引起眼睛疲劳和视觉模糊；而过高的亮度可能造成眩光（过于刺眼），也会引发眼睛的不适感，导致视物不清。

（6）眩光：是在照明中较为常见的现象，是指过强、刺眼的光线引起的视觉不适。它通常发生在光源明亮、反射光线强烈的环境中。因而，需要通过适当的照明控制从而有效避免眩光产生的光污染（表4.3-4）。

表4.3–4 通过照明控制避免眩光的方法一览表

通过照明控制避免眩光的方法	案例
降低光源亮度、移动光源位置和隐蔽光源	
调整光源入射角度在视平线45°之外，降低眩光。 视平线是指人眼正对前方时所处的水平线，大约在眼睛高度的位置。因为光线的入射角度变大，人眼和光源之间的直接接触较少，从而减少了眩光的影响，所以，调整入射角度在视平线的45°之外，眩光的强度会相对较弱。 在特定情况下，如高光反射表面或反射光线较强的环境中，即使在45°之外，仍有可能出现眩光。因此，在室内照明设计中，还需要综合考虑光源的位置、照明角度和使用环境，以确保为人们提供舒适、安全和无眩光的照明环境	  

通过照明控制避免眩光的方法	案例
通过调整亮度比避免眩光。 　室内各部分最大允许亮度比是指在一个室内空间中，不同区域的亮度差异所允许的最大比例。国际上常用的室内各部分最大允许亮度比为1：3，即最亮区域的亮度不大于最暗区域的3倍。这个比例可以确保视觉舒适度，避免因过大的亮度差造成的视觉疲劳和不适。 　通常若要控制眩光还可参照以下进行设计： 室内视力作业与附近工作面之比为3：1； 视力作业与周围环境之比为10：1； 光源与背景之比为20：1； 视野范围内最大亮度比为40：1	 
综合考虑光源的位置、照明角度和使用环境，避免不适出现。 　在特定情况下，如高光反射表面或反射光线较强的环境中，即使在45°之外，仍有可能出现眩光。因此，在室内照明设计中，应确保为人们提供舒适、安全和无眩光的照明环境	
改变工作面材质。例如，调整为粗糙的吸收光效果较好的材质，起到减弱眩光的作用	

二、采光部位与照明方式

采光是指利用光来照亮室内空间的过程和方法，这里包括自然采光和人工采光两部分。自然采光是指通过窗户、天窗等自然光源进行采光；人工采光则是指通过灯具等人工光源进行采光。充足的自然采光可以提供舒适的室内环境，并节省能源。

1. 自然采光及部位

自然采光是指利用自然光来照亮室内空间的形式。大量的合理采用自然光照明，能够减少对人工照明的依赖，是有效降低碳排放，为室内创造更加自然、和谐、舒适、健康和可持续的环境的有效办法。自然采光的形式多样而丰富，室内中的自然采光效果主要取决于采光部位、采光口的面积及采光口的布置形式，通常一般分为顶部采光、侧向采光、高侧向采光。

（1）顶部采光。顶部采光是指通过在建筑顶部设置采光引入自然光的采光方法。它可以在不占用墙面空间的情况下，提供室内充足、均匀且柔和的自然光线。顶部采光具体可以采用采光穹顶、采光天窗、采光井等方式进行。为了可持续的环境，在设计中应充分利用自然采光，在自然采光无法满足要求的情况下补充人工采光（图4.3-1）。

图4.3-1　顶部引入自然光，可在白天提供充足的自然光线，同时增加光影效果——某大堂设计
（北京建院装饰工程设计有限公司）

（2）侧向采光。侧向采光是指通过侧面窗户或其他开口，从室内侧面引入自然光的采光方式。侧向采光可以有效地增加室内的光线照度，使室内更加明亮。相比于顶部采光或顶部窗户，侧向采光能够更全面地覆盖室内空间，提供更均匀的照明效果（图4.3-2）。

图4.3-2　侧向采光可提供充足的天然光线，自然生动——某酒店大堂设计（北京建院装饰工程设计有限公司）

（3）高侧向采光。高侧向采光是指通过位于建筑侧面高位置的窗户或其他开口，从高处引入自然光的采光方式。高侧向采光能够让室内空间看起来更加开阔和宽广。通过位于高处的窗户，光线可以更深入地穿过室内空间，照亮更多的区域，增强空间感和深度感，让人感觉更加宽敞和舒适。

实际上在生活中，采光的形式是多样的（表4.3-5），应根据空间的特征选取使用的形式进行合理的自然采光，利用合理的自然采光达到低碳环保、节约能源是室内设计中重要的一部分。

表4.3-5　采光类型与特点及案例一览表

采光类型与特点	案例
天窗：安装在屋顶或天花板上的透明或半透明的窗户。通过屋顶窗户或立面引入大量的自然光，尤其适用于无法通过墙壁安装窗户的区域。天窗可以采用不同的设计和开启方式，如固定、可开启或电动开启，以调节室内光线和通风	

续表

采光类型与特点	案例
采光井：通过在建筑内部设置垂直通道或中庭的特殊建筑结构，将自然光反射引导到室内。采光井通常用于多层建筑或深度较深的室内空间，能提供均匀的自然光线分布	
透明隔断：在室内空间中使用透明材料，如玻璃隔断、透明墙面或玻璃楼梯扶手，可以提高室内各个区域之间的自然光线互通性	

2. 人工采光

当自然采光无法满足室内亮度需求时，人工创造的采光方式开始出现。从古代的火把、蜡烛、煤油，到工业进程中出现的灯具，都是人工采光中照明的光源来源。现如今，照明（特别是室内照明）已经成为环境设计中（特别是室内设计中）重要的一环。

人工室内采光照明是指在室内空间中使用各种光源来提供照明效果的采光方式。室内照明首先应满足人们的视觉（照亮）需求，在此基础上又有丰富多样的照明方式营造不同艺术需求的室内环境空间氛围这一需求。也就是说，人工室内采光照明除提供基本的照明功能外，还具有通过不同的灯光效果和布置方式，达到营造出不同的氛围和风格特征的功能，最终提升室内空间的舒适度和美感。

人工采光是室内照明的主要方式。人工采光的主要目的是弥补因自然采光不足而室内照度不足的现象，从而实现随时随地获得良好的空间可辨性。人工采光通常通过合理的灯具、天花、布局等利用人工光源或反射自然光源等照亮室内空间。合理的灯具、灯距、布局都影响人工采光的质量（图4.3-3）。

图4.3-3　人工采光丰富了空间的视觉效果，提升了空间的氛围——某酒店大堂设计
（北京建院装饰工程设计有限公司）

　　人工采光能够强化空间功能、烘托空间气氛。通过合理设计采光系统，根据设计需求调节光线的亮度、色温和方向，营造出不同的氛围和情绪。例如，在餐厅或商业街区中，通过调节采光系统，可以营造出或温馨、舒适，或轻松愉快的氛围（图4.3-4）；在办公室或商业空间中，适当的采光设计可以提高工作效率和营销效果。

图4.3-4　人工采光烘托了轻松欢快的商业氛围——室内商业街区设计（北京建院装饰工程设计有限公司）

　　人工采光突出空间中的重点区域。通过人工调整照明的重点位置，调整光源的亮度、方向和色温，将光线聚焦在特定的区域，使其在整个空间中更加引人注目，引导人们的视线，从而达到突出空间中的重点位置、装饰、元素的目的，可以营造出更具视觉吸引力和艺术感的环境氛围（图4.3-5）。

图4.3-5 人工采光聚焦功能区域，突出重点（北京建院装饰工程设计有限公司）

人工采光同时还兼顾装饰空间的作用。人工采光的工具形态本身和与界面结合的样式，都能成为烘托空间氛围、提升空间质感、装饰空间的作用（图4.3-6）。

图4.3-6 装饰空间功能为主的酒店大堂照明，烘托空间氛围（北京建院装饰工程设计有限公司）

3. 室内照明的功能与类型

（1）室内照明的功能。照亮空间是照明的基本功能，但实际上，照明在室内设计中具有多种功能，主要包括以下几个方面（表4.3-6）。

表4.3-6 照明类型与功能一览表

基础照明	即照亮整个空间，能够提供均匀、适度的整体光线的照明方式，人们在空间进行活动时基本的照亮空间的照明，主要用于确保实现整个空间的基本可见度。如教室里的平行灯光等

续表

重点照明	即重点照亮某个区域的照明方式，是指针对有特殊照明需求或展示需求的区域进行的额外照明。重点照明的目标非常明确，照亮的特殊区域通常是工作区、效果区、展品等位置。通过重点照明起到强化重点、丰富空间层次等作用。例如，在餐饮环境中，重点照明应用在菜品区和用餐区；而在展示空间中，重点照明应用在展品或展示内容上
氛围照明	通过特殊的照明布局和色光变化，能营造出具有一定基调和艺术氛围的照明效果。氛围照明为提供艺术效果，着重对空间的风格、特征和情绪进行烘托和渲染。通过色温渐变、光影比例等方式均能塑造或浪漫或严肃等多种艺术效果，对设计起到补充的作用
结构照明	以漫射、投射、反射等照明方式照向建筑空间结构变化的位置，以光影变化突出空间的原始结构和装饰结构。有时也会以镂空结构投射光线的方式展现特别的艺术效果。结构照明不仅能丰富空间的光影效果，增加空间层次感和美感，还能形成新的视觉张力。结构照明的效果与灯具布置和光线入射角度和光量调节密切相关
安全照明	保障基本室内环境安全性而设置的导向性照明和安全提示照明。例如，在楼梯、走廊等特殊区域设置足够的照明设备和醒目的安全导向灯具；在客厅、卧室、卫生间等区域设置夜灯等

在室内的照明设计中，可通过灯具选择、布置，光源亮度、发光方式、位置、光色等调节，全面提升空间的照明效果和空间的舒适度，呈现出良好的艺术氛围。

（2）室内照明的类型。生活中，为达到良好的人工照明效果，可以灵活选择照明的类型，从而达到提升照明效果的目的。照明类型多样，较为常见的是以灯具的散光方式、灯带分布进行分类。

1）以灯具的散光方式划分（表4.3-7）。

表4.3-7　照明类型、特点与案例一览表

照明类型、特点	案例
直接照明：光线通过灯具射出，其中90%～100%的光通量到达预期的工作面上的方式称为直接照明。 特点：具有强烈的明暗对比，并能造成有趣生动的光影效果，可突出工作面在整个环境中的主导地位；但是由于亮度较高，应防止眩光的产生。适用空间：大型工厂、普通办公室及办公区等照明	
半直接照明：半透明材料制成的灯罩罩住光源上部，60%～90%的光线集中射向工作面，10%～40%的光线经半透明灯罩扩散而向上漫射，相对来说亮度稍弱。 特点：半直接照明的光线比较柔和。这种照明方式多用于亮度需求较低的房间。经遮挡的光源产生的光线照亮平顶，能够增加房间顶部高度感，从而产生较高的空间感，丰富空间的层次	

续表

照明类型、特点	案例
间接照明：将光源遮蔽而产生的间接光的照明方式，其中90%～100%的光通量通过天花或墙面反射作用于工作面，10%以下的光线则直接照射工作面。 间接照明的两种常规处理方法如下： （1）将不透明的灯罩装在灯泡的下部，光线射向平顶或其他物体上反射成间接光线； （2）将灯泡设在灯槽内，光线从平顶反射到室内成间接光线	 
半间接照明：半间接照明方式和半直接照明相反，把半透明的灯罩装在光源下部，60%～90%的光线射向平顶，形成间接光源，10%～40%的光线经灯罩向下扩散。 特点：这种方式能产生比较特殊的照明效果，可使较低矮的房间有增高的感觉，也适用于住宅中的小空间部分，如门厅、过道、服饰店等。通常在学习的环境中采用这种照明方式，最为相宜	
漫射照明：利用灯具的折射功能来控制眩光，将光线向四周扩散，产生光影效果。 漫射照明常见以下两种形式： （1）光线从灯罩上口射出经平顶反射，两侧从半透明灯罩扩散，下部从格栅扩散	

照明类型、特点	案例
（2）用半透明灯罩把光线全部封闭而产生漫射。这类照明光线性能柔和，视觉舒适	

2）以灯带分布划分。灯带的布置方式可以根据不同的需求和场景选择，常见的灯带布置方式见表4.3-8。

表4.3-8　常见的灯带布置方式

类型	方式	图示
直线式布置	将灯带沿着直线或直角布置在墙壁、天花板或家具表面。这种布置方式适用于环境照明或装饰照明，能够营造现代简约或温馨舒适的氛围	
曲线式布置	按照曲线或弧线的形式将灯带布置在特定位置，营造流畅、柔和的照明效果。能够增强空间的动感和艺术感	

类型	方式	图示
环绕式布置	将灯带环绕在某个物体或区域的周围，形成环绕式的照明效果。常用于装饰照明或指示照明，能够突出物体的轮廓或提供方向指引	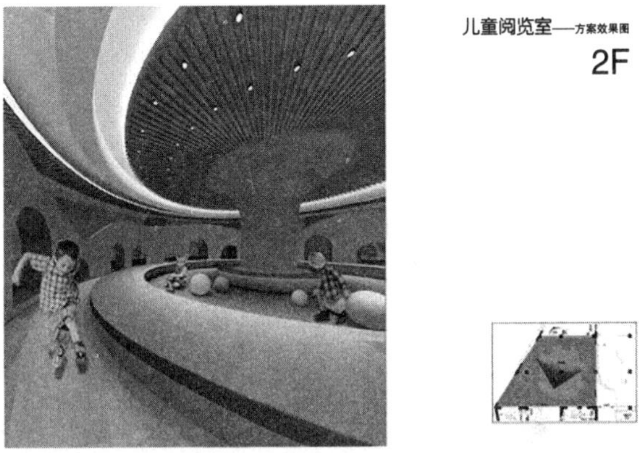 儿童阅览室——方案效果图 2F
点缀式布置	将灯带零散地布置在特定位置，用于点缀或突出特定的装饰元素或区域。能够营造个性化、独特的室内环境	
隐藏式布置	将灯带隐藏在家具、墙壁、地板等表面之下，通过反射或透光方式实现间接照明效果。能够营造柔和、温暖的光线氛围	
跳跃式布置	以不规则、间隔跳跃的方式将灯带布置在特定区域，营造动态、有趣的照明效果，这种布置方式常用于装饰照明	

以上是一些常见的灯带布置方式，设计者可以根据具体需求和设计理念选择合适的方式来实现特定的照明效果及氛围。

三、照明设计原则

照明设计是为了在建筑或室内环境中创造舒适的光环境和合适的照明效果，其应遵循以下原则。

1. 功能性原则

功能性原则是指照明设计应满足特定场所和活动功能区域的照明需求，为相应的场所功能提供合适的照明效果和视觉舒适性。应根据特定场所功能的照明需要，在相应区域提供充足而均匀的照明，确保光环境整体足够明亮，尽量避免阴影和眩光，从而达到提高环境整体视觉效果和提高工作效率的作用。

2. 美观性原则

美观性原则是指照明设计在满足基本功能之上应创造、展现良好的空间光影美感，以提升照明效果。可根据空间场所的特点选择适当的照明风格，选购与之相配合的照明设备和器具。设计时应根据空间的设计风格、特点和用途，选择相应的照明风格，如现代、传统、宫廷、简约等。还可以使用不同的照明方法产生色彩、照度、动态照明、氛围照明等丰富的变化，来创造出独特的空间氛围。

3. 经济性原则

经济性原则是指尽量优化照明系统，从布局方式、灯具的选择等方面全面考虑能源使用的效率和后期维护成本，以实现经济节约、低碳环保。特别是在双碳政策全面落实的今天，进行合理的照明背景处理（天花、吊顶等），使用能效高、寿命长的照明设备，可全面减少能源消耗，有效降低运行成本。

4. 安全性原则

安全性原则是指在确保照明系统的安全安装和合理运行的同时，兼顾保护使用者的健康和安全。因而，应选择便于牢固安装，定期检查和维护，长期有效使用的照明系统，以保证照明的安全性。在选择灯具时还应确保灯具和配套电气设备的正常运行及良好绝缘。

四、照明中的灯具类型与选择

灯具是日常生活中人工照明光源的主要来源，当下灯具的种类繁多、分类复杂。灯具是照明设备的重要组成部分，通常由多种基本零件组合而成，主要结构是光源、光罩、灯体、电线、插座、底座灯。灯具的核心部分用于发光的是光源，其他部分因功能要求和安装位置的差异有所侧重。

常见的灯具光源包括白炽灯泡、卤素灯泡、荧光灯管、紧凑型荧光灯（节能灯）、LED灯等。

（1）根据灯具的光源种类来分类（表4.3-9）。

表4.3-9　灯具光源分类一览表

种类	图示
白炽灯：是在一定历史时期中广泛使用的原光源，通过加热丝制造可见光。由于能耗较高，近年来只在特殊场所使用	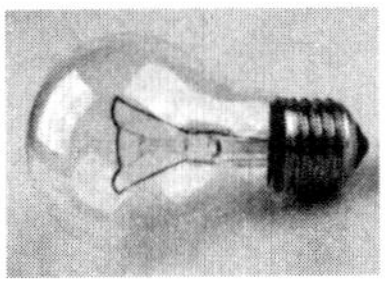 白炽灯
荧光灯：是利用荧光粉和气体放电原理来产生可见光的灯具。 荧光灯由荧光管、电子镇流器和启动器等组成，广泛应用于办公场所和商业区域、工业和学校、医疗机构、零售店等公共大型空间	 彩色荧光灯在多个领域应用广泛
LED灯：使用LED作为光源，电流通过LED时，电子与正电荷相结合产生光。LED灯具有长寿、较高的能源转换效率、节约空间、高色彩还原、环保等优点，相比传统的白炽灯和荧光灯，它们可消耗更少的能量来产生相同的亮度，极大地节省能源。因而，在日常生活和生产中，LED灯得到普遍的开发和广泛应用，与各种造型灯具联合应用在多类场所	 软性LED灯带 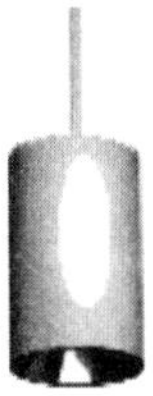　　吊装式LED筒灯
卤素灯：利用卤素循环工作原理的高亮度、高颜色还原性的照明灯具。它是白炽灯的改进版本，具有更长的寿命和更高的能效，同时可提供更明亮的光线。常见的卤素灯有卤素射灯、卤素车灯等。卤素灯具有较高的色彩还原指数（CRI），能够更准确地还原物体的真实颜色。它更适合在需要准确色彩表现的场合下使用，如美术馆、展览厅和舞台。卤素灯相对于其他照明灯具来说，尺寸较小巧，适用于各种紧凑空间的照明需求	
高强度气体放电灯：通过电流激发气体放电来产生可见光。用于一些需要高亮度和大面积照明的环境。适用于街景、体育场馆、工厂和仓库大空间照明，常见的有汞灯、金卤灯、钠灯等	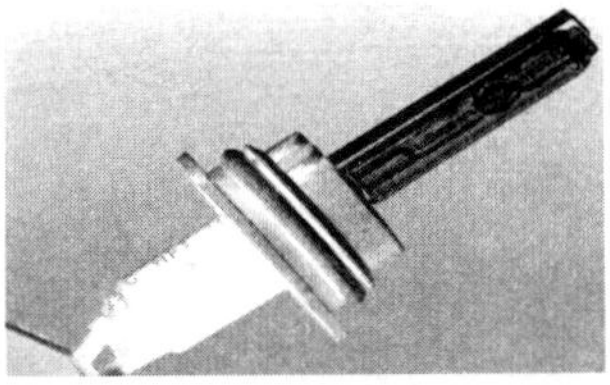
氖管灯：也称霓虹灯，是一种使用氖气作为充填物的发光灯具。在霓虹灯中，两端密封的玻璃管内充满了稀薄的氖气。当高电压施加在管内时，也可产生鲜艳的亮光，常用于商业标志、装饰照明和艺术展示等场景	

（2）根据灯具的安装方式或使用位置来分类（表4.3-10）。

表4.3-10　根据灯具的安装方式及使用位置分类一览表

类型	案例
吊灯：悬挂在天花板上的装饰性灯具，通常由多个照明元件（灯泡或灯管）组成，形成优雅的造型	 群组性的吊灯
吸顶灯：安装在天花板上的灯具，提供主要的整体照明，更容易成为视觉中心，可采用多颗灯泡或灯管	 吸顶灯更容易成为视觉中心
射灯：照射方向性光的灯具，常用于强调特定物体或区域，如艺术品、书架或装饰墙面	 射灯的强调性

续表

类型	案例
壁灯：安装在墙壁上的多种灯具，一般用于提供辅助照明和创造氛围，也可用作室内装饰	 壁灯的装饰性
台灯：放置在桌面上的照明灯具，适用于提供局部照明，如阅读、写作或工作台等场景	 台灯的辅助性
地灯：独立于桌面或墙壁的灯具，适用于提供辅助照明和创造氛围，常用于客厅、卧室或办公室	
小夜灯：用于提供柔和的照明，适合在夜间使用，如在客房、走廊、卧室或儿童用房中使用	

五、灯具布置方式

　　根据照明的区域，灯具的布置方式差异明显，生活中以复合的布置方式呈现，常见类型如下。

　　（1）以整体照明为主的整体布置：是指为整个区域提供均匀、全面的主要照明，以确保空间整体明亮、舒适，满足基础性照明需求的照明设计方式。整体照明通常以天花或墙体做背景，由吊灯、吸顶灯、筒灯等主要灯具设备组成。整体照明通常通过一个或一系列的灯具发出的光，照亮整个空间，呈现出水平面和工作面照度匀称一致的效果，如公共区域的大堂、图书馆空间等（图4.3-7）。

图4.3-7　以整体照明为主的公共空间——某办公空间接待区设计（北京建院装饰工程设计有限公司）

　　（2）以部分区域为主的局部布置：是指为特定区域或特定任务提供局部性的照明。局部照明通常由台灯、壁灯、射灯等灯具组成，另外，基于节约能源的需求，也常常选用局部照明来降低能耗。为了营造出更具层次感和视觉效果的空间氛围，还可以用局部照明来强调特定的照明区域和照亮装饰物品（图4.3-8）。

　　（3）整体与局部混合照明为主的复合布置：照明形式并非单一，整体与局部结合的照明形式是空间中最为常见的。一般是将90%～95%的光用于工作照明，5%～10%的光用于环境氛围照明，具体比例关系应根据空间的具体功能有所调整，最终达到功能与艺术效果兼顾的效果即可。结合应用时，通常整体照明用于提供整体空间的基本照明需求，使空间明亮、舒适，局部照明用来强调特定区域或烘托氛围。这种相结合的照明方法可以塑造空间的层次、神秘感和立体感，提升空间总体的美感，兼具实用性。（图4.3-9）。

图4.3-8　局部照明重点投射在装饰细节上，烘托空间的艺术氛围——国家会展中心大堂吧设计
（北京建院装饰工程设计有限公司）

图4.3-9　重点与局部照明结合，保证了基础亮度和空间氛围的双重要求——国家会展中心大堂吧设计
（北京建院装饰工程设计有限公司）

（4）以特殊角度入射为主的成角照明布置：或通过将灯具安装在特定的角度来照亮特定区域，或是采用特别设计的反射面，使光线射向目标。这种照明设计或者能够产生有趣的光影效果，增强空间的层次感和立体感。在成角度照明中，通过调整灯具的位置、角度和方向等实现不同的照明效果。成角照明常应用于展示区、艺术品展示区、景观照明等场所，能够有效地吸引人们的注意力，营造出独特的光影效果（图4.3-10）。

图4.3-10　多角度的照明强化了空间动感，丰富了商业空间的光影层次——曼联体验馆室内设计
（北京建院装饰工程设计有限公司）

六、照明与界面布局设计

一个好的照明布局设计应该考虑到空间的功能、氛围、人们的视觉需求，以及节能环保等因素。照明设计通常与界面形态相结合，总体来说应该遵循以下原则。

（1）围绕主要照明需求展开：空间应具备基本的亮度，要求合理布置照明网络和灯位，以提供基本的照明需求，保证空间明亮且舒适。

（2）突出重点，灵活设置辅助照明：空间的视觉重点千差万别，因而，应根据设计项目的实际情况设置照明的重点部位，选择合适的照明工具。

（3）根据空间需求设置合理的任务照明位置：根据空间的功能需求，设置合理的任务照明，如空间中的阅读灯、工作台灯等，以提供局部明亮的照明，提高工作环境质量，提升空间舒适度。

（4）按照空间需求，合理强调照明位置：利用特定的灯光或灯具来突出空间中的重点区域或装饰物，增强空间的立体感和视觉效果。

（5）根据空间的功能设置，合理结合色彩温度进行布置：根据空间的氛围和功能选择适合的色温，冷暖色调的灯光可以营造出不同的氛围和情绪。同时，应考虑色温与物体色叠加后的色彩效果进行设置。

（6）根据节能环保需求在照明要求不高的区域设置一定的节能照明区域：节能区域划定后可采用节能灯具、智能照明系统等技术，从而达到降低能耗、低碳环保的目的。

总之，采光与照明结合在一起是环境设计中重要的一部分，若照明采光得当、光影艺术呈现的处理得当，就能提升设计的整体艺术感和层次，起到加分的作用。因此，应充分考虑其设计，使设计的预期效果得到全面展示。

实际上，在具体的设计项目中，如某员工餐厅设计（图4.3-11），灯具、布局与入射角度的选择不应是单一的，应根据环境需求而综合考量。

基础照明：
明装筒灯
氛围照明：
软性LED灯带
功能照明：
球泡吊灯
指引照明：
软性LED灯带

图4.3-11　多种灯具、多形式、多布局的照明综合设计分析（北京建院装饰工程设计有限公司）

 思考题

1. 简述自然采光与人工采光各自的优势及劣势。

2. 室内照明的类型与功能有哪些？

3. 适用于办公空间的灯带设置有哪些？

4. 灯具的布置方式有哪些？

第四节　室内设计中的人体尺度

室内设计中的人体尺度是指人体各种基本尺寸（身高、坐高、手臂长度、步幅等）和人类活动时的空间范围等。室内设计中需要考虑综合的人体尺度，才能确保室内空间使用中的舒适度，提高空间的使用效率和安全性。

一、人体工程学与室内人体尺度

人体工程学是研究如何使环境更适合人体工作和生活的学科，人体工程学（Human Engineering）应用的领域广泛，与各行各业密切相关。

室内设计中的人体尺度是人体工程学的重要内容之一。室内人体尺度数据包括人体静态基础数据和移动时的相关数据。室内设计中的人体工程学，除了人体尺度数据外，还涵盖人体生理、人体劳动、人机工程、照明工程等，是综合性的用于指导设计合理化的依据。其中，充分尊重人体尺度是创造舒适空间的基础，也是以人为本的重要内容。室内人体尺度主要根据人体与室内环境之间的相互关系来确定。在设计中充分结合人体尺度相关数据进行布局和设计，能够改善室内环境尺度，提升环境质量，解决提高人类生活时的舒适度、工作时的便捷性等问题（表4.4-1）。

表4.4-1　人体工程学涵盖内容一览表

范围	内容
人体测量学	研究人体的尺寸、形态、姿势等方面的基本数据，为室内设计提供合适的空间尺寸和布局
人体生理学	研究人体的生理特征，如心率、呼吸、体温等，为室内设计提供合适的温度、湿度、气流等环境条件
人体劳动学	研究人体在工作中的生理反应，如疲劳、压力等，为室内设计提供合适的工作环境和工作方式
人机工程学	研究人体与机器之间的相互作用，为室内设计提供合适的机器设备和工作场所
照明工程学	研究光线对人体的影响，为室内设计提供合适的照明环境

1. 人体工程学的产生与发展

（1）人体工程学起源于欧美。人体工程学的产生可以追溯到第一次世界大战期间。解决工作疲劳、提高工作效率，以及如何发挥人在战争中的有效作用等问题是当时的主要研究内容，这个时期以"人适应机器"的研究为主。

（2）人体工程学的研究成熟于第二次世界大战期间至20世纪60年代。这一阶段的研究开始从"人适应机器"转向"机器适应人"，即武器、机械等的设计必须在充分研究人的生理、解剖学和心理需求等特征的基础上，倡导各行业的设计参数适应于人，从而减少工作和生活给人们带来的疲劳及不适，提高各领域的作业效率。人体工程学得到广泛的研究和普及，在这一时期逐渐形成了国际性的、比较完整的研究组织和学科体系。

2. 人体工程学的全面发展

随着科学技术的不断发展，人们对人体工程学的研究越来越深入。人体工程学得到全面深入的研究，从更好地适应人类的生理和心理特点出发，全面提高人的工作效率和生活质量。人体工程学的研究范围更为具体和全面，包括人体的尺寸、形态、肌肉力量、反应时间、注意力、疲劳等方面的相关基础数据，以及人体与机器、工具、环境等之间的相互影响和作用。

人体工程学的研究成果现已经广泛应用于各个领域（图4.4-1），如航空航天、交通运输、医疗保健、建筑、设计等领域，为人类的生产和生活带来了很多便利及改善（图4.4-2）。

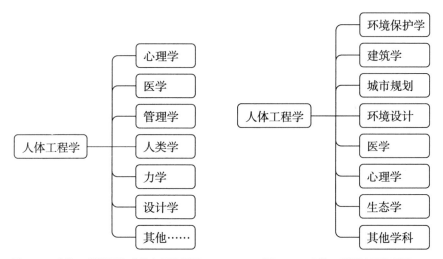

图4.4-1　人体工程学研究成果应用的领域　　　　图4.4-2　人体工程学涉及的领域

3. 室内设计中应考量的人体尺度

在室内设计中需要综合考量人体尺度，避免出现尺度差，引发人体不适，或降低使用舒适度。应该从空间尺度、家具与陈设尺度、采光尺度、通道宽度等方面入手，进行合理的设定，以提高室内空间整体的舒适度。

（1）空间尺度：根据静态的人体数据和动态的活动范围数据，确定空间尺度。在设计中，合理的空间尺度，应该是既不局促又不空荡的尺度。因而，应充分分析人体的基本尺度和活动形式影响下的尺度进行设定。例如，在进行餐饮空间布局时，需要考虑餐饮类型确定人体活动尺度和范围，计算空间容量。

（2）家具与陈设尺度：人类通过家具与环境建立良好的互动，借助陈设获得良好的空间体验，这是人类在发展进程中的智慧创造。良好的家具和陈设尺度能够提升空间的舒适度。设计时不仅要考虑家具本身的静态尺寸，还需考虑人在使用家具与陈设动态活动时的尺度范围，从而综合确定合理的布置范围和布置方式。在选择沙发或床时，需要考虑人体的身高、躺卧翻身时的舒适尺度，并预留足够的通行空间，以确保无障碍通行和提高使用效率。在餐馆设计中应考虑家具摆放后的落座和通行有一定的空间富余，同时预留专门的上餐通道。

（3）采光尺度：采光尺度是影响视觉效果的重要指标。它的数据需综合考量使用者的身高、活动范围、视觉范围等因素，如阅读与书写区域通常需要300~500 lx的照度，这类数据直接影响空间的光环境设计。在进行设计时，应考虑人体的相关数据以确定采光需求，依据采光需求确定照明器具类型和采光位置。以展示空间设计为例，展品获得充足的、适量的人工光，照亮展品细节，达到良好的展示效果需要参考采光尺度进行设计。

（4）通道宽度：通道设计是串联功能区的重要内容。在设计室内空间时，通道设计需要考虑人体尺度数据来确定宽度的具体尺度。通道的主要功能是步行通过或介助相关设备通过。因而需要根据人群特征、活动形式、活动范围、步幅等全面考量，以确定合适的通道宽度。通常情况下，单人通道的宽度应该大于或等于人体肩宽。多人并行通道需按人流密度适当叠加尺度。老年场所需要考量轮椅可通过来确定通道尺度。

实际上，设计时数据的确定并不是唯一的，应参照空间的具体使用性质来调整相应的人体数据，特别功能空间满足特殊要求。

二、人体工程学的基础数据和计测手段

1. 人体工程学的基础数据

实际上，人在空间中并非静止的状态，因而在计算基础数据时要结合人体构造、人体尺度、人体动作域三部分内容展开。

（1）人体构造。人体构造是指人体的各种器官和组织构成的基本结构。人体构造是人体工程学研究的重要内容，它可以全面了解人体特征、限制和基本尺度。人体构造数据来源骨骼、神经、肌肉、感官等几大系统（表4.4-2）。

表4.4-2　人体系统内容一览表

类型	内容
骨骼系统	人体骨骼系统由206块骨头组成，包括头骨、脊柱、胸骨、肋骨、骨盆和四肢骨等，它起到支撑身体的作用，是形成人体各项数据的基础
肌肉系统	肌肉系统由肌肉和肌腱组成，它主要的作用是带动骨骼帮助人体实现多种运动和活动，它的活动形成了人体动态数据，是人体构造的重要组成部分
神经系统	神经系统包括大脑、脊髓和神经组织三大部分，负责产生指令、传递指令、返回指令，以此产生人体的运动和活动等行为，是人体构造的重要组成部分
感官系统	感官系统包含视觉、听觉、触觉、味觉和嗅觉等要素，是人体对外界的各项感受，以此产生相应的生理和心理反应，是人体构造的重要组成部分

　　人体数据应该从人体构造系统出发全方位考虑人的骨骼、肌肉、神经、感官需求，根据以上数据全面综合考虑设计的合理性。

　　（2）人体尺度。人体尺度是人体工程学研究最基本的数据之一，通常指的是人体静止时的基础数据，如身高、体重、肢体长度、手臂长度、腿长等。这些数据可以帮助确定合适的空间尺寸、家具尺寸和布置方式，以确保室内空间的舒适度和使用效率，如图4.4-3所示。

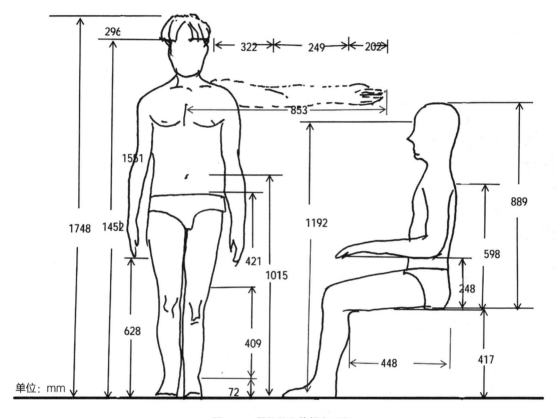

图4.4-3　男性的人体静态尺度

　　（3）人体动作域。人体动作域是指人体进行活动时的领域范围，人体在空间活动时并非处于静止的状态，它是一个尺度范围，如手部活动时手臂和手指的活动范围，移动时转身的步幅、转身尺度，躺卧翻身时身形和空余尺度，如餐饮座椅人体进入与离开等的尺度范围等。这些数据可以确定合适的工作区域，同时，根据空间的具体形态布置家具与陈设的摆放方式等，以确保人体活动的舒适便捷度和提高使用效率，使人在活动中更为舒适。可以理解为人体尺度是静态的、相对固定的统计数据，而人体动作域的尺度则为动态的人体活动范围，其动态尺度数据与人从事的活动情景状态有关，如办公场所与商业环境的人体动作域在尺度上稍有差别。例如，对于空间门洞高度、楼梯通行净高度、栏杆扶手高度等，应取男性人体高度的上限，并适当增加人体动态时的余量进行设计；而对于楼梯踏步高度、上搁板或挂钩高度、厨房设施高度设置等，通常需要按女性人体的平均高度进行设计；对于无障碍空间、适老化空间，应保证轮椅可以顺利通过门洞（图4.4-4、图4.4-5）；对于儿童空间，应考虑适龄儿童的动作范围进行设定。

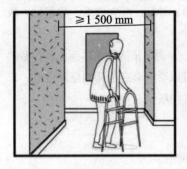 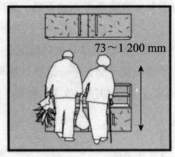 

拓宽过道	调整室内家具尺度	残障坡度≤5

图4.4-4 常见老年场所的空间尺度（来自网络）

人文关怀 | Humanistic Concern

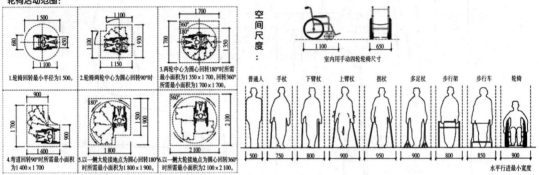

图4.4-5 需要重点人文关怀的人体动作域相关数据（来自百度）

2. 室内人体工程学的应用

（1）应用于确定人和人际在室内活动时的空间范围，依此进行空间整体布局。室内人体工程学可以帮助确定合适的室内空间布局和流线，以确保人体的活动范围和舒适度。例如，室内功能空间的合理划分、室内通道的适宜宽度、门的开启方向等都需要考虑到人的活动范围和达到舒适度的尺度范围。

（2）应用于确定家具、设施的尺度，摆设形式，以及确定延展区域。室内人体工程学可以帮助确定室内空间中选用合适的家具、陈设、设施等，在基础尺寸、组合形态上进行布局，以确保人体使用空间和家具、陈设、设施等的舒适度及使用效率。特别是非常规的空间，如有限的狭小空间和宽泛的大型空间，都应考虑人体因素展开设计。例如，各空间的沙发的深度、椅子的高度、桌子的高度、艺术品的尺度，摆放样式，通过空间的尺度等都需要考虑到人体的尺度和活动范围（图4.4-6）。

（3）提供适应人体的室内物理环境的最佳参数。物理环境是指空间的温度、湿度、声音、重力、辐射、空气等环境。获得了人体适宜的相关科学参数，才能在设计时全面考量环境效果和质量，达到宜人的目的。

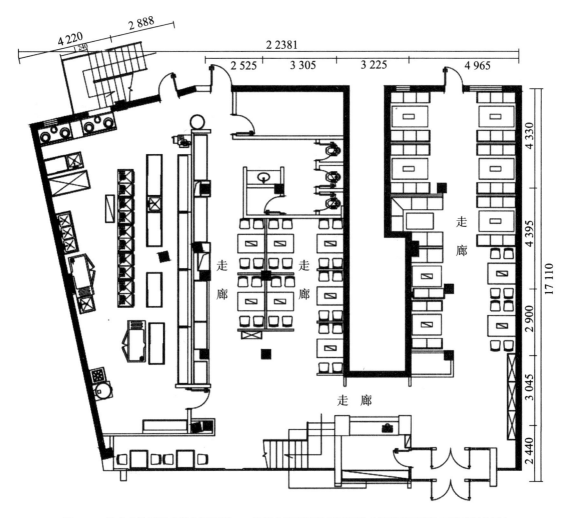

图4.4-6　结合人体尺度确定空间通道——锦州冬梅烧烤店布局设计（锦州博远装饰工程有限公司）

例如，人体感觉最舒适的温度范围是室温为18～25 ℃，如果温度超出范围，会降低空间中人体的舒适度和工作场所的效率；人体最舒适的适度范围应在40%～60%，如果湿度超过范围，会影响空间中人体的舒适度甚至影响身体健康；室内噪声应该控制在50分贝以下，如果噪声过高，会影响人体的听觉舒适度，降低工作效率，长久的噪声甚至会破坏听觉系统。相关的领域出台了相应的国家标准，如噪声类的《声环境质量标准》（GB 3096—2008）和《社会生活环境噪声排放标准》（GB 22337—2008）两大标准，室内设计中也应结合标准进行。

同时，特定空间有特殊需求，其物理参数需要相应变化，应根据实际情况进行数据调整，以便达到最佳空间设计效果。

（4）通过对人体视觉要素的测测，可以为视觉环境设计提供相应数据。通过量化视觉感知的相关数据，能够优化调整空间细节，从而实现"以人为本"的设计理念。视觉要素是指影响人类视觉感知的因素，包括视力、视野、光觉和色觉等。在室内设计中，视觉效果的好坏会影响人们对室内环境的感知和评价。例如，在教育空间设计中，应该考量课桌距离，确保不同视敏度人群在6 m视距内能清晰识别文字信息。

（5）通过计测得到数据对室内光照设计、色彩设计、视觉最佳区等提供科学依据。室内光照设计应结合人体工程学研究数据，根据特定空间的功能应满足需求，提供满足相应的条件配套数据，如从照明角度：办公室的照度应该在300~500 lx；阅读区域的照度应该在500~1 000 lx等。室内空间中，照明分布应该均匀，避免产生强烈的阴影和反光，以增强空间中人对环境的使用舒适度和对物品的识别便捷性。在色彩设计上，需要考虑到人体对色彩反应的诸多数据进行设计。通过对人体研究的相关数据，前人研究达成的共识普遍认为：暖色调的灯光可以营造出温馨舒适的氛围，冷色调的灯光可以提高人的警觉性和注意力。过度饱和的空间色彩呈现，会对人的视觉系统造成过度的刺激，从而影响观感。

影响视觉识别的还有一个数据是最佳视觉区，是指人类视觉系统中捕捉信息最敏感的区域，此区域具有更高的可识别性，需要识别对象的高度、宽度、距离等都是影响视觉效果的重要因素，因而应该将重要的信息和元素放置在视觉最佳区内，以便人们更容易地观察和感知。例如，展示空间的展品位置应从视觉最佳区角度出发进行展陈设计。

思考题

1. 室内设计中人体工程学的重要作用是什么？
2. 简述人体工程学的技术数据。
3. 具体说明人体动作域在设计中的重要性。

第五节　环境心理学

一、环境心理学概念

环境心理学是研究环境与人的行为之间相互关系的学科，它着重从心理学和行为的角度探讨人与环境的最优化，即怎样的环境最符合人们心意。在多个领域的研究中都需要结合环境心理学展开，符合人类需求成为检验各学科质量的标准之一，如图4.5-1所示。

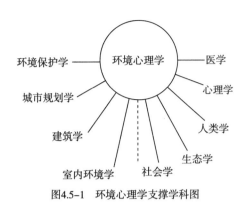

图4.5-1　环境心理学支撑学科图

二、人类对环境的心理需求

人类对环境的心理需求是多种多样的，同样的人对不同空间、不同人群对空间都有特殊的需求，不同功能空间的心理需求又有各自的倾向和特点，这些需求涵盖了从基本生存需求到更高层次的情感和认知需求。理解不同空间下这些需求重点，有助于创建更加人性化和功能性的环境设计。人的心理需求一般涵盖安全需求、社交需求、归属感、认识需求、情感需求、行为需求等。例如，儿童和青少年需要积极向上、畅快明朗的心理诉求，在此类人群使用的环境中可从适当的照明、色彩和空间布局上综合考量，避免空间过度沉闷单调。

立足于社会中的人的心理对环境的需求是复杂多样、层次丰富的。环境设计者需要对设计目标使用者心理与需求进行全方位的考查分析，综合考虑人群特征，在设计上多方面满足这些心理需求，如此能够创造出既美观又功能性强的空间，同时还能满足使用人群的心理和行为需求。环境心理学设计的内容一览表见表4.5-1。

表4.5-1　环境心理学设计内容一览表

类型	内容
环境感知	从感觉、知觉、注意、记忆等方面研究人的心理特征和影响
环境评价	研究人类对环境的美感、舒适度、安全性等方面的评价
环境行为	研究人类在不同环境条件下的行为反应，包括人类的活动、移动、交流等方面
空间认知	研究人类对空间结构、方向、距离等方面的感受。空间认知对人类的空间导航和定位有着重要的影响
环境心理治疗	研究环境对人类心理健康的影响，同时通过环境设计塑造良好环境氛围，实现环境疗愈

通过环境心理学的研究，可以更好地理解人类与环境之间的相互作用，为环境设计提供更加科学、合理的理解。

三、室内环境中人的心理与行为

自古以来，人类在环境中生存、生活，不断进化，形成了一些心理行为，到今天，一些是人类共有的心理特征，还有一些是不同的人之间存在的差异引起的心理行为差异。在设计中应适当考量这些特征和差异，满足生理和心理需求，才能实现设计的全面人性化。

1. 领域性与人际距离

（1）领域性。领域性是大部分动物的生活习性，对于人类来说，是指人类对周围环境的控制和占有感，包括个人领域和社会领域两个方面。个人领域是指个体与周围环境的直接接触区域，如身体周围的空间；而社会领域则是指人类社会中不同层次和关系的人际空间。人际接触实际上根据不同的接触对象和在不同的场合，距离上各有差异，如公共候车、阅览室的座位，餐馆的散台座位等。人类对于陌生人和不熟悉的人群天生具有一定的警惕感，因而在功能设置时应参考空间的性质，结合人的领域心理，进行合理的空间规划。

（2）人际距离和行为特征。人际距离指的是人与人之间在空间上的距离和接触程度，可以理解为人类个体从心理上为了感到安全、放松，需要保持与他人之间适当的物理距离。人际距离并不是一成不变的，而是随着人对环境的熟悉程度，随着人的文化背景、成长环境与经历、个人爱好、环境功能、社会关系等而存在差异。这里我们根据不同的关系和文化背景，将人际距离分为亲密距离、个人距离、社交距离和公众距离等不同的类型。在设计项目中，可以根据具体设计要求结合人群特征设置必要的空间距离（表4.5-2）。

表4.5-2　人际距离与行为特征对照一览表　　　　　　　　　m

类型	距离	特征
亲密距离 0~0.45	0~0.15	贴身距离，能表达温柔、舒适、激愤等强烈感情的尺度，通常是家人之间带有亲密、亲切感的心理尺度，可在嗅觉上感知对方，并有辐射热的感觉
	0.15~0.45	产生与对方接触和握手心理行为的人际距离
个人距离 0.45~1.2	0.45~0.75	朋友、家庭成员等亲近熟悉的人之间，可进行放松交流、谈话的距离；可与对方适当接触，在餐桌上进行沟通、共饮进餐的人际距离
	0.75~1.2	带有一定的距离感，但可清晰地看清对方表情、产生适当交谈行为的人际距离
社交距离 1.2~3.6	1.2~2.1	一般的社会交往，同事、朋友等之间产生交谈行为的人际距离
	2.1~3.6	较远，交往不密切的人际距离，可适当地保持距离，如大堂休息处、会客室、洽谈室等空间
公众距离 >3.6	3.6~7.5	较远，可进行知识传授的课堂教学，相对单一方向的集会、演讲场所，比较正规严肃的接待场所的空间距离
	>7.5	远，需要借助扩音设备进行讲演活动的场所，如大型会议室、演播室、展馆、影院等

（3）人的嗅觉、听觉、视觉距离。在不同的尺度、领域、功能需求内，人的嗅觉、听觉、视觉感受差异明显，也影响着相应功能空间的设计（表4.5-3）。

表4.5-3　人的嗅觉、听觉、视觉距离一览表

类型	距离/m	特点
嗅觉距离	<1	可闻到衣服和头发所发出的微弱气味
	2~3	可闻到香水或稍强烈的气味
	>7	能闻到浓烈的气味
听觉距离	<30	声音清楚，可进行常规音量范围内的交谈
	30~35	需要适当增大音量，可听清楚一定音量的讲演
	>35	可听见增大声音的叫喊，但很难听清楚具体的语言描述。可应用扬声器来进行表达和交流
视觉距离	<1	可清晰观察到人的面貌特征和微表情
	2~3	可清晰观察人的体貌特征、着装细节和行为意向
	4~30	可大致分辨人的性别、年龄、发型和行为等
	30~50	可辨认出人的大致性别、身高特征和整体的形态风格
	>50	根据背景、照明和动感可依稀分辨出人群特征，找到有鲜明特征的个体位置，识别熟悉的个体，但很难识别其他个体

在设计时需要综合考虑嗅觉、听觉、视觉需求展开设计，通过考虑这些感官需求，可以提升人体的感知体验，创造出更具吸引力和功能性的空间，以及更贴合人体综合其需求的空间。

2. 私密心理

私密心理是指人们在空间中对于自己或与他人之间的尺度要求，一般指的是与陌生人间的私密空间的需求，例如，在公共场所需要具有个人领域和私人空间，如图4.5-2所示。私密性与人的个性和文化背景有关，中国人与欧美人在人际的距离感和私密感上存在明显差异，中国人的社交距离更大。东北人与南方人在私密感上也存在一定的认知差异。

3. 依托的安全感

人类在进化的过程中始终保持对陌生环境的警惕性，虽然已经进入文明社会，但依然有在空间中寻找能够带来安全感的需求。依托的安全感其中之一就是寻找可以依托的位置、物体、某种结构等，以此保证某一方向（通常是后背侧）的安全感，同时可以适当监控其他方向。在空间中依托的对象更为具体，人们会寻找一些可以依托的物体或结构来满足这种需求，墙壁、柱子、家具等更能提供支持感，是首选的依托对象。这些物体或结构可以给人一种稳定和安全的感觉，从而减轻人的焦虑和压力。设计中可以通过合理的布局进行有序的界面处理、合理的家具与陈设摆放等来提高空间的安全感和稳定感，让人更加放松惬意，例如，在宽大的空间中家具旁边可以放置柱子或屏风等物体，营造出一种依托的安全感觉；在较大的公共空间适当灵活处理的隔断也能成为安稳的心仪场

所。另外，在细节的处理上还可以通过使用柔性的材质、自然的肌理、温和的色彩与材质等来增加空间的温馨感，减轻人们的焦虑紧张情绪，从而提升安全感和稳定感（图4.5-3）。

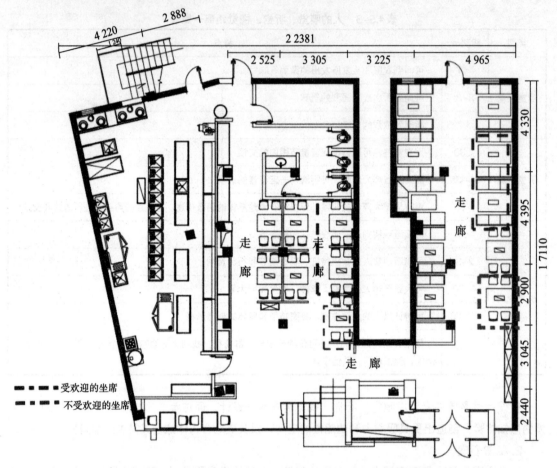

图4.5-2　餐馆中受欢迎的坐席往往是中心区域能观看到全家的位置，一般都具有较高的私密性

4. 从众心理

人类的从众心理是指人类在聚集或身处陌生群体中，个体倾向于随大多数人的动态而行的倾向。从众行为可能是人类自古以来寻求同伴认可、避免孤立的潜意识行为，或者在紧急情况下，按照大多数人行为较为正确合理这样的心理暗示而产生从众的行为。例如，紧急状态下随大众人流同向而行，人们往往不会冷静思考，而选择盲目跟从人群中领头人的跑动方向而涌动，而不管去向是否是安全疏散口，这就是典型的从众心理带来的隐患。这就要求在室内大型场所设计中考虑人流动态，避免造成聚集危害和盲从状态带来的危害，应设计足够丰富多样的标识。

5. 趋光心理

人类的趋光心理是指人类自古以来对光线的偏好和寻求的心理。明亮的光线可以给人温暖、欢快的心理暗示，从而提升人的情绪、警觉性和注意力；昏暗的光线降低可识别性，身处其间让人感到沮丧和疲惫。因此，在空间中，人们通常会倾向于选择光线明亮的环境、有自然光入射的环境，更能联想到舒适的大自然，可以更加愉悦，提升积极性。例如，对人类来说，明亮的光源、对比强烈的视觉形态更能引起关注、更有吸引力，因而在室内导向设计中，可以结合进行安全出口方向的合理设置。在设计中应针对空间与照明的对应性预设适当亮度和规模的导向，并辅助以标志与文字的引导。同时，还应关注紧急情况下人的心理与行为习惯，从空间布局、流线、照明、音响进行综合性的设计引流与导向，实现功能合理化，如黑暗环境空间中的出入口位置的明亮处理、休息场所的背光行为等。如图4.5-4所示为根据趋光与从众心理考虑设置邮轮公共区域的交通路线。

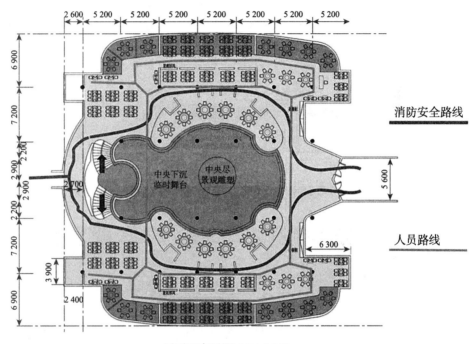

一层平面布局图 SC 1 " 100

图4.5-3　利用家具等形成公共环境下的依托，提升安全感（2020级董函芸）

6. 抄近路的习性

在规模较大、通道交叉过多的空间里，为了尽快到达目的地，人们倾向于选择缩短路程的捷径或可以绕过规定障碍的行为。这种习性可理解为，经过对空间的判断后，选择的提高效率、节约时间成本或其个人爱好等因素的综合考虑，在一定的情况下，无论空间大小如何，人类总是会优化最短、最便捷的路径，以缩短行程时间提高效率。因而在室内空间设置中，应尽量对各区域功能空间进行合理的并联与串联，使空间更为贯通，避免出现复杂而漫长的交通流线，提高使用效能，如某大堂吧的功能设定，应考虑位置不要太过偏僻，以免降低使用频率造成闲置（图4.5-5）。

7. 尽端趋向心理

尽端趋向心理指的是人们在空间中倾向于靠近较为封装的尽端，此种空间位置多为人流少且有一定依托的场所，满足人在陌生地方停留的心理需求。例如，在公共室内环境中，人们更倾向于选择空间的墙壁或角落等尽端区域就坐，因而室内空间中靠墙的座位、靠边的区域等容易被挑选。

功能分区

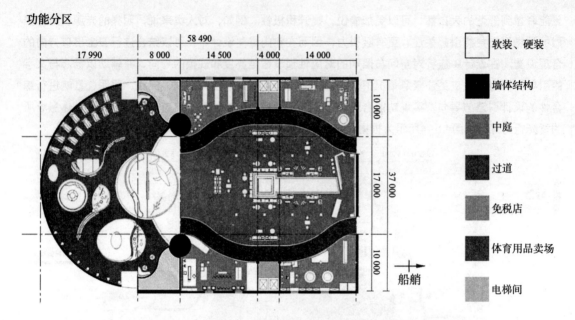

58 490

17 990 8 000 14 500 4 000 14 000

10 000

37 000 17 000

10 000

船艏

软装、硬装

墙体结构

中庭

过道

免税店

体育用品卖场

电梯间

图4.5-4　根据趋光与从众心理考虑设置邮轮公共区域的交通路线（2022届刘子淏）

图4.5-5　缩短路径的某场所大堂接待处设置提高了便捷性（北京建院装饰工程设计有限公司）

8. 空间形状引发的心理感受

不同的空间形状可以对人们的心理感受产生影响，不同形状的空间可能引发不同的情绪和体验。圆形没有尖角，因此圆形空间通常给人一种温暖、亲和、圆满、恢宏的感觉；方形呈现有规则的对称性，给人一种秩序感，方形空间通常给人一种稳定、大气、规整的空间感受，适用于办公场所或功能性空间；长形的条状空间可能让人感觉狭窄或拥挤，也带来延伸、引导的感受，适合通道或导向较强的空间；不规则的曲线造型空间或让人感到不稳定，或动态，或跳跃，或尖锐，不同的曲线形态感受千差万别，但它起到的是丰富空间、创造出独特的体验和视觉感受的效果，适合多样而个性的空间。

　　设计中应该根据空间的功能和氛围需求选择合适的形状，以创造出符合人们心理感受的空间体验。在进行设计创造时，应结合空间形态感受进行，使空间符合使用人群的心理特征和需求。例如，儿童空间可选择变化的曲面空间（图4.5-6），公共场所可选择理性的直线空间（图4.5-7）。

图4.5-6　曲线的空间形态满足了青少年及儿童的心理诉求——天津某图书馆亲子阅览室设计
（北京建院装饰工程设计有限公司）

图4.5-7　某公共场所直线空间，给人理性安静感（北京建院装饰工程设计有限公司）

四、环境心理学在室内设计中的应用

通过考虑人们对环境的感知、情感和行为反应，可以创造出更符合人们需求和期望的室内空间。例如，通过合理布局和设计元素的选择，可以提升空间整体的舒适度，并进行合理的功能设置和良好的流动路线，促进空间内人群形成良好而稳定的情绪，产生健康积极的行为。借助人对环境的心理诉求还能对环境空间的光线、色彩、声音等设置进行优化处理，创造出更令人舒适愉悦的室内环境空间，提升人在环境中的生活体验感受，或提高工作效率。设计时需要综合考量人体及心理诉求，保证在空间功能运行中提供使用人群一定或安全舒适的情绪价值，或者符合某类型空间特征的氛围，如此才能实现高质量的空间创新设计。

（1）室内环境设计应符合使用人群的行为模式和心理特征。室内环境的空间布局应该符合人们的行为模式，参考私密性等心理需求，即使是一家人也应考虑：起居室和餐厅相对的独立性设置，卧室之间的安静舒适性，厨房相对的隐蔽性，卫生间的最高私密性等。例如，教室教学空间设计，考虑使用明亮的色彩和充足的自然光线来创造舒适的教学环境，提升空间的亮度，避免呈现学生产生嗜睡心理的阴暗室内环境；现代大型商场设计，为满足购物要求，应尽可能让顾客路线接近商品，便于顾客产生自选欲望和行为，考虑进行开架布局。

（2）室内设计应根据使用人群对环境的认知和心理行为模式对室内空间组织展开设计。人体在视觉上受到感观刺激后，会对环境场所做出相应的心理反应。人对不用功能空间、不同人对相同空间的心理诉求千差万别。针对环境空间使用者的心理诉求展开设计，可以创造出符合目标客户需求和期望的室内空间。例如，某办公空间根据需求将室内空间分为不同的区域，如大堂区、办公区、会议区、休闲区等功能空间。空间功能差异引发了不同空间的需求，根据使用人群的心理需求和行为模式，选择相应的形态、色彩等来创造室内环境空间，可以提升空间的舒适度。例如，在休闲区使用柔和的色彩搭配、自然舒适的材料、优雅休闲的家具陈设来提高舒适性；在工作区使用简洁的几何形态、明快的色彩搭配、光洁的材质来制造相应的科技类办公空间，可产生高效迅速的心理暗示，能够适当地提高工作效率。

（3）室内环境设计应考虑使用者的心理个性与环境的相互关系展开设计。在环境空间的使用对象中，每个用户都有不同的偏好、需求和习惯，应该根据使用者的个性特点来进行方案设计，也就是定制设计方案，以创造出符合其需求的个性化空间。通过了解使用者的喜好、生活方式和文化背景，结合项目的功能背景，提出与之契合的环境设计建设方案，使其感到舒适、愉悦和自在。个性化的设计不仅能满足使用者的需求，还能增强使用者与环境之间的亲和力，营造出更具人情味和个性化的室内环境。重视人的个性对环境设计提出的要求，塑造环境充分尊重人的个性。设计时还可以考虑环境对人的行为的"引导"性,或者利用环境对人行为一定意义上的"制约"展开设计。

在环境空间中，除色彩、质感外，温度、光线、声音、色彩、气味等元素，也会影响人的情绪和行为。例如，在清冷的环境空间氛围下，人们更容易做出理性、冷静的判断和决策；在明亮温馨的环境中，人们更有活力，更容易投入饱满的精神；在昏暗而沉闷的环境中，人们更容易感到厌倦、嗜睡、疲惫和不安。

综上所述，在室内设计中，应充分考量使用人群的心理影响，如色彩、形状、形态、质感、光影、构图、尺度、材料搭配等因素，从而引发人们心理上的积极反应。将人的心理感受与环境设计结合起来，深入了解人与环境之间的视觉、触觉、听觉交流带来的心理反应，总结心理感受的规律，并运用于环境设计中，能够激发人的愉悦、舒适和美感。

 **思考题**

1. 锦州预计建设文化数字展馆，请选择可应用的2～3种空间类型，并说明选择相应空间类型的特点及原因。

2. 为一个中等规模的锦州非遗文化烧烤店进行设计时，如何规划空间序列？

3. 调查报告。根据人体工程学和环境心理学在环境设计的应用，进行调查研究。

（1）人体是否适应在商业空间中家具、过道、卖场空间组织的尺度？

（2）人的私密性与尽端趋向、依托的安全感、趋光心理、抄近路、习性、识途性、聚集效应在商业环境中是否能够合理地体现？要求：以照片、图画、文字从适配性角度进行阐述说明。

4. 为某市图书馆儿童中心进行设计时，如何考虑人体工程学和心理学展开设计？

第五章 景观设计依据与要求

本章重点

1. 景观设计的发展历程。
2. 景观设计项目涵盖的内容。
3. 景观设计的类型。

建议学时：4

进行景观设计项目时，应考虑景观设计项目特点、构成要素、景观类型，以上述内容为依据，考虑相应的要求展开设计。

第一节 景观设计概述

景观设计是指将现有的自然环境与人工构筑物有机结合，通过对目标场地进行整体布局、景观节点设置，结合地形进行户外环境塑造、植被搭配、设施小品配备等内容，创造出具有一定审美价值、满足一定功能诉求和可持续发展的室外空间环境设计。总体来说，景观设计是以提升人们的户外活动环境质量，促进人与人之间的户外互动交流，促使人与自然和谐发展为目的，将自然与人工改造结合起来的艺术创作。

一、景观设计的源流与发展

景观设计的历史发展伴随人类的发展进步，从无意识的自发改造到有意识的改造创新，再到在低碳环保理念下的有节制的更新，人类与自然从服从到主宰再到对话，不断进步和反思，逐渐形成了多种景观设计风格。总体来说，环境景观设计的发展受到社会背景、文化背景、地域气候、技术材料、城市发展进程、乡村建设发展等多方面的影响，呈现出个性鲜明的特征。

1. 中国景观艺术的产生与发展

中国景观设计源远流长，可以追溯到2 000多年前，以自发的"自然式"山水生活为源头。后来经历史朝代更迭，经多方演变与传承，传统的中国景观设计形式呈现出多样而丰富的特征。但总体来说，山水结合是最为鲜明的特色，孔子称"仁者乐山，智者乐水"，中华文化中的山水情怀在中国传统园林建设中尤见其趣。中国的传统景观主要包括园林、庭院、陵墓、宫殿景观等类型（图5.1–1～图5.1–3）。中国传统景观不仅注重功能性，还注重对自然环境的利用，同时重视人文与文化传达出的意境。北京大学教授朱良志先生认为，中国人建造园林已有2 000多年的历史，在漫长的岁月里，形成了皇家园林、寺观园林和私家园林三足鼎立的格局。由于历史悠远，对中国早期的园林研究大部分从中国绘画与墓室壁画中获得直观的影像。隋代画家展子虔《游春图》中就展现了户外景观蜿蜒贯通的小路与设施间的相互关系（图5.1–4）。典籍《集仙录》记载："西王母所居宫阙，在阆风之苑，有城千里，玉楼十二。"即"阆苑"一词的来源，也是园林的初貌，可见当时的园林景观思想即树石相依，竹影萧萧，楼宇互现（图5.1–5）。从明代文徵明所作《东园图》可见造园家以画境为灵感，园林中叠山开池，意境悠远、恢宏自然。此时的造园与绘画艺术皆达到了很高的境界（图5.1–6）。明代钱穀的《求志园图》中则传递出另外一种悠然自得，"与深山野水为友"的操守与志向，质朴高洁的田园之风，与文徵明所作《东园图》中的景观形成对照（图5.1–7）。

图5.1–1　芝径云堤——承德避暑山庄皇家园林景观（来自承德避暑山庄官网）

图5.1-2　寒山寺——寺庙景观（来自寒山寺官网）　　　　图5.1-3　西花园水廊——拙政园

苏州私家园林（2020级侯玉慧）

图5.1-4　《游春图》（局部）——菊斋高清名画库（隋代 展子虔）

图5.1-5　《阆苑女仙图》卷（局部）——菊斋高清名画库（五代 阮郜）

图5.1-6 《东园图》（局部）叠山开池的园林山水风——菊斋高清名画库（明代 文徵明）

图5.1-7 《求志园图》（局部）中的质朴的园林风——菊斋高清名画库（明代 钱毂）

由上可见，中国传统景观设计中的技巧和手法与不同历史时期不同地域的文化思想密切相关，因山水特征而建、因潮流文化而异，各具特征。

根据相关古籍的记载，在汉代，景观设计与当时流行的文人生活情趣相一致，总体以结合着山水自然环境为主的生活情趣展现为主；在唐代，长廊、亭榭、楼阁成为城市和宫廷中常见的建筑，其中的名胜古迹以都城长安的大明宫和山水远名的华山为代表；明清时期，园林成为越来越重要的艺术表现形式，园林建筑多辅以碑文、字画、楼宇等文化元素，表现出了中国古代文化和审美情趣。明代，造园家计成所著《园冶》一书问世，全书共3卷，附图235幅，记录了宅园、别墅等营建的原理和具体手法，以及传统造园的形式、方法和经验，反映了中国古代造园的成就，是研究我国古代园林的最为重要的著作。

中国传统景观设计在不同历史时期的特点见表5.1-1。

表5.1-1　中国各朝代景观特色一览表

时期	特点
夏商周时期	从出土的大量石器、玉器等文物的设计样式推断，夏商周时期的景观设计应具有强烈的宗教信仰和祭祀意蕴。这些文物中大多以祭器、祀具为主，景观设计通常配合宗教活动和祭祀活动，因而，在功能设定上已经有一定的分区，设计上展现先民遵循自然规律与山水相嵌合的景观特征
秦汉时期	秦汉时期的园林景观在夏商周时期风格的基础上，又有所变化。此时出现以苑为名的园区景观形式，整体呈现为充分利用自然山水，配合人工构筑景观，出现了以山、水、建筑相结合的景观形式，强调"虽由人作，宛自天开"的艺术境界，山水相依，相映成趣
唐代	唐代已经进行大规模的园林建设，在艺术风格上朝多样性发展，在文化上体现了交流与融合，追求新颖变化，注重创新。唐代园林景观设计注重营造意境，强调景观的意境和情感表达；整体布局精致，常常采用错落有致的布局方式，形成疏密有致的景观格局；注重工艺技艺，综合运用砖雕、石雕、木雕等工艺手法来装饰园林建筑及景观元素。在景观设计样式上，唐代部分延续了汉代的传统，注重山水结合，强调自然的山水意境，常常采用山水画中的构图手法来布局园林。唐代宫殿式园林整体呈现出布局宏伟、构筑物雄伟壮观、气势磅礴的风貌，多以宫殿为中心，园林布局围绕宫殿展开，代表作品如大明宫等充满着盛世的华贵风韵。唐代的寺庙园林得到了全面的发展，建造中注重禅意与宗教氛围的营造，常常布局简洁，以塔庙等建筑为主，呈现出高洁雅致的意蕴。日本和韩国的景观园林受到唐代景观的影响，后衍生出枯山水等景观形式
宋代	宋代的园林景观可分为皇家园林、私家园林、寺观园林和陵寝园林四大类别。这些园林都有自己要表现的内容与主旨，例如，皇家园林主要供帝王休息享乐，私家园林则是宗室外戚、高官富商的休闲场所，寺观园林突出宗教色彩，而陵寝园林则以纪念逝者为主。 宋代景观以山水园林设计为代表，特点如下：布局上主要呈几何形状，如圆形、六角形、豆腐块状等，呈现出自然山水和建筑群的有机结合，展现出整体性；讲究景物精细，注重情趣雅致，形成了独特的景致；擅于选用小桥流水、假山、荷花等自然景观展现怡人景致；植物上，喜欢大量选用各种花木，象征高雅的梅、竹、兰、菊、松等形成雅致高洁的意趣。另外，宋代山水园林特别注重文化意蕴的表现，在景观中也喜欢引入诗词、书画、对联、匾额等对景观进行装饰，是宋代文人思想在环境设计中的全面体现。 总体来说，宋代山水园林规模小、景致细、意境玄妙。它以自然山水为基础，巧妙地打造人和自然的融合，将山水、园林、建筑有机地结合在一起，创造出独特的艺术风格，呈现出文人风骨和文化内涵。宋代的园林景观设计是在理念上强调自然美与人文美的结合，是中国园林艺术的又一高峰时期。
元代	元代园林建筑在宋代后不断吸收和融合多种文化成分，形成了独特的风格。 元代园林景观首先继承了宋、金时期的优秀传统，强调自然山水和建筑群体的和谐融合，园林内景物造景独具匠心；布局和环境的设计上都更趋自由化，在细节的处理上也更加精细化，越来越多的私家园林出现；越来越多的文人雅士、贵族名流加入造园活动，使元代的山水诗、山水画、山水园林之间的联系更加紧密。元代园林在造园技术方面也更加成熟，在假山造型和庭院景观设计方面达到了前所未有的高度，极大地丰富了园林的艺术表现形式。 元代园林注重观赏性，造景手法更加巧妙，设置了更多的景点（如水池、流水、花木、假山等），完美地展现了景观美和意境美。 元代园林在文化意义上常常用诗词、书法、绘画等文化元素进行呈现，强调建筑的文化内涵，在园林建筑和自然环境之间寻找人文的互动性。 在元代苏浙一带地区的园林景观设计被认为是完成了从写实到写意的过渡。这种变革引发了明代园林的风格变化。宋代以前园林多为写实的意境，到了南宋南迁江南，经济文化方面给当地人的冲击很大，文人大量参与园林设计，形成风气，把园林从简单的模仿山林野趣，演变成集山水植物和建筑于一身的综合性园林概念

续表

时期	特点
明代	两宋时期盛行"存天理，灭人欲"的思想，明代中期大家王阳明，从"心"出发的理学思想得到广泛认同，使"情趣"在明代园林景观中得到应用和展现。明代在景观造园形式上继承全景山水缩移形式的同时，又出现以山水局部来象征山水整体的更为深化的写意创作方法。在景观细节中，明代善于在匾额、景题、对联中借助文字传达、助推景观意境，蕴藉也更为深远。明代景观园林设计比以往更密切地融合诗文、绘画，展现文人雅致、风骨与情趣，整体呈现出高雅的诗情画意
清代	清代由于部分阶层的经济实力和文化需求的影响，私家园林开始在多地出现，特别是集中在物资丰裕、文化发达的城市和近郊。整体数量上超过明代，形成北方、江南、岭南各具特色的三大体系。北方以皇家园林为主，如承德避暑山庄等，展现了皇家巍峨气魄的同时也糅合了山石林木景色之美。江南如扬州瘦西湖沿岸的二十四景，扬州城内的小盘谷、片石山房、何园、个园，苏州的拙政园、留园、网师园，无锡的寄畅园等。江南园林景观整体呈现出轻盈空透、粉墙青瓦、赭色木构、水墨渲染的清新格调

中国现代景观设计越来越注重协调自然环境和人文环境之间的关系，打破传统的界限，注重整体性和可持续性，更加强调景观设计的艺术价值，同时也注重景观的实用性。

清代后期，景观设计一部分延续了传统园林的风格，如江南园林的水景设计、宫殿式园林的建筑布局等，保留了中国传统园林的特点；另一部分随着西方思潮的传入开始出现中心融合的新型园林，如乾隆年间任命供职内廷如意馆的欧洲籍传教士主持修造圆明园内的西洋楼等。之后经历了漫长的中西融合阶段。

20世纪90年代开始，中国的景观设计进入全面转型与高速发展时期，经济的繁荣和环境意识的提高使景观设计获得了前所未有的全面发展。

21世纪，生态理念推出和全面落实，我国城市公园建设大规模发展，乡村建设配以乡村景观更新，也随南方个别小乡镇的发展，带动了景观升级的意识。城市和乡村一体化建设中，存量建筑与景观更新、口袋公园等微小景观设计均得到全面的发展，体现出我国对全面改善城乡环境质量、建设宜居城乡的担当和决心。

尽管景观设计在我国不断发展，但是同时也面临一些困难和问题。例如：城市景观设计往往受到城市规划和建设程序等因素的制约；非常规景观设计也受到项目启动方经济能力、文化理念需求等因素的影响；在城市更新和乡村建设中如何实现可持续且适度的景观建设，保证人与自然的长久发展、和谐共生。在中国作出双碳承诺的今天，景观设计作为自然环境与人之间最为直接的媒介，承担了更多的责任，任重而道远。

中国景观设计在经历古代、近代、当代的发展阶段后，正在以更加高远和先进的态势高速发展，自党的二十大以来，响应国际城乡成为全球景观设计领域的一支重要力量。

2. 国外景观设计的历史及发展概况

国外的景观设计理论形成较早，从设计上说，不同地域文化背景下差异明显。

欧洲的景观设计历史悠久，可以追溯到古希腊、古罗马时期，以城邦建设、城市建设为主，配以景观设计，多规模宏大。古希腊景观中经常有高大的建筑，如神庙、柱廊等，运用雕塑、浮雕等手法装饰景观细节，展现出古希腊人对建筑艺术的热爱和追求。古罗马的景观布局，多包括广场、公园、花园等多种景观形式，也注重户外景观水景的运用，配有喷泉、水池等元素，营造出清爽宜人的氛围，体现出古罗马人的雄心壮志。

到了欧洲的中世纪时期，受到当时宗教得到全面发展的影响，更多的修道院、城堡得到全面的兴建，与之相配套的庭院设计形成了自己的特色，此时园林景观善于用封闭性布局，整体用高大的园墙形成独立的空间，院内常以安宁与私密的几何形式表达。在欧洲的文艺复兴时期，景观设计受到古典主义的影响，强调对古希腊、古罗马艺术的复兴和模仿，雕塑、景观小品、水体、设施都全面结合，形态的处理上更注重来自古希腊与古罗马文化的对称、比例的优雅性和艺术性，同时，景观规划上也结合了几何形态。中世纪以来，欧洲的花园和公园以对称及几何形构造的设计风格闻名于世。

17世纪的欧洲形成了造园新风格，代表人物是勒诺特尔，他是法国园林设计的开创者和代表者。他的设计既保留了意大利文艺复兴时期庄园的一些装饰纹样和要素，又结合了规则的几何图案（条形、圆形和椭圆形等），采用对称、重复等构图形式，整体极具条理性。

到了18世纪，随着欧洲自然意识的觉醒，花园和公园设计开始朝着自然主义回归的方向发展，这一时期的设计整体偏向于强调自然的美感，结合景观细节中的浪漫情调，或称浪漫的自然风格是这个时期的代表。

19世纪欧洲的城市公园设计和城市绿地理念兴起，城市居民休闲娱乐场所兴建热情空前高涨。随着西方城市建设、城市文化的全面提升和发展，城市景观设计得到全面的普及和应用。

20世纪以来，欧洲各国景观设计上都朝着呈现各自文化理念和地域文化特色的方向发展，展现出各自的风貌和特征，产生了一些非常有影响力的作品。英国强调自然主义和乡村风格，如著名的英国乡村花园设计；法国的景观设计以展现浪漫主义和现代主义风格为主，如蒙田花园、凡尔赛宫花园等，整体规划上注重对称、几何形式，雕塑装饰和景观植物的精致配置与修建，展现出法国设计的精致和优雅；在德国的景观设计中，受到现代主义思潮的影响，更注重功能性和实用性，如柏林泰戈尔园等；西班牙景观设计融合了地中海风格和摩尔式花园的特征，注重水景设计、几何布局和植物装饰，展现出西班牙特有的热情和浪漫。

二、景观设计原则与特点

1. 现代景观设计原则

现代景观设计在尊重自然的基础上进行创新，总的来说应遵循一些基本原则以确保设计的有效性和美感。可参考以下原则展开设计。

（1）尊重自然的原则：景观设计需要尊重原始场地的自然状态，根据场地实际因地制宜地利用自然景观资源展开，可以结合地形、气候、土壤和植被等现状，避免对环境的大肆破坏，同时确保建筑、景观与自然环境的协调。

（2）延续地方文脉的原则：景观设计应尊重建设场地的历史文脉，传承文化特征是景观设计重要的一部分。在设计中，可以结合现有的人文资源，充分发扬和挖掘地方历史文化内涵，从而塑造具有历史文化氛围和本土文化底蕴的空间环境。

（3）以人为本的原则：景观设计需创造环境优美、适用舒适、内外道路衔接便捷，具有宜人尺度的户外活动空间，满足使用人群户外活动需求。

（4）经济性原则：要从节约、避免过度浪费的角度出发，注重景观设计中土地的综合利用和合理开发，做到有节制、有质量、低成本的创新设计。

（5）立足生态原则：景观建筑的设计应该考虑到生态环境的保护和可持续发展。例如，保护水资源，减少土地利用，提高空气质量等，综合考量可持续生态发展规律进行创新。放眼全球，景观设计面临着新的挑战：人口的平衡、人地关系失衡、城市化发展带来的破坏、环境污染的加重等问题。我们已无法简单延续熟悉却陌生的传统。对当代景观设计而言，克服危机、解决问题，为人群社会提供服务，已经成为重要的一面。

（6）艺术感呈现的原则：景观设计需要同时考虑艺术感和实用性。无论是景观规划、小品、设施本身还是周围的自然环境，都需要考虑其美感，以创造令人愉悦的环境。

2. 景观设计的特点

（1）因地制宜的特点。不同地区存在着自然、文化、社会、风俗、需求等方面的差异，这些差异形成了地域特点，决定了不同地区的景观风格和设计特点有所不同。地区的自然地貌、气候、植被和水文等条件存在差异，景观设计中充分考虑当地的自然环境，利用自然条件来设计和打造景观。地区的历史、文化和传统习俗也存在差异，需要深入挖掘当地的文化传统和风貌，以增加景观的文化内涵深度。项目承担的社会需求和人民生活方式的差异，也会影响到景观设计方向和创意构思。例如，某企业办公环境的配套景观设计与某商业街区景观设计的理念、定位服务人群差距明显，因而应突出各自的需求，围绕业态、场地、气候等特征展开创新设计。又如，某居住区景观设计重点需突出为居民提供健康生活，进行放松休闲和社交的场地。城市间文化氛围和建设重点也是存在差异的，也会影响景观设计的重点。地区的建筑风格、城市街区特色、文化特色和经济发展状况都影响景观设计的样式、面貌及实施，将地区的风土人情和地方特色合理延续，将建筑文化、非遗文化、人民幸福生活需求融入景观设计细节中去，成为可延续的设计。

（2）多元性融合的特点。景观设计是多学科交叉的设计类型，需要整合建筑学、规划学、美学作为基础，将生态、地理、人文、社会等多元要素通过合理的设计构思串联起来，以达到让受众在优美环境中得到良好感受的目的。正因景观设计要素的多元性，在设计上也应是多元的。

在设计风格上首先是多元融合的，如自然、古典、几何、高雅、抽象等不同式样的融合。根据项目的要求确定设计特点，选择合适的风格式样展开设计。项目建设地的环境、气候、文化和习俗等是多样的，也需考核上述特征进行创新设计。景观设计还需要考虑与周围环境的融合性和协调性。例如，一个城市公园项目，需要考虑与区域内现有的建筑、道路、自然环境等相协调，使其形成和谐的整体；还需考虑项目内部设施、小品、道路、水体等的连续性，需要将各个区域有机贯通。

三、景观设计特征

1. 中国传统景观设计特征

受到传统文化的影响，中国传统景观设计总体来说多注重"情""景"交融，传统认为衡量景观设计优劣的标准主要看能否引发人的情感，能否产生诗情画意般的"意境"之美。我国园林历经数千年，呈现出独特的东方之美，独树一帜。由于文人、画家的介入，我国造园呈现出与绘画、诗词和文学思想发展一致的倾向（图5.1-8）。

图5.1-8　受中国传统园林设计影响的苏州博物馆景观设计（贝聿铭）

（1）布局上呼应自然。在中国传统园林和建筑设计中，通常采用对称式、轴线式的布局方式，通过布局的对称性和序列性，呼应周围的自然环境，营造出优美和谐的氛围。

（2）设计上擅长采用"留白"展现"意境之美"。在中国传统景观设计中常常遵循"留白""余地"的美学规律，即设计不是填满每个场所、每个角落，而是给人留下一些空间和余地，留给人们审美、休息和思考的空间。

（3）细节上善于用山石、水体、植物等增添造景意趣。石、水和植物是中国传统园林设计的三大要素。通过石的形态、水的流动、植物的组合来微缩自然，营造小园中的意趣之美，达到不同的效果，营造出独特的意境和感受。

2. 欧洲几何式园林景观设计特征

在欧洲园林景观设计历史上，虽然各地各历史时期略有差异，但普遍得到一致认同的是几何式园林可以作为其代表。其具体特征如下。

（1）布局上规整、对称，展现秩序之美。欧洲几何园林设计非常注重规整和对称，采用直线、曲线和几何形状的组合来构造园林空间，更注重每个区域或元素的比例和协调一致性。

（2）细节上采用镶嵌式设计进行连接和过渡。欧洲几何园林设计中常采用镶嵌式设计方式，将园林空间分成多个有机的部分，每个部分有不同的装饰和植被，相互呼应和协调，体现出整个园林的和谐一致。

（3）植被上多样植物搭配丰富景观增添生机。欧洲几何园林设计中经常用树木和花卉来美化空间，常见的植物包括修剪成几何图案的蒲公英、凤尾草等，并且注重植物的颜色、形状、质地和高度等。

（4）多样的构造细节丰富景观。欧洲几何园林设计中经常会利用人工构造的装饰，如喷泉、石雕、壁画等，典雅高贵。

四、一个景观项目的设计内容

景观设计项目是一个较为复杂，且融合了自然、人文、人工、山水、历史、科技等多交叉内容的综合体，设计中通常涵盖以下内容。

（1）景观总规划：从整体上对于项目区域内的自然和人文环境进行分析、评估及规划，以达到合理利用、美观便捷和保护环境资源的目的。通常需要根据设计需求和项目区域分析的结果，对其进行空间规划，一般包括道路规划、绿地规划、水体规划、植物配备、小品定位等，通常按照一定的景观带设置景观轴线，各轴线的功能和特色可各自独立，也可统一形式，整体以规划布局图为主（图5.1-9）。

▦ 平面规划图

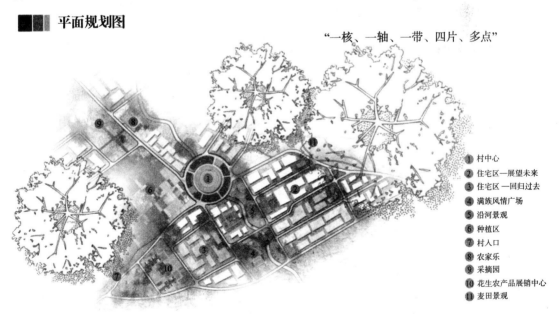

"一核、一轴、一带、四片、多点"

1　村中心
2　住宅区—展望未来
3　住宅区—回归过去
4　满族风情广场
5　沿河景观
6　种植区
7　村入口
8　农家乐
9　采摘园
10　花生农产品展销中心
11　麦田景观

图5.1-9　景观总规划

（2）景观节点设置：是指在规划区域内的重要位置设置特定的景观单元，一般景观节点以广场、休息区、滨水景观点、城市雕塑群等为中心，辐射周边一定区域，形成符号化的文化点，以达到美化环境、提高区域形象和区域交通流畅度等目的（图5.1-10）。

■■ **景观节点设置与分析**

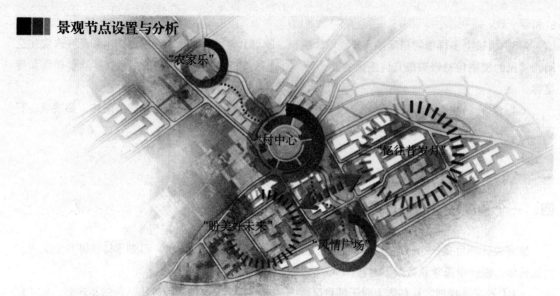

节点分析：在村内引入一条人工河，纵向将空间分为三部分，以风情广场、村中心、农家乐为节点，增加空间层次感。横向将空间划分为两部分，分别为"忆往昔岁月"和"盼美好未来"。

图5.1-10 景观节点设置

（3）配套设施规划设计：根据空间规划对规划区域内的设施进行分析及合理的设置，主要涵盖景观中的公共设施、交通设施、照明设施等（图5.1-11）。

■■ **照明设施分析**

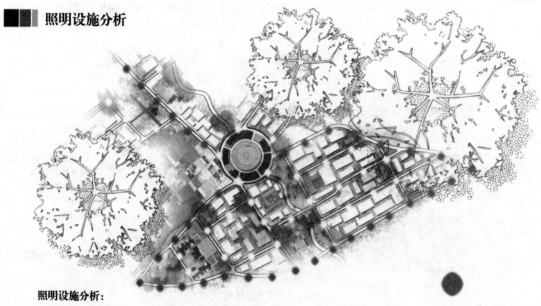

照明设施分析：

照明系统满足了村庄内的基本需求，不仅保障了村庄的安全可靠性，同时加强了村庄景观的观赏性，创造出安静惬意的氛围，使整个地区有重点、有衬托、有韵律感。

图5.1-11 照明设施分析图

（4）景观装饰材料设置：通过使用不同的材料来塑造景观的质感和风格，如木材、石材、金属选择的多样化，质感的多样化等；还可以通过在纵向景观配置中使用不同的材料、植物、户外小品设施等来塑造丰富的纵向视觉效果，或者用来划分不同的景观区域，从而实现景观的分层，呈现景观的多样化（5.1-12）。

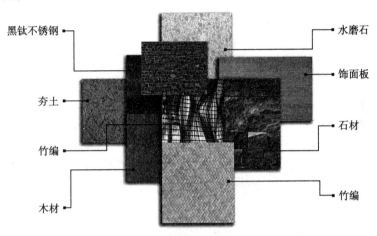

图5.1-12 运用景观中的材质搭配展现丰富的景观层次

（5）植物绿化搭配设计：通过自然植物或人工植入植物来打造绿色景观，应结合项目建设地气候特征选择符合生长条件的植物，同时，将不同观赏期的植物搭配设置，考虑横纵向种植，以多样组合式种植体现植物搭配的层次变化，增加空间的自然感、舒适度和审美层次（图5.1-13）。

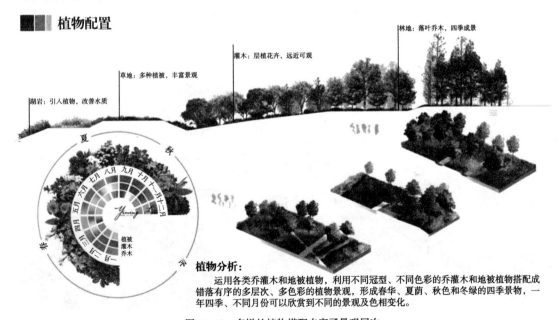

植物分析：
运用各类乔灌木和地被植物，利用不同冠型、不同色彩的乔灌木和地被植物搭配成错落有序的多层次、多色彩的植物景观，形成春华、夏荫、秋色和冬绿的四季景物，一年四季、不同月份可以欣赏到不同的景观及色相变化。

图5.1-13 多样的植物搭配丰富了景观层次

（6）水体景观设计：部分景观设计项目依水而建或内含水体，应利用动态的水体资源进行创新设计，通过利用水体进行景观设计来丰富景观空间的层次和变化，增加空间的流动感和艺术性（图5.1-14）。

图5.1-14　通过利用水体进行景观设计来丰富景观空间的层次和变化

（7）景观中光影设计：景观设计虽然大部分需要依赖自然光源，但仍然需要结合白天的光线使构筑物和植物等形成阴影来营造景观独特的氛围及节奏，利用夜间的照明烘托夜间景致，增加景观的艺术性和神秘感，提高观赏性（图5.1-15）。

图5.1-15　构筑物和植物的光源丰富了空间层次

（8）景观设计中的色彩设置：通过使用不同色彩来丰富景观和氛围，强化设计风格，例如，明亮的颜色可以增加空间的活力和生气，而柔和的颜色则可以增加空间的舒适感和温馨感（图5.1–16）。

农产品展销中心设计

Rendering-Agricultural Products Exhibition Center

内部空间分为三个区域，展示区、洽谈区与接待区，空间内部采用中式木质家具，整个空间气息浓厚、色调协调，空间采用假两层，楼梯区域连接一处休息室，整体空间安排合理。

图5.1–16 木色系和农产品红色、黄色搭配，使景观沉稳而有活力

（9）景观设计中的艺术小品与装置设置：小品和装饰的合理适当设置能够全面提升设计的意趣，或者通过使用小品与艺术装置来增强环境景观的趣味性和体验性，如雕塑、壁画、景观街灯、可上人的设施、水景等（图5.1–17）。

图5.1–17 可观赏或体验的装置丰富了空间的意趣，增强了体验性

 **思考题**

1. 简述中国园林景观发展进程中各个时期的特点。

2. 简述欧式景观特征。

3. 简述中国传统景观设计特征。

4. 简述景观设计原则。

5. 一个景观设计工程项目涵盖的内容有哪些?

第二节　景观设计构成要素

　　景观设计创作中有些构成要素不可缺少，根据景观设计的侧重不同，通常情况下划分为以自然要素为主的景观设计和以人文要素为主的景观设计；但在具体的设计中，它们并不是非此即彼、各自存在的关系，下面以自然和人文景观为例来介绍景观构成要素。

一、自然景观设计构成要素

　　自然景观是指围绕现有的自然环境（山川、河流、森林、草原、江河湖海等）为重点进行的景观设计。自然景观设计首先应尽量保留原有自然生态环境，然后进行适度的设计改造，使其呈现出原生态风貌和自然美感，并能够展现大自然的力量和自然韵味的环境设计，其构成要素主要受到现有自然条件的制约，主要的构成要素如下。

　　（1）植物配置：植物是自然景观设计中非常重要的要素。应当首先从尊重与保护的角度对项目建设地的植物状况进行记录，在此基础上考虑适当、有节制地丰富类型，一切从生态修复和种群保护出发，谨守生态红线，考虑它们的色彩、形状和季节性变化等因素进行景观创作。

　　（2）水体和水景：水体和水景可以为景观设计增添一份生气和动感。这些要素可以包括河流、湖泊、喷泉和水滴，将它们融入设计中，并与周围环境、构筑物形成对比或协调一致，形成动静结合的形式美，有利于空间美感的实现。

　　（3）构筑物与铺装材料：构筑物与铺装材料是景观设计中必不可少的元素，如道路、广场铺设，路灯、凉亭、桥梁等可以为设计添加结构、功能和美学特点，丰富设计的层次，可综合考虑这些元素的材质、色彩和布局展开设计。

（4）光影和色彩：光影和色彩在景观设计中扮演着丰富景观的作用。需要认真考虑光线的方向和强度，形成光影构图，增加空间动态美感。同时，将色彩元素以多种形式铺设在整个景观中，更容易打破景观的呆板，使其形成视觉焦点。

（5）人在景观中活动的体验与感受：进行景观设计时不仅需要考虑实用性和美感，还要考虑人的动态活动及在景观场景中的参与度，以及人的活动需求和行动路线，同时遵循行业规定，确保设计的合规、合理，更多实现人的参与体验。

二、人文景观设计构成要素

人类在灿烂的历史文化进程中留下了众多的人文轨迹，或以建筑遗存，或以文化景观、民俗景观等方式流传下来，形成了地域人文特色，以此展开的景观设计即人文景观设计。人文景观设计的主要构成要素如下。

（1）历史文化遗存：历史文化遗存是人类历史活动的重要空间载体。而人文景观中的历史遗存保护尤为关键，尤其是古建筑和文化遗址。这些建筑物具有极高的历史文化价值和艺术价值，一方面代表了一个地区的历史文脉和人文精神；另一方面也成了人们观瞻、游览和休闲的场所。在进行更新设计时，应注重保护性呈现。设计时可进行大量的调研和论证，协同相应部门明确遗存的保护形式、规模和保护等级，从而保证设计方案的合理性和落地性。

（2）非物质文化：是指不以物质形态传承，而是以人的实践和传播传承的传统技艺，如表演艺术、传统仪式、节庆、美食、生产方法、加工技艺等多种类型。非物质文化多以师徒传承、家族传承、作坊传承方式展开。非物质文化遗产承载着民族、地区和群体的独特传统与文化认同，反映了人类的创造力，是人类智慧传承的结晶。保护和传承非物质文化遗产，不仅有助于维护文化特色、尊重文化多样性，还能促进文化的传承和创新。需要强调的是，非物质文化虽然依赖于实体空间的展示和表达，但文化特色对环境设计的烘托和塑造是形成环境特色的重要文化来源。在设计中，非物质文化的展现与陈列形式多样，场所可以灵活的设置，以达到多样展现与传承的目的。

（3）文化节庆活动场所：是景观中设置的为文化节庆活动的场所（如文化广场等），便于开展主题文化庆典等活动，以吸引更多人参与，提高景观利用率。

（4）人文艺术小品：主要是指景观中的艺术品，如雕塑、壁画、装置、水景等。它们通常以某一文化理念为设计主题，能够提供文化烘托和风格的强化，形成视觉冲击，带来良好的审美体验。与景观设计主题相呼应的人文艺术小品，有时还具有引发观者的情感共鸣、传递智慧、情感和哲学思想等功能。

（5）景观设施：人文景观设计也包含为人类户外活动提供便利支持的路灯、指示牌、公共座椅等设施，可以将设施设计与人文主题相结合，以符合文化背景下的设计提升景观文化的含量，也更利于文化展示和传承。

实际上，在景观设计项目中，人文景观和自然景观并不是孤立的，通常是联合展现的，人文景观提供文化、历史和情感的内涵，自然景观增添自然美感和生态价值，通过将人文景观和自然景观有机融合设计，可以创造出更为丰富的景观空间。人文与自然交相辉映，使景观设计更加丰富、更有吸引力，能够为景观作品赋予更深层次的内涵和意义。

 思考题

1. 简述以自然景观为主的设计项目构成要素。
2. 简述以人文景观为主的设计项目构成要素。

第三节　景观设计项目分类及特点

景观设计涵盖范围广泛，相对建筑而言，建筑外部的空间都属于景观设计可参与的范畴。从不同角度出发，景观类型的分类方式又存在一定差异（表5.3-1）。比较常见的分类方法是按所处位置分类，分为乡村环境景观设计和城市景观设计两大部分。

表5.3-1　景观类型分类一览表

分类方式	景观类型
按照项目类型分类	公共景观、私人景观、商业景观、工业景观、旅游景观等
按照项目规模分类	大型景观、中型景观、小型景观等
按照项目性质分类	新建景观、改造景观、维护景观等
按照景观风格分类	自然景观、现代景观、传统景观、欧式景观、中式景观等
按照景观设计内容分类	植物景观、水景观、建筑景观、道路景观、照明景观等

以上景观依据建设地点、建设要求等虽有差别，但总体来说依然与城乡建设密切相关。

一、乡村环境景观设计

1. 乡村环境建设的切入角度

乡村环境景观设计是指对于乡村公共空间、村庄、农田、水系等乡村场所进行整合规划为主，以保护农村环境、提高农村形象、吸引关注、发展产业、改善农民生活等为目标的景观设计。乡村环境景观设计需要根据乡村基础条件和建设重点展开，因而设计的角度略有差别，如自然资源的保

护和利用、传统文化遗产的传承、农业产业发展、农事体验与休闲娱乐、乡村生态环保节能、社会大众的需求与参与等（表5.3-2）。

表5.3-2 乡村景观围绕展开设计内容一览表

类别	内容
自然环境的保护和利用	乡村景观设计应尊重自然环境，保护生态环境和自然资源，同时利用自然资源进行景观设计，如利用山水、水系、自然植被等元素进行景观设计
传统文化遗产的传承	乡村景观设计可融入传统文化元素，如传统建筑、民俗文化、乡土风情等，以弘扬乡村文化，增强乡村形象
农业产业发展	乡村景观设计应结合当地的农业生产，如农田、果园、畜牧业等，以提高农民的生产效益和生活质量
农事体验与休闲娱乐	乡村景观设计以农事相关的体验场所和娱乐场所为主，可设置体验农场、体验工坊、农事娱乐体验等区域，还可设置攀岩公园、非遗手作区域、田园剧场广场等，以满足农民和游客的休闲娱乐需求
乡村生态环保节能	乡村景观设计应全面落实生态、节能、环保理念，避免对乡村环境造成"生态负担"，从"循环再生、近地选用、低碳赋能"等角度进行乡村景观设置，采用可再生能源、绿色材料等，以减少对自然环境的影响，从而提高景观设计的可持续性
社会大众的需求与参与	乡村景观设计一方面需要满足村民需求，另一方面满足对外开放的需求。首先应全面考虑当地居民需求和意见展开，保证村民的良好体验为前提，促进乡村生态宜居、持续发展。另外，城乡结合区域的村落景观设计应注重过渡性

2. 近年来乡村建设中的典型案例

乡村景观设计的侧重点往往需要结合乡村自身位置、特点，塑造乡村特色方能凸显亮点，得到长远的发展（表5.3-3）。

表5.3-3 乡村景观设计模式特点一览表

模式	特点
产业发展型模式典型案例：江苏省苏州市张家港市南丰镇永联村	东部沿海等经济相对发达地区开展产业模式的乡村环境设计效果较好。其特点是产业优势和特色明显，农民专业合作社、龙头企业发展基础好，产业化水平高，初步形成"一村一品""一乡一业"，实现了农业生产聚集、农业规模经营，农业产业链条不断延伸，产业带动效果明显。以产业特色为中心的乡村建设更具有持续性，能实现乡村的可持续发展
生态保护型模式典型案例：浙江省湖州市安吉县山川乡高家堂村	生态优美、环境污染少的地区开展较多。其建设地点通常是具有自然条件优越，水资源和森林资源丰富等条件的村落，天然具有传统的田园风光和乡村特色，生态环境优势明显，把生态环境优势变为经济优势的潜力大，适宜结合生态旅游开展乡村景观设计
城郊集约型模式典型案例：上海市松江区泖港镇	适宜在城乡结合部开展，其优点是经济基础条件较好。该模式下的乡村景观设计需要考虑城市与乡村的过渡与融合，综合规划土地利用、交通布局、生态保护等多个方面，实现城市需求带动乡村产业，城乡一体化发展
文化传承型模式典型案例：河南省洛阳市孟津县平乐镇平乐村	具有特殊人文基础的乡村开展较好，包括古村落、古建筑群、古民居及传统文化聚集区等。其特点是乡村文化资源丰富，具有优秀历史文化遗存及非物质文化，加以保护性设计，以文化展示为重点，传承弘扬的潜力大，易于形成特色

续表

模式	特点
休闲旅游型模式典型案例：江西省上饶市婺源县江湾镇	在旅游资源丰富的地区开展较好。其特点是以现有的资源结合体验、住宿、餐饮、休闲娱乐等活动为重点的乡村环境建设，一般为区域的枢纽地带，交通便捷，距离城市适中，适合休闲度假，发展乡村旅游潜力大
农业体验模式典型案例：福建省漳州市平和县文峰镇三坪村	农业产业发展较好的地区开展较好。其特点是以农景观赏、农事劳动、农事体验、产品制作与销售一条龙为主的乡村景观设计

3. 乡村环境景观设计中普遍存在的问题

在过去的十几年间，乡村建设如火如荼，涌现了一批优秀的典型案例，但经过时间的检验，在热潮过后冷静回看，也发现了一些普遍存在的问题。

（1）设计的短视化。以打造网红景点为主的乡村景观设计屡见不鲜，短期的热潮过后，通常会沦为摆设，没有从乡村的生态角度考量。

（2）设计的同质化。没有针对乡村现有情况进行分析的基础之上进行粗制滥造的设计，没有结合乡村场地自身条件与文化特色塑造乡村形象，盲目模仿、抄袭，乡村特色凝练不鲜明，万村同貌，使设计流于形式。

（3）设计的分离化。乡村景观设计从多游览者角度进行规划设置，往往忽略了景观的使用者即村民特别是留守老人、儿童作为景观的拥有和长期使用者的需求及感受，使设计功能分离，背离了乡村建设为之服务的主要群体的利益，降低了可持续共生的需求。

（4）对生态的破坏化。乡村景观设计中还有一种用力过猛，推翻原有更新过渡的现象，破坏延续多年的村落原始面貌，使乡土文化无法延续，在地材质没有得到尊重和体现，乡村本身的原始生态没有得到传承。

4. 乡村环境景观设计要点

乡村景观设计首先要明确乡村特征，强化特征，围绕特征展开设计，乡村特征大致可以从生态、文化、产业三个方面入手。

（1）乡村生态发展：乡村建设应考虑结合稳定的生态基础，保证绿水青山底线，做到可持续的乡村建设。因而应划定生态控制范围，严格控制景观范围，设计时兼顾治理环境破坏区，发展优质的生态系统，从全面整体提升环境品质入手进行乡村建设（图5.3-1）。

（2）文化特色梳理：将乡村现有的历史人文、建筑、非遗等地文化作为景观设计的塑造点，使景观设计成为一个宣传乡村地域特色文化的名片，全面提升乡村景观设计的文化价值。这些文化包括：乡村生活中的建筑遗迹，门、梁、窗户等建筑构件；非遗传承的物品、工艺品、美食等；本土所使用的服饰、餐厨用品、交通工具等；村民特有的劳作工具、劳作方式等（图5.3-2）。

（3）产业建设方面：乡村建设如要长远发展，需将产业带动经济，让经济促进环境全面提升。因而，设计中不应忽略重要的一项内容就是将产业发展融入乡村建设。2023年，党的二十大发布的"中央一号文件"指出，为贯彻落实乡村振兴战略和《中共中央 国务院关于做好2022年全面推进乡村振兴重点工作的意见》，多部门联合印发《关于推动文化产业赋能乡村振兴的意见》。强调发展特色文化产业，要打破同质化发展的束缚，避免"复制粘贴"式的产业格局，打造有根基、有特色、有后劲的乡村特色文化产业，并继续提倡"一村一品"建设。乡村景观设计，应根据乡村特有的种植类型、农产业经济，结合产业特色塑造景观展示平台和体验平台，通过设置产业特色的网红打卡点，开展务农劳作体验、采摘体验、美食体验、农家乐体验、特产购物、民宿等一条路业务景观节点设置，实现农业产业特色的展销一体化模式总规划。也就是说，通过设计激活乡村农业活力，拓宽村民收入渠道，提高村民的参与积极性，使乡村经济与景观同步良性发展（图5.3-3）。

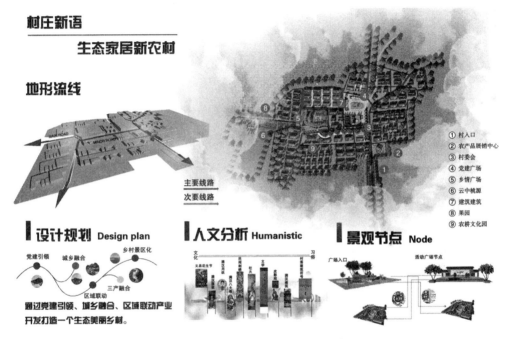

图5.3-1 基于生态保护的乡村景观设计

两个室外院落装饰风格一致，北侧院落位于中医康养馆门前、非遗文化展馆南侧，地面主要道路铺设青石板砖，其他铺设碎石子和青石板步道，中部景观和中医康养馆门前景观为原村落荔枝树。

图5.3-2 珠海斗门派山村庭院景观设计（2023届高广玉、李采璇、张潇文）

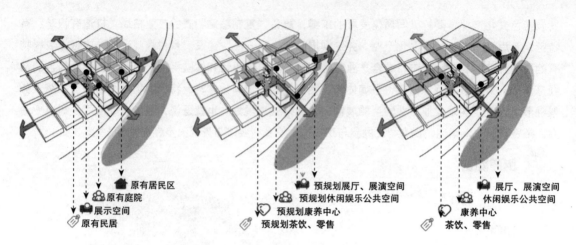

原有居民区
原有庭院
展示空间
原有民居

预规划展厅、展演空间
预规划休闲娱乐公共空间
预规划康养中心
预规划茶饮、零售

展厅、展演空间
休闲娱乐公共空间
康养中心
茶饮、零售

图5.3-3　以中医康养产业为核心之一的珠海斗门派山村景观设计（2023届高广玉、李采璇、张潇文）

二、城市景观设计

城市景观设计是指对城市公共空间如广场、公园、居住区公共空间等场所进行的景观设计，旨在提高城市形象、增强城市品位、改善城市户外活动环境，或者为城市居民提供美好的生活环境，提高其生活质量的景观设计。城市景观设计多采用以下方法展开设计（表5.3-4）。

表5.3-4　城市景观设计目标与方法一览表

目标	方法
城市形象的提升	通过设计城市标志性建筑、景点、广场等，塑造城市的形象，提高城市知名度
城市绿地建设	可以通过增加绿化面积、种植适宜的植被等，改善城市生态环境，提高市民的生活质量
公共空间设置	通过设置公园、广场、步行街、自行车道等公共空间，为市民提供一个休闲、运动、集会、交流互动的场所
城市道路美化	通过设置景观美化带、绿化带、景观灯光等，美化市政道路，提高城市品位
历史文化保护和传承	通过保护历史文化遗存和非物质文化、传承城市精神，提高城市的文化底蕴和历史价值
环保节能需求	通过考虑环保节能设计，如采用可再生能源、绿色材料等，以减少对自然环境的影响，提高景观设计的可持续性

因此，城市景观设计需要综合考虑城市的历史、文化、艺术、功能、使用需求展开设计，通常与城市规划、风景园林、庭院景观协同合作，保障城市美好未来发展。

1.城市景观设计内容

城市景观设计与城市生活密切相关，通常根据建筑的使用用途进行分类，不同类型的景观设计内容有所不同。

（1）居住区环境景观设计。居住区环境景观设计的目标是为居民创造宜人、舒适、便捷的环境。根据居住区户外公共空间面积和功能，不同的区域景观设计功能各异，其景观的社区开放程度也存在明显差异。较为常见的居住区环境景观设计内容与重点见表5.3-5。

表5.3-5 居住区环境景观设计内容与重点一览表

设计内容	设计重点
休闲区和社交空间	包括户外座椅、露天咖啡座、运动设施和游乐区等，为满足社区居民休息、娱乐和社交需求而设置
绿化和植被	居住区需要设计一定的植被景观，如树木、花草、灌木等，以提升景观的生态和美观。根据本地气候特征和土质条件选择植物，呈现出四季有景，或随季节相应变化的景观
路网与交通	设计合理的道路系统是建设居住区景观的重要组成部分。路网交通设计应系统性地连接各区域，统筹兼顾通行可达性。在满足行人和非机动车通行需求的同时，保障交通流畅性和安全性
公共绿地与景观区域	公共绿地景观是居住区形成良好生态环境的重要内容，设置公共绿地景观区域还能为居民提供休闲、绿色的开放空间，提供良好的微循环，促进形成放松、宜人的社区景观环境
步行和自行车路径	规划便捷的步行和自行车路径，有利于鼓励居民步行、骑行和健身。路径的设置上应以安全、流畅为前提，连接园区内的主要入口、设施和景点
儿童游乐区	专门为儿童设置的游乐区，包括儿童戏水池、游乐设施、草坪和安全区域。提供多样化的娱乐设施，满足不同年龄段儿童的需求
水景和景观特色	居住区中酌情引入水景元素，如喷泉、人工湖泊、小溪等，可以为居住区增添静谧感和良好的观赏性。创造具有独特韵味的景观元素，如雕塑、景墙、庭院等，能够增加居住区户外活动的趣味性，丰富户外活动范围和形式

（2）办公建筑外部环境景观设计内容与要点。办公建筑外部环境景观设计旨在为员工提供舒适、优雅和创新的室外工作及休憩环境。办公建筑外部环境一般比较安静、独立，空间布局上常常根据与建筑的位置关系可分为入口空间、侧庭、后院（表5.3-6）。

表5.3-6 办公环境景观设计内容与重点一览表

设计内容	设计重点
企业文化展示	办公环境的景观设计应首先与企业文化一致，起到烘托企业形象的作用
庭院和室外会议区	设计室外庭院和会议区，为员工提供创新和团队合作的空间。这些区域可用于室外会议
绿化和植被	办公区的景观绿化设计应与企业的主要形象一致。虽然绿化多以植物搭配、花坛等形式展开，但从绿化植物的选择到布局上都应以增加办公环境自然元素，促进生态环境，形成自然美感为目的

设计内容	设计重点
休闲和座位区	办公园区内可设置舒适的休憩区域，配备多样化座位，满足员工放松、社交及户外工作等需求。根据企业实际需要，还可增设带遮阳设施的休息区，如凉亭、户外咖啡座和露天休息平台等，通过营造人性化的户外空间，有效提升员工的归属感与幸福感
步行和骑行路径	在办公园区内应合理规划步行与骑行路径，特别是在大型办公综合体区域，以便员工能便捷地在各栋办公楼之间步行或骑行通行。这些道路应与景观设计有机融合，在满足基本交通功能的同时，还能促进员工的身体活动，满足健康需求
水景和水景墙	在办公环境景观中引入水景元素，如喷泉、水池和小溪，能够创造宁静与放松空间氛围。水景墙可以起到装饰和降噪的作用，能够隔离外部嘈嚷环境，同时带来良好的微环境，为忙碌的人群带来舒缓的感受

（3）商业建筑外部环境景观设计内容。商业建筑外部环境景观设计是为商业经营建筑创造的室外景观空间，也是商业特色、氛围和形象展示的窗口。商业建筑一般沿着街道或广场延伸，因此，它的外部环境通常以开放性为特征，好的商业景观设计能够吸引更多消费者。根据商业空间的性质，其设计内容有所不同，具体见表5.3-7。

表5.3-7　商业建筑外部环境景观设计内容与重点一览表

设计内容	设计重点
入口设计	在商业环境景观设计中，需要进行引人注目的商业区入口设计，用标志性的结构、装饰物或艺术元素形成视觉中心，增加商业建筑及景观群的辨识度
步行街和广场	步行街和广场景观是大型商业街区的重要组成部分，既是市民休闲、聚集与社交的公共场所，也是展现商业街区形象与特色的窗口。这类景观设计需兼顾商业销售和景观功能，通过合理的空间划分，为顾客营造愉悦的购物和休闲环境。在具体设计中，可以合理规划街道和广场布局，在适当间距设置观景平台、休憩座椅、娱乐设施及表演舞台等，以满足商业街区的互动性与娱乐性功能
庭院和花园	在部分商业区设计中，还通过设置庭院和花园增加空间的惬意度，为顾客提供清新、放松和绿意盎然的空间，满足顾客多种体验需求。适合在慢节奏的商业区或景区中的商业区使用
室外座位区	主要用来满足临时休憩需求而设置的公共座位。应根据商业景观街区的场地情况来确定室外座椅的布局和数量。座位区的布置应尽量避免过度暴晒，当暴晒不可避免时，可考虑联合遮阳植物或设施等配套设置，以提高户外座位区的使用率
照明设计	由于商业经营行为的要求，商业街区景观照明的需求高于其他类型的景观设计，特别是在夜间商业活动较为频繁的街区。在进行基础照明的基础上，结合重点照明和氛围照明突出商业街区的光影形象，可以用夜间照明形成视觉中心，烘托商业环境的时尚氛围，能帮助树立商业街区的形象，提升吸引力，增加客流

（4）文化、纪念性建筑外部环境景观设计。此类的景观规划和设计，主要突出文化和纪念性主题，突出文化特色和纪念意义，如城市广场、纪念性广场、纪念性公园等，通过设计提升其视觉效果和历史价值（表5.3-8）。

表5.3-8　文化、纪念性建筑外部环境景观设计与方法一览表

设计内容	方法
入口设计	突出纪念性历史和文化内涵。深入了解景观设计的历史和文化内涵，在设计中体现文化和纪念主题。可以采用相关符号、图案和颜色等元素来突出建筑的文化内涵
道路规划	创造和谐的外部环境。考虑景观设计地块的环境情况，进行设施景观区内部与外部主干道的道路规划，实现园区与外部包括道路、交通、人流、自然环境等的贯通
景观绿化	纪念性景观设计对绿化要求应考虑种植植物的寓意对空间氛围的影响，需要结合民俗等进行综合考量。广场类的景观则应按照广场的主题选择合理的绿化方式，考量四季需求，增强广场的利用率
水景设计	合理设置喷泉、池塘、溪流等水景设施，提升景观的动态感、艺术价值和观赏性
雕塑和装置艺术	通过设置具有文化寓意的雕塑、装置艺术等元素，塑造与纪念性、文化性相契合的艺术氛围。同时，雕塑和装置艺术也可以强化文化内涵和历史意义
照明设计	通过照明的设置和运用，为广场景观提供夜间光源效果，提升市民幸福感，为纪念性建筑进行适当的照明设计，将重点纪念主题结构、建筑、构筑物进行强调照明，突出纪念主题的历史意义和文化内涵
交通与停车组织设计	通过合理的交通设计，创造一个便利、安全的道路环境。例如，机动车停车区域或引导至地下停车区设计；人行道、自行车道、景观道等
标识系统	为设置户外导视系统创造清晰、易于辨认的外部环境，醒目而优美的标识系统必不可少。在合适的位置设置指示牌、路牌、标识标志等，能够方便市民与游客寻找和识别，提升空间体验感
休闲设施	休闲设施设计需要结合文化纪念性建筑的主题展开设计。根据景观场地情况在合理的位置设置休闲设施，为户外停靠提供舒适、便利的设施。例如，在一定的区域设置座椅、休息亭、儿童游乐区等
构筑图立面设计	通过构筑物立面设计，为环境空间创造有辨识度的外观形象，一般以优质的景观墙体形成主题形象为主要形式，但景观小品、大型雕塑等也可以自身的立面形象成为纵向的景观点。例如，可以采用与纪念历史相关的立面风格和雕塑等元素，以强化景观的文化内涵和历史意义
教育和互动设施设计	通过打造可参与互动的户外体验景观空间，能够增强景观主题的形象并产生良好的教育效果。可以通过设置互动雕塑、互动设施、沉浸式展示和交互式呈现等方式，提升公众对文化教育内容的参与度，从而增强对文化纪念性主题的认识和理解

（5）校园环境景观设计。校园环境景观设计是为学生提供一个宜人、美观和功能齐备的校园环境，以促进其学习、交流和成长。校园环境景观主要服务人群是学生，因此环境的设计就需要具备为相应年龄段学生服务的功能。根据学生的年龄特征，校园环境可划分为幼儿校园环境、小中高大学校园环境两大类。幼儿园环境设计应紧紧按照国家《托儿所、幼儿园建筑设计规范（2019年版）》（JGJ 39—2016）中对室外场地建设的相关要求进行适当的景观设计，如对分班活动场地、跑道、沙坑等的设置要求进行合理规划。其他类校园景观也应在相应标准基础上进行创新设计。其他年龄段的校园景观设计参照表5.3-9。

表5.3-9　城市景观设计功能与重点一览表

设计功能	设计重点
校园景观中心广场设计	中心景观是校园视线聚集的焦点，路线、轴线都通向中心，并联系、集合周围的空间。通常需要集会、升旗、景观道路等功能需求
校园景观交通空间设计	校园的交通组织应根据教师、学生的心理及行为方式制订合理的道路组织、形态和层次，并把交通空间作为整体环境空间重要部分加以设计。校园内步行活动的规律与出行目的、方式、性质、场所及时间有关，大致可分为以下三类。 （1）上下课：由于时间的限制，学生为了尽快到达教室或宿舍，一般都会抄近道，走快捷方式； （2）课后漫步：处于休息放松状态，步伐较慢，边走边说，目的地不一定很明确； （3）休闲漫步：一般会选择去比较安静、不受人太多打搅的场所。或一边漫步一边在漫步过程中休息、交谈、坐憩、观景。 因而在交通空间设计上，应适当区分上述三者，提供多样交通路线，营造宜人的校园景观
校园庭院景观设计	在校园活动中，庭院同样是校园活动的一个中心。它是校园公共空间的组成局部，具有分散、亲切、自由与活泼的特点，它不仅从室内延伸到室外，而且还从教室扩展到整个校园环境之中。校园庭院景观通常分为位于教学区的庭院和位于生活区的庭院两部分
校园交往空间	在校园景观中，承担校园交往功能的一般是广场和露天空间，规划开放、宽敞的广场和露天空间，为学生提供社交活动和集会的场所。这些空间一般兼顾多种功能，可用于多种活动，如学习小组讨论、户外演出、文化展示等，增进学生之间的交流和社交互动等
户外休息区	校园环境景观设计中会考虑设置社交休息区和座位安排，提供一个舒适和宜人的环境，供学生进行休息、交谈和社交。这些休息区可以是户外桌椅、躺椅、温馨的座位等，创造出轻松愉快的空间
共享学习和休闲空间	校园环境景观设计中的共享学习和休闲空间，如图书馆庭院和户外学习空间，旨在为学生提供共同学习和放松的场所。这些空间不仅促进知识和经验的分享，还增强了学生之间的社交联系

（6）口袋公园。口袋公园可以理解为一种小型城市绿地公园，是为了给社区居民提供便捷、放松和社交的户外公共空间，同时还起到扩大城市绿化面积、促进生态宜居等作用。口袋公园多位于人口密集的城市交接地区，配备座椅、花坛、游戏区、健身设施等；也适宜在老城区进行生态化改造时提升城市绿化率时使用，有助于城市生态系统的维护和改善空气质量，一般面积较小，适合居民步行到达。

2. 城市景观设计的构图方法

城市景观设计中的整体构图指的是城市景观的整体规划设计的布局形式。即对场地进行视觉元素的合理组织和对景观节点等元素的合理安排，形成一定的美观价值的景观形态。常见的城市景观设计构图方法如下。

（1）对称式构图：即通过将景观元素沿各类型轴线形成对称形式的排列构图方式，整体呈现出平衡和稳定的布局特点。轴线的形式多样，轴线本身也可以进行若干种排列组合，打破单一的模式。对称式构图多用于正式和庄重的环境空间。

（2）平衡式构图：当景观中的元素庞杂或散乱无序时，通过构图实现整体视觉上的平衡，形成有创意的视觉效果。平衡的方法很多，可以从形态的布局和色彩角度进行平衡，也可以用体量或质感等内容进行协调分布，用多样组合的形态来进行平衡也能起到意想不到的效果。

（3）金字塔式构图：是指将景观元素按照大小或重要性逐渐递减或递增的形式排列，形成稳定的金字塔结构。这种构图方式能够突出设计重点、引导观者视线和形成设计焦点，同时强化景观的空间层次感。

（4）对比式构图：通过并置不同形态、尺度、色彩与质感等景观元素，以某一种或多种冲突较明显的要素进行重点构图，突出景观中的差异变化，形成视觉冲击力，增强视觉吸引力。

（5）重复式构图：通过重复运用相似或相同的形态元素形成的视觉效果，能够增强景观整体的连贯性和统一性，形成一定的秩序感或渐变形式，甚至可以形成阵列的形式，形成大气的景观空间特色，有利于塑造景观的恢宏气势。

（6）焦点式构图：通过设置突出的焦点元素形成视觉焦点，形成鲜明而突出的视觉中心。焦点的样式既可以是单一图形，也可以是组合图形。通过焦点式构图，可以引导视线流向。还有一种序列式的构图方式，可形成一定的空间序列，可突出设计的重点和叙事逻辑主题。

总之，在城市景观设计中，构图方式是多样而灵活的，应根据项目建设场地的地块特征和设计创意，灵活选择景观设计的构图形式，或者将多种构图方法有机结合，才能形成具有更高审美特征的景观空间。

 **思考题**

　　1.新时代的乡村建设如何合理进行景观设计？

　　2.城市景观设计应如何与城市特色相结合？

　　3.景观设计的构图方法有哪些？

第六章 环境色彩设计

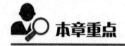 **本章重点**

1.色彩的心理效应。

2.色彩的提取。

建议学时：2

自然界中丰富的色彩变化让世界生动起来，在环境设计中，色彩也扮演着至关重要的角色，它不仅呈现了丰富多彩的环境空间，也是展现艺术效果氛围的有效手段。在设计中，色彩被广泛运用，可以产生多方面的艺术效果和情感表达。

第一节 色彩概念

一、色彩的产生与色彩三属性

色彩的产生是由光的特性和物体表面的反射、吸收、透过等作用共同决定的。色彩的三个基本属性是色调、饱和度和明度。

（1）色调（Hue）。色调也称色相，指的是色彩所呈现的基本颜色。它是由入射光波的频率决定的，常见的色调有红、橙、黄、绿、蓝、紫等。波长由长向短，对应红至蓝紫色调过渡。

（2）饱和度（Saturation）。饱和度也称纯度，指的是色彩的纯净程度或饱和程度。高饱和度的色彩鲜艳，而低饱和度的色彩较为灰暗。可理解为色彩单一的饱和度高，丰富多样的饱和度低。

（3）明度（Value）。明度指的是色彩的明暗程度，也称为亮度或光度。调整明度既可以通过调整单一色调的明暗，也可以通过加入其他明度的色彩来实现。高明度的色彩看起来明亮，而较低明度的色彩较为暗淡。

在色彩三属性中对色调、饱和度和明度的调整及组合，可以创造出无穷无尽的色彩和组合，使色彩更加丰富和多样化，应用在环境设计领域，以色彩促进空间风格的塑造和氛围的提升将使空间增色。

二、色彩体系

色彩体系的研究经历了漫长的发展，普遍得到认同的理论为孟塞尔色立体，是由美国艺术家阿尔伯特·孟塞尔于20世纪初建立起来的，其研究提供了一个系统化的、科学化的方法来描述和组织色彩，更便于学习和理解色彩。

孟塞尔色立体将色彩知识立体化，从色调、明度和饱和度三个维度来定义及表达色彩。色调表示色彩所呈现的基本颜色，明度表示色彩的明暗程度，饱和度表示色彩的纯度和强度。孟塞尔色立体是类似地球仪式的立体化对应色彩的方式，更利于研究和使用色彩（图6.1-1）。

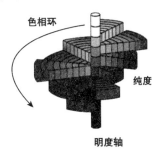

图6.1-1　孟塞尔色立体

孟塞尔色立体还通过色彩标准样本和数值标记的形式，对色彩进行了系统化的分类和组织，即将色彩与三维空间中的坐标一一对照，色调通过角度值表示，明度通过垂直轴表示，饱和度通过距离轴表示。其提供了一种量化的方法来描述和比较色彩，使色彩的选择和匹配更加准确、可靠。孟塞尔色立体建立在总结前人研究基础之上，更为全面和直观，使之一经出现便在设计、艺术、科学等领域得到了广泛的应用。其帮助人们更好地理解色彩，并促进了色彩在各行各业的应用与研究。

在环境设计中，常用的色彩搭配体系有以下几种：

（1）调和色彩体系：将环境色彩分为主色、副色和中间色。以调和色彩体系进行设计色彩搭配的，通常是色彩体系中相邻的色彩组成，形成相对均衡的色彩搭配方案，呈现出较为和谐的设计效果。

（2）对比色彩体系：选择互补的色彩搭配来营造强烈的空间对比感和项目感。其多采用色彩体系中互为补色位置的颜色搭配组成对比色彩体系，形成具有一定视觉冲击力、鲜明的视觉效果。

（3）单色彩体系：以某一色调的不同亮度变化作为主要搭配形式，通过色彩体系的规律性变化，能够创造出层次感和较为细腻的色彩感受。当变化有一定的规律时，容易形成丰富的视觉感受。这种体系能形成简洁、平静、和谐、韵律的视觉效果。

（4）中性色彩体系：由黑、白、灰等中性色彩为主构成空间的色彩搭配。中性色彩的优势在于能够营造简约、现代和雅致的空间氛围；劣势在于大量使用会带来色彩呆滞的问题。如要打破缺少变化带来的呆滞感，可尝试引入其他色系的家具、陈设、软装等，形成点缀，打破沉闷的效果。

三、色彩的物理、生理与心理效应

色彩对人引起的视觉效果反映在物理性质方面，可以产生冷暖、远近、轻重、大小等感觉。形成物理效应的原因，一部分是因为物体本身对光的吸收和反射差异造成的结果；另一部分是因为物体间材质间相互作用所形成的错觉。根据色彩的物理作用进行合理的色彩处理，能够赋予设计作品独特的色彩魅力，提升设计品质。

人们对不同的色彩表现出不同的好恶，这种心理反应常常是因文化背景、生活经验、利害关系、社会观念等差异造成的，同时不能忽略的是，其也与人的年龄、性格、素养、风俗等差异密切相关。

1. 色彩的物理效应

色彩的物理效应通常包含温度感、距离感、份量感、尺度感等，不同的色彩存在独特的物理效应，见表6.1-1。

表6.1-1 色彩物理感一览表

物理效应	色彩效果
温度感	从红紫、红、橙、黄到黄绿色称为热色，以橙色最热。从蓝紫、蓝至蓝绿色称为冷色。紫色是红色（热色）与蓝色（冷色）混合而成，绿色是黄色（热色）与蓝色（冷色）混合而成，因此是温色
距离感	暖色系和明度高的色彩具有前进、凸出、接近的效果，冷色系和明度较低的色彩具有后退、凹进、远离的效果。在室内设计中，它们能够改善空间的大小和高低感觉
份量感	份量感由明度决定，重量感由明度和纯度决定，明度和纯度高的色彩显得轻，如桃红色、浅黄色。明度和纯度低的色彩显得重，如黑色、熟褐色。它们能够满足平衡和稳定的需要，以及表现室内性格的需要
尺度感	尺度感由色相和明度因素决定，暖色和明度高的色彩具有扩散作用，物体显得大；冷色和暗色则具有内聚作用，显得小

2. 色彩的含义和心理象征性

经过前人大量的研究，发现不同的颜色可以唤起空间特定的情感、联想和象征（表6.1-2）。

表6.1-2　部分色彩心理象征意义一览表

色彩	心理象征
红色	红色在不同文化背景中含义不同。普遍认为红色经常与热情、爱情和浪漫联系在一起（中国、巴西）。在以中国为主导的亚洲文化中，红色象征着喜庆、幸福和吉祥，红色被广泛运用于庆祝节日等重要场合，如婚礼、春节等。红色也具有力量和权力的象征意义，经常被用来激发信心和勇气，凸显个人魅力和魄力
黄色	黄色普遍给人明亮、活泼、温暖和积极的感受，是充满活力的色彩。它易于营造轻松快乐的氛围，同时富有创造力的寓意。在中国传统文化中，黄色曾是皇家的专用颜色，象征着贵族和权力。在有些西方文化中，黄色象征着太阳，被认为是光明和生命的代表色。在印度文化中，黄色代表着知识和学问
绿色	绿色与大自然同色，是象征着自然力量、生命力量和勃勃生机的色彩。沉稳和安定也是绿色的寓意
蓝色	蓝色是天空和海洋的色彩，因而通常与宽广、浩瀚、神秘、锐意进取等寓意紧密相连，由于其还带有冷静的色彩感觉，深蓝色还代表着外太空的神秘和象征对未来的期许
紫色	相对来说，紫色有一定的神秘感，中性偏冷的色彩感受使其较为沉稳。在古代欧洲，紫色是一种极为昂贵和珍贵的色彩，历史上的某些时期只有皇室和贵族才能使用。在基督教文化中，紫色是权力、罪恶和忏悔的代表色。在东方传统文化中，紫色有神圣和高贵的寓意
黑色	黑色让人联想到暗夜。在现代中西方文化中，黑色都象征着死亡和悲伤，也意味着神秘与深沉。在秦汉时期，黑色曾被视为神圣和庄重的色彩，代表着皇权的力量和尊严，黑色与金色的结合成为高贵的色彩组合。在现代时尚领域中，黑色被视为高贵、时尚的色彩。但是，在室内设计中需要避免大面积使用黑色，形成阴暗的视觉心理，可以通过巧妙设置空间中黑色的比例，打造具有高级韵味的空间效果
白色	在西方文化中，白色与纯洁及和平相关，是带有庄重的婚礼色彩。在东方传统文化中，白色象征精神净化和心灵升华。白色在现代环境设计中的使用是非常广泛的，是一种极具包容力的色彩，适当的使用可以提亮空间、增强整洁与秩序感。与各种高级灰色联合使用，能够有效提升空间格调
灰色	灰色是与中庸、平静和稳定相关联的色彩，寓意中性、冷静、理性和稳健。在西方文化中，灰色通常象征着中庸、平衡和稳健。在东方文化中，灰色是神秘和深邃的颜色，代表着内心的平静和深度。在环境设计领域中，大量的高级灰色，是塑造时尚、高雅和现代环境的重要色彩

　　总之，不同文化背景的人对色彩的含义和象征性理解存在差异。这种差异性需要在设计中，通过调研与沟通得到充分的尊重；需要考虑到不同文化对色彩的理解和情感内涵，有针对性地展开色彩设计，以避免不必要的误解或冲突。

 思考题

1. 举例说明环境设计中背景色与图形色如何运用增强使用体验。
2. 举例说明色彩含义人群理解的差异。

第二节　环境色彩设计的基本要求和方法

一、环境色彩设计的基本要求

环境色彩设计包含色彩选择、色彩组合及配色方案等内容。良好的环境色彩设计能够促进环境空间艺术效果的实现，提升空间氛围。

（1）根据功能和目标进行色彩设计。根据空间功能设置合理的色彩，能够提高环境的美感。例如，卧室通常需要柔和、放松的色彩；而办公室可能需要更加清新、专注的色彩；人文景观的色彩需延续在地人文的主色调。

（2）运用色彩协调与平衡：在进行色彩设计时，若因强烈对比导致视觉不协调，可通过合理的色彩搭配和引入外部色彩等多种方法来实现平衡。使用相近色调、降低互补色运用等多种方法都能降低空间对比度，实现平衡。

（3）将色彩与使用人群需求相匹配：根据空间的使用人群需求设置色彩，选择与使用人群诉求匹配的色系来增强空间魅力。例如，在进行母婴休息室设计时，可选择柔和的色彩营造舒缓的空间氛围；在进行幼儿园设计时，可选择明亮活泼的色彩搭配来提升儿童友好空间的活力；当为老年人进行空间设计时，使用宁静安稳的色彩，为老年人提供良好的空间感受。

（4）适度使用高饱和度和高明度的色彩：高饱和度和高明度的色彩虽然具备强烈的识别性与冲击力，但若长时间处于此类环境中，会引起视觉疲劳，也会形成空间单调感和过于喧闹的感觉。因此，适度是使用高饱和度和高明度色彩的关键。通过合理控制色彩比例关系并引入协调性元素，可以优化空间的色彩关系。根据具体的空间需求来调整色彩的强度和明暗度，使之为空间设计增色。

（5）考虑空间大小和光线条件进行色彩设计：色彩变化能够帮助空间产生视觉上的变化，调整空间视觉大小。明亮的色彩搭配能够增大视觉上的空间感，暗沉的色彩能够增加视觉上的空间紧缩感。在空间尺度偏小、光线微弱的条件下应避免厚重的色彩搭配，避免空间更加阴暗、压抑。同时，还应考虑室内的自然光和人工光对空间色彩的影响，当人工、自然光线与空间色彩叠加时，产生的色彩变化也会影响空间的视觉感受。

（6）考虑空间整体色调和设计主题：在色彩设计中，应围绕设计主题确立整体色彩基调，以形成格局特色的色彩效果。例如，现代办公空间设计的现代风格基调，多倾向于选择中性色调和较少色彩变化的配色方案；地中海风格的休闲空间，多使用蓝、白、黄色调的色彩组合；中式现代风格有暖黄色系偏棕色系的等若干搭配。

（7）当色彩较为复杂时，可利用中性色和过渡色协调空间，塑造空间的高级感。当空间中出现大量的具有冲击力的色彩而无法平衡时，可以统一加入适量的中性色（如白色、灰色、米色等）来平衡，可以塑造高雅整洁的空间。

二、环境色彩设计的原则

在进行环境色彩设计时，应结合设计项目的实际情况，全方位展开有针对性的设计与搭配。环境色彩设计应遵循以下原则。

1. 考虑环境的使用目的进行环境色彩设计

在进行环境色彩设计时，应考虑空间使用功能进行色彩设计。例如，办公空间需要使用明度高、能提高员工专注力，提升工作效率的色彩；休闲空间可运用浅色系等较为柔和和放松的色彩；娱乐空间可运用具有强烈视觉冲击力的色彩搭配。总之，在进行环境空间色彩设计时，需要对空间的使用目的有明确的认知后进行色彩配置。

2. 考虑环境空间的大小、形式进行环境色彩设计

在环境设计中，空间的大小和形式多样，应考虑空间实际情况进行环境色彩设计。在局促的空间尽量避免使用暗沉的色彩搭配；开阔高耸的空间，可通过合理的色彩设计来调节视觉尺度。总的来说，浅色系可以调整空间视觉尺度，显得更加开阔明亮；深色系则可缩小视觉空间的尺度感。多种色彩组合还能够强调或修饰空间，实现对空间的最佳视觉效果的呈现。

3. 考虑环境的朝向进行环境色彩设计

项目建设场地的朝向决定了环境的原始光线情况，在设计时需要适当考量设计场地的方位来选择合适的色彩搭配方案。例如，南向的空间接收到阳光较多，自然采光条件好，可以考虑搭配较为沉稳的色彩来平衡光线刺眼的影响，即使搭配比较暗沉的色彩也不会形成过于晦涩的空间；而北向的空间接收阳光较少，自然采光有限，可搭配较为明亮和清新的色彩来提升空间的亮度，避免空间沉闷产生压迫感影响心情。

4. 考虑使用环境空间的人的类别进行设计

不同人群对色彩的偏好及心理反应存在显著差异。例如，儿童使用的环境空间，可搭配明亮、活泼、高饱和度的色彩来满足儿童欢快、好奇的心理；老年人使用的空间，可搭配柔和、温馨、舒适的色彩来营造宁静与安详的环境氛围。同样的居住空间，年轻人、中年人、老年人的需求差别引起色彩设置的差别。

5. 考虑使用者在环境空间内的活动类型进行色彩设计

环境空间不同的使用功能决定了活动类型，不同的活动类型对空间色彩的需求存在差异，应根据具体情况来调整色彩搭配。例如，特色度假酒店宜采用低饱和度自然色系，以营造舒适而轻松的氛围；办公类空间则多选择清新、明亮的色彩搭配，产生高效的环境暗示，从而提高工作效率。在需要长时间集中停留（如工作或学习）的空间，可以搭配能提高注意力的色彩；而在短暂停留的区域，可选择活泼明快的色彩搭配来增加空间的生气和活力。

6. 考虑环境空间的定位和总设计基调进行设计

环境设计项目通常根据文化背景确定整体设计构思，包括风格定位和色彩基调。色彩基调与设计人文背景密切相关，如设计项目为传统古村落等历史文化背景，可选择传统国风配色方案；环境

空间为科技类空间，可选择寓意高效、简洁的蓝、紫偏冷色彩搭配来体现未来感和快节奏感。

7. 考虑使用者对色彩的偏好进行设计

生活中，每个人对色彩有着独特的偏好和情感诉求。因此，在环境空间的色彩设计过程中，应充分尊重使用者的个体审美差异和爱好，如此才能实现以人为本。通过结合使用者的意向和偏好进行色彩搭配，不仅能够确保环境的色彩搭配与使用者产生共鸣，还能提高设计的满意度。

三、环境色彩设计方法

环境色彩设计方法涉及多个方面，组织协调色彩、调整构图、组合凸显色彩魅力等方法均能提升色彩设计效果。

1. 组织协调色彩

环境空间中孤立的颜色无所谓美或不美，整体的配色才是直接影响到整体效果和观感的关键。同一色彩在不同的背景条件下，其效果可以迥然不同，这是色彩所特有的敏感性和依存性。因此，如何处理好色彩的协调关系就成为配色的关键问题。色彩协调的分类与选择如下。

（1）环境色彩的单色协调：环境色彩的单色协调即基于单一色调的协调，以同一色调作为整个环境色彩的主调形成的调和色彩关系。环境色彩的单色协调可以取得宁静、平和、舒缓、安详的效果，具有良好、稳定的空间感，可以为空间中的配饰、设施等提供背景（图6.2-1）。

图6.2-1 单一色调呈现的稳重、平和的色彩效果（北京建院装饰工程设计有限公司）

（2）环境色彩的相似色调和：相似色是最容易运用的一种色彩方案，即应用两三种色环上较为接近的色彩。相似色调可以创造出相对宁静、清新、平和的效果，但是空间中的色彩在明度和彩度上的变化较多，从而显得色彩更为丰富，空间稍显活泼。环境色彩的相似色调和设计上通常结合无彩体系，加强其明度和彩度的表现力（图6.2-2）。

图6.2-2　添加无彩色后的相似色清新、宁静，使空间稍显灵活

（3）环境色彩互补色调（或称对比色调）调和：色环上相对位置的色彩称为补色，如蓝与橙、红与绿、黄与紫，其中一个为原色，另一个为二次色。在环境色彩设计中，巧妙地运用互补色可以产生视觉上的平衡和活力，从而增强空间的吸引力和视觉效果。在环境色彩设计中，**精心运用**对比色调可以为空间增添活力和视觉吸引力，同时也能够营造出独特而令人印象深刻的**环境氛围**（图6.2-3、图6.2-4）。

图6.2-3　互补色调降低纯度的调和——某酒店大堂吧设计（一）（北京建院装饰工程设计有限公司）

图6.2-4　互补色调降低纯度的调和——某酒店大堂吧设计（二）（北京建院装饰工程设计有限公司）

（4）环境色彩分离互补色调和：采用对比色中一色的相邻两色，可以组成三个颜色的对比色调，获得有趣的组合。互补色，双方都有强烈表现自己的倾向，若使用不当，可能会削弱其表现力；而采用分离互补，如红与黄绿和蓝绿，就能加强红色的表现力。

（5）环境色彩的双重互补色调：有两组对比色同时运用，采用4个颜色。

（6）环境色彩的三色对比色调：在色环上形成三角形的3个颜色组成三色对比色调，如常用红、黄、蓝三原色，这种强烈的色调组合适于文娱空间。当用不同的明度和纯度变化后，可以组成十分迷人的色调。

（7）环境色彩的无彩色调：由黑、灰、白色组成的无彩系，是一种十分高级和高度吸引人的色调。

2. 环境设计中可利用色彩变化进行构图

色彩在室内设计构图中可起到投入少而效果明显的作用。调整色彩可以使人对某物引起注意，或使其重要性降低；可以使目的物变得最大或最小；可以强化环境空间形式，也可打破其常规形式；可以通过修饰空间打破沉默的样式。

实际上，环境设计色彩构图是有一些规律和方法可以遵循的。

（1）通过不同色彩的明暗、冷暖、亮度的差异，创造出强烈的对比效果，环境更加鲜明、生动。

（2）通过协调搭配不同颜色、引入共同色彩、调整比例、降低对比度等方式，环境色彩相互协调、和谐，呈现良好的视觉效果。

（3）将环境空间划分为不同的区域，针对每个区域进行差异化色彩设计，以达到丰富的色彩变化，烘托不同功能空间的设计效果。

（4）将空间色彩进行渐变处理，渐变的过渡效果可减弱空间色彩冲突，增强空间感和层次感。

（5）在环境中加入反差强烈的色彩，使其更加突出和醒目，起到强化效果的作用。

（6）运用不同色彩的情感倾向进行设计，如红色代表热情、蓝色代表冷静、紫色暗含神秘等，以达到特定环境的特殊意味的设计效果。

　　总体来说，环境设计色彩构图方法需要根据具体情况进行选择和运用，以达到最佳的设计效果。

　　环境设计中变化和统一并不是对立的关系，色彩的统一与变化可以着重考虑以下问题。

　　（1）确立环境空间主色调。选择一个基调色作为整体的主色调，可以根据需求和目的来确定。例如，为度假酒店带来温暖色调（红、黄、橙），为娱乐空间带来活力色调（红、黄、蓝、紫），为办公场所带来快捷冷静的色调（蓝、绿、紫），为青少年空间带来清新色调（粉、橙、黄、青）等。整体的基调是确立环境设计整体氛围的前提。

　　（2）大面积色彩的统一协调。以室内设计为例：通过统一顶棚、地面的色彩来突出家具（图6.2-5）；通过统一墙面、地面的色彩来突出顶棚（图6.2-6）；通过统一顶棚、墙面的色彩来突出地面（图6.2-7)；通过统一顶棚、地面的色彩来突出墙面（图6.2-8）。当然，运用统一协调的色彩突出某一局部的形式多样，远远不只限于上述内容，应在设计时灵活应用，方能创作出更多丰富多彩的环境设计色彩，提升整体设计的效果。

图6.2-5 通过统一顶棚、地面的色彩来突出家具

3. 增强色彩效果

　　实际上，在环境设计中有多种增强色彩效果的方法，需要根据项目的实际情况灵活设置。

　　（1）运用强调色彩的方法突出重点：选择一个或几个饱和度高的色彩作为重点色，在与之色彩差异较大的空间中使用，形成突出醒目的效果。可以通过墙面、家具、艺术品或装饰物的色彩变化来形成重点。

　　（2）创造色彩的层次感：要打破空间的单调性，可以通过色彩变化来营造丰富的层次感。运用交叉、渐变、对比、交替等方法，色彩可呈现规律性变化，能有效增强空间的层次感。例如在设计中融入浅色、中间色和深色的组合，能使空间更有深度和立体感。

　　（3）合理利用色彩的对比及调和产生效果：当空间存在色彩问题时，可以运用色彩对比来增加视觉冲击力和吸引力，如进行娱乐空间设计时，互补色（如红绿色、蓝橙色）或对比强烈的色彩组合，可营造出炫彩的视觉冲击力，满足娱乐场所需求。适当的协调色处理能有效避免过于碰撞或不和谐的效果。

图6.2-6 通过统一近似的其他界面色彩来突出顶棚与大堂背景的装饰

图6.2-7 通过统一顶棚、墙面的色彩来突出地面

图6.2-8 通过统一顶棚、地面的色彩来突出局部墙面

（4）利用色彩心理暗示提升设计效果：生活中不同的色彩会引发不同的情绪和情感反应。在设计中，空间功能决定了其应有的氛围，而色彩的合理使用有助于形成与功能相配合的视觉感受，为使用者提供良好的心理暗示，实现放松和愉悦等效果。因此，在需要传递某种情绪的空间中，合理选择和运用相应的色彩不仅能增强空间的魅力和吸引力，还能实现合理的情感表达。

（5）对色彩与材质进行组合提升效果：将色彩与材质结合使用，能够增强色彩的质感和触感，同时提升材质的视觉效果，二者相辅相成。可以选择与色彩相协调的材质，如光滑的金属、柔软的织物或粗糙的石材，从而营造出丰富的色彩与材质相呼应的效果。

 思考题

1. 简述环境色彩设计的基本原则。
2. 组织协调环境色彩的方法有哪些？

第三节 环境设计色彩提取和配色来源

在环境设计中，色彩搭配的创意依赖于设计者对生活中色彩观察的敏锐度，以及对色彩进行归纳整理的能力。当发现生活中的美好时，可对色彩进行适当提取和转用。色彩的提取是指从一个特定的来源或主题中提取出主要的色彩元素和色彩搭配，并将其应用到设计中以达到一致性、统一感和协调性。色彩的配色有时是受到一定的启发从多种来源中获取灵感的。

一、基于色调配色

（1）单色调配色：单色调配色即以一个色调作为整个室内色彩的主调，以营造宁静、安稳、舒缓的效果。

（2）相似色调配色：相似色调配色是最容易运用的一种色彩方案，只用两三种在色相环上互相接近的颜色，以营造宁静、清新的氛围。

（3）互补色调（或称对比色调）配色：色环上相对位置的色彩，如蓝与橙、红与绿、黄与紫，其中一个为原色，另一个为间色，以营造稍显活泼的空间氛围。

（4）分离互补色调配色：采用对比色中一色的相邻两色，可以组成三个颜色的对比色调，获得

有趣的组合。这种配色具有较强的冲击力，容易形成视觉中心。

（5）双重互补色调配色：有两组对比色同时运用，空间采用4个颜色，画面更为灵动、活泼。

（6）三色对比色调配色：在色相环上形成三角形的3个颜色组成三色对比色调，如常用红、黄、蓝三原色，这种强烈的色调组合适于文娱空间。当采用不同的明度和纯度变化后，可以组成十分迷人的色调。

（7）无彩色调配色：由黑、灰、白色组成的无彩系，是一种十分高级和高度吸引人的色调。

二、环境设计中的色彩提取配色

（1）自然界：人类最初的色彩感受来源于自然，它带给人丰富的感受。自然界中的景观、植物、动物和天空等提供了丰富多样的色彩组合。可以观察大自然中的颜色变化、季节变迁及自然光线的变化，从中获取灵感并应用到环境设计中，具体设计案例见表6.3-1。

表6.3-1　来源于自然界的色彩搭配案例

主题	素材	设计案例
竹林		
烟云缭绕		

（2）艺术作品：艺术作品中的色彩运用是一个重要的灵感来源。可以从绘画、摄影、雕塑等艺术作品中观察和学习艺术家们运用的色彩组合及表现技巧；具体设计方案见表6.3-2。

表6.3-2 来源于艺术作品的色彩搭配案例

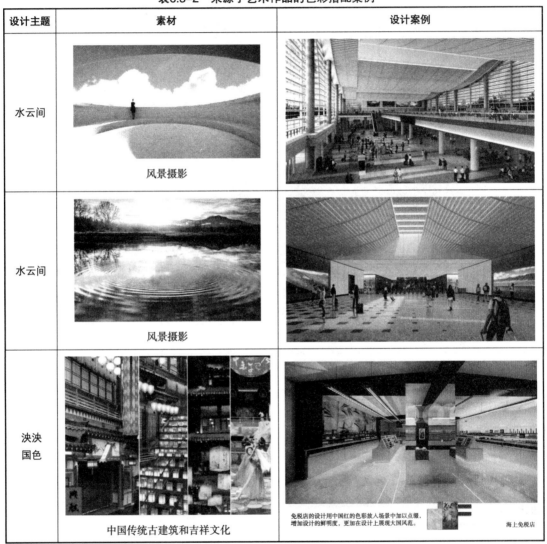

设计主题	素材	设计案例
水云间	风景摄影	
水云间	风景摄影	
泱泱国色	中国传统古建筑和吉祥文化	免税店的设计用中国红的色彩放入场景中加以点缀，增加设计的鲜明度，更加在设计上展现大国风范。 海上免税店

（3）文化和传统：不同文化和传统有其独特的色彩符号及象征意义。可以从特定文化的传统服饰、仪式、建筑等方面获取配色的灵感，并将其融入环境设计中，以传达特定的文化主题或风格，具体设计案例见表6.3-3。

（4）品牌标识与风格定位：若环境设计是为特定品牌或机构所做，如某办公空间、某品牌商业空间，可以从品牌定位、标识和风格指南中获取配色的方向。品牌标识通常定义了品牌所采用的特定色彩，并可将其应用于环境设计中，以传达品牌的身份，具体设计案例见表6.3-4。

表6.3-3　来源于特定传统风格的色彩搭配案例

设计主题	素材	设计案例
翰墨丹青	中国传统文人画	
泱泱国色	中国传统古建筑和吉祥文化	大厅的入口处放置了商场导视及服务前台，方便照顾顾客需求，增添人性化服务。　购物中心大堂

表6.3-4　来源于品牌标识与风格定位的色彩搭配案例

设计主题	素材	设计案例
来自企业以人为本、现代科技、低碳环保的理念和以树为元素的logo设计	公司logo设计　元森博优　YANSENSOYOU　企业名称：元森博优	元森博优　YANSENSOYOU
桃李面包快闪店设计在空间设计上，提取桃李"醇熟"系列包装的主要色调和一些标识，空间以蓝色、白色为主要色调	匠心醇熟　桃李制造　Made with ingcnious mellow pcaches and plums　醇熟　桃李　因为桃李"醇熟"系列产品是桃礼面包的经典产品，在空间设计上运用的都是比较经典的元素，例如提取了桃李"醇熟"系列包装的主要色调和一些标识，空间以蓝色为主色调，打造出一个干净整洁的环境。地面也以蓝白色调为主基调，铺设经典蓝白色棋盘格地砖，外形上四个对角采用的是"牛奶"变形后的造型，整体氛围简单，但也是暗含深意——桃李"醇熟"，配料简单纯粹，吃得更放心。	桃李 醇熟系列

（5）空间主题和目的：从设计空间的特定主题和目的中提取色彩。考虑到空间的用途和目标受众，选择与之相关的色彩构成，以营造出适宜的氛围和情感。具体设计案例见表6.3-5。

表6.3-5 来源于空间主题和目的的色彩搭配方案

设计主题	素材	设计案例
餐厅氛围取自津门万象概念——五大道花园洋楼、曲艺元素、地标建筑结合园区垂直森林概念,为天津联想员工提供一个具有特色在地性的就餐环境	 	 
观演空间——将这首延传至今的带有深刻历史意义的"器乐"通过"曲舞韵律、丝竹乐器、乐师华服"三个元素进行观演,以及刻画休息厅的形态与色彩	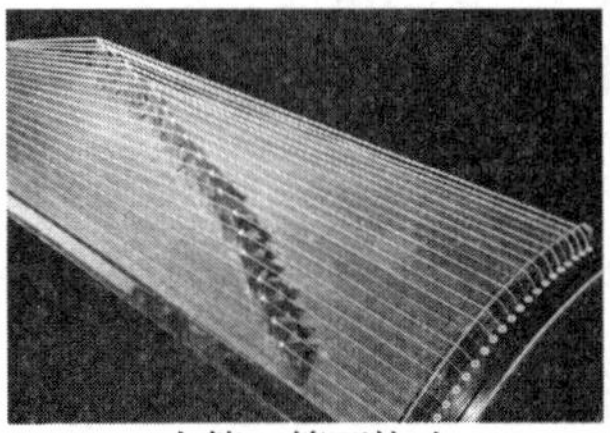 古筝—筝面构造古筝—雁柱 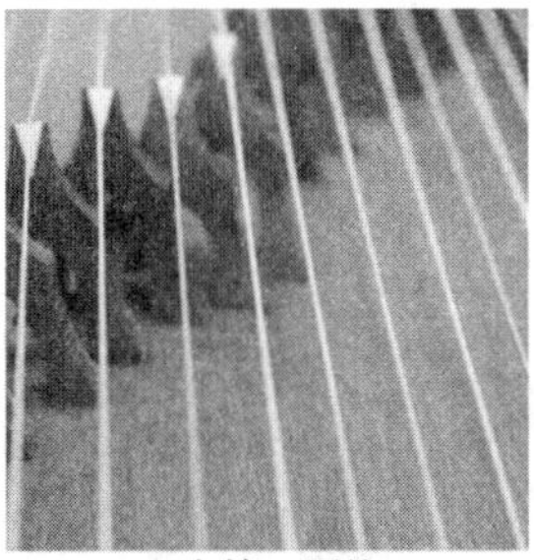	 

三、不同空间类型下色彩搭配的处理（表6.3-6）

表6.3-6　以不同空间类型特征进行色彩案例

空间类型	设计案例
商业空间：界面色彩明度高、彩度低。货架、柱子的色彩明度低于界面，彩度高于界面。可在局部使用浓烈、饱和的色彩	 华族经典旗袍免税店 设计分析： 整体空间设计上极具儒雅质感，入口处的屏障模仿了古建筑"照壁"，它的作用是屏蔽视线，令人拍手叫绝，就有了悬念。有了照壁，豁然开朗。原木色做搭配体现禅意，装饰品多为字画、古玩、屏风、盆景、瓷器等，体现修身养性的生活追求。 CAD施工图
办公空间：彩度低、明度高，具有安定性色彩，如中性色、灰棕色、浅米色、白色等。 　　空间一般分为两种类型：封闭式，体现个人风格；敞开式，色彩一致或分为不同色彩	
餐饮空间：以暖色调为主，加以白色、银色等调和空间，或其他高纯度色彩提升空间	

续表

空间类型	设计案例
餐厅与厨房：亮的暖色和明快的色彩。餐厅以黄色系、橙色系及白色为主；厨房墙面、地面以高明度为主，冷暖皆宜	
住宿空间： （1）大堂：以明快的暖色为主。 （2）客房：低彩度、中明度与低彩度、高明度组合。 （3）商务室、会议室：高明度、低彩度组合。 （4）公共交通：门厅、过厅、电梯厅为高明度、低彩度	
文化教育空间：中性色相或淡雅的冷色相。 （1）图书馆：白、灰白或淡灰绿、淡灰黄等高明度、低彩度的色彩。 （2）儿童阅览室：色彩丰富、明朗	

空间类型	设计案例
娱乐、休闲空间： （1）舞厅：强烈且富有动感的对比色调，配合人工照明。 （2）KTV：炫彩的富有动态和冲击效果的色彩搭配，或具有金属质感的色彩搭配，使空间色彩与娱乐空间特点相呼应，烘托出热烈奔放的空间氛围。 （3）桑拿房：以天然材料本身的色彩为组合，使空间展现质朴、放松的氛围和意境	 
咖啡、茶室等空间：结合人工照明，营造高雅、时尚、私密的室内环境	**06** 效果图8 观景就餐区 

四、景观类型特征色彩搭配的处理

以不同景观类型特征进行色彩搭配处理的案例见表6.3-7。

表6.3-7　以不同景观类型特征进行色彩搭配处理的案例

景观类型	设计案例
乡村环境设计	 入鄉安野 乡村质感色彩提取

续表

景观类型	设计案例
乡村环境设计	乡村质感色彩提取（续）
城市广场设计——锦州英雄城市主题	城市特色质感提取—锦州英雄城市主题—锦州市委旧址广场改建设计（**孙振伦**）
历史文化街区景观设计	历史文化提取—宁夏沙湖历史文化街区广场设计（**孙振伦**）

 思考题

1. 色彩的提取来源于哪些启示？

2. 环境设计中应考虑哪些色彩物理、心理效应展开？

3. 中国传统的文化中，哪些配色能够应用到环境设计项目中？

4. 色彩在环境设计中起到什么作用？设计方法有哪些？

第七章 环境设计中的物料组合
——装饰材料、家具、软装陈设

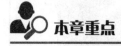 本章重点

1.现代装饰材料的分类。

2.家具的类型与布置方式、陈设类型与布置。

建议学时：2

环境设计不仅仅是空间界面形态和色彩处理的呈现，还包含使用优秀的物料组合来实现设计，细节提升体验感，实现质感上的空间飞跃。因此，在设计中应进行物料组合同步构思，以保证设计实施与设计方案的一致性。物料组合主要包括装饰材料、家具与陈设三部分。它们是将设计效果进一步呈现，并与人的生活更为密切的内容。好的物料搭配，能够为环境设计增添美感和个性化元素。

第一节 环境设计中的装饰材料

在环境设计中，装饰材料通过不同的质感为设计带来了多样性和个性化的效果呈现。在世界历史上，随着科技的进步和生产力的发展，装饰材料经历了不断演进和创新的过程，到现在呈现出丰富多样的类型。

一、装饰材料的历史发展

（1）天然材料时期：在古代和近代相当长的一段时期，由于生产力的制约，装饰材料主要以木材、石材、泥土、竹子等天然材料为主。这些天然材料在历史上被广泛使用，至今仍有一定的适用性。天然材料取材便捷、质感厚重，可体现建设地的乡土文化，呈现建设地装饰风格和肌理质感，同时具有低碳环保等众多优势，因而得到大量沿用(图7.1-1)。

条石、红砖、灰砖、青砖

瓦

木架

图7.1-1　传统天然材料（辽宁工业大学2022届李同友整理）

（2）工业化初代人工材料时期：随着工业化进程，在19世纪末到20世纪初，装饰材料开始采用工业化生产和制造技术。例如，砖瓦、混凝土、钢铁等材料得到了广泛应用，带来了更多的设计可能性和建筑创新（图7.1-2）。

图7.1-2　工业化时期的初代人工材料（2022届王静静整理）

（3）新兴人工材料时期：20世纪后期，随着科学技术的进步和新材料的研发，装饰材料的选择和使用变得更加多样化。例如，塑料、玻璃纤维、合成材料等新材料的应用，为设计者提供了更大的设计灵活性和持久性（图7.1-3）。

| 地毯 | 不锈钢 | 乳胶漆 | 永生苔藓 | 穿孔石膏板 |
| Carpet | Stainless steel | Latex paint | Immoctal moss | Perfocated plasterboard |

图7.1-3　新材料时期的新兴人工材料（北京建院装饰工程有限公司整理）

（4）可持续发展环保材料时期：近年来，随着环境保护和可持续发展意识的提高，装饰材料的发展趋向更加注重环保、健康和可再生性。对于环境设计而言，越来越多的设计应用中开始关注使用环境友好、低挥发性、有机物含量高、低污染的材料，以及能回收利用或降解的可再生、可循环材料（图7.1-4）。

（5）数字化时代的衍生材料：随着科技的不断进步，数字化处理的定制材料也越来越多地出现在设计中。例如，数字打印墙纸，利用数码打印技术，可以将图案、图像、艺术作品等直接打印在墙纸上，实现个性化的墙面装饰效果；数字瓷砖，利用数码印刷技术，可以在瓷砖上打印出各种图案、纹理、图像，使瓷砖具有更多的设计变化和艺术感；可编程LED灯带，可以通过软件控制灯光的色彩、亮度、光效等实现室内灯光的个性化设计，营造出不同的氛围与效果；3D打印材料，3D打印技术的发展使各种新型的装饰材料得以应用，如3D打印的陶瓷、金属、塑料等材料，可以制造出独特的艺术品、家居装饰品等；智能玻璃，即能够调节透明度的玻璃材料，通过电流或光线的控制能够实现玻璃透明与不透明的切换，提供了隐私和光线控制的解决方案（图7.1-5）。

图7.1-4 回收纺织品废物再生的轻质吸声板（格物者网站）

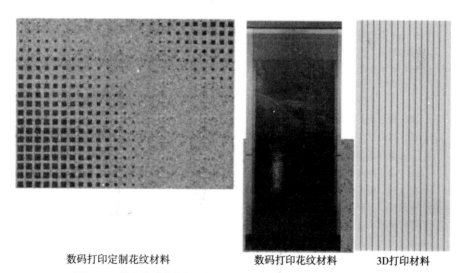

数码打印定制花纹材料　　　　　数码打印花纹材料　　　3D打印材料

图7.1-5 数字化时代的衍生材料（北京建院装饰工程有限公司整理）

二、装饰材料的分类

当前市面上装饰材料的种类繁多，为了更好地加以区分和学习，下面按照材质、使用位置、使用空间进行分类。

（1）根据装饰材料的材质分类（表7.1-1）。

表7.1-1　根据装饰材料的材质分类一览表

类型	特点
木质材料：如实木、人造板、木塑复合材料等	主要含实木和人造板两大类。 （1）实木：由天然木材经加工制成的装饰材料，优势在于有天然的纹理和自然的质感，给人温暖和亲近的感觉。不同种类的木材具有各自的色彩、肌理和质感，如橡木的山形纹理、胡桃木的波浪纹、紫檀的毛絮纹等有鲜明的差异。即使取材自同一棵树，每一块的纹理也不尽相同。实木还具有一定的透气性，是调节空间温度和湿度的材料。 （2）人造板：人造板是以木材或其他材料为原材料，添加一定的胶合剂经高温高压处理后制成的复合板材。常见的人造板有刨花板、细木工板和胶合板等。人造板多由实木加工的余料或锯末加工而成，具有经济实惠的优势，纹理上也根据人造板材的类型差别较大，质感上与实木差别不大
石质材料：如大理石、花岗岩	石质材料分为天然石材和人造石材两大类，普遍具有坚固、耐候等优势，但也有冷硬、沉重等劣势。 天然石材具有取自自然界的纹理和色泽，能够抵抗一定强度的划刻、磨损和腐蚀，经久耐用，不易燃烧，可以在长时间内保持其原始的外观和性能。适应在有一定强度需求的地面、墙面、台面等位置使用。 人造石材是人工合成的仿制天然石材质感的材料。按材料划分有水泥型、聚酯型、烧结型人、复合型等类型，因材料和加工方式的差异，形成了花色多样的人造石材。人造石材价格相对低廉，既可以根据尺寸预制，也可以现场浇筑。 石质材料表面平滑且不吸水，易于清洁和维护。还具有良好的高温耐受性，适用于厨房等高温环境进行饰面装饰。石质材料品类多样，根据纹理、色泽等可为不同环境空间提供选择
瓷砖类材料	瓷砖是用黏土、长石等原料经高温烧制而成的人造材料，是较为耐用的材料，能够长时间保持原有的外观和性能。它能够抵抗一定的刻划、磨损和腐蚀，不易受到外界因素的影响。瓷砖因配料、烧制和规格差异，种类繁多。经设计，还可有诸多花纹和质感，还能形成或简约现代或古典复古等多种风格。瓷砖因密度高且不吸水，因而可以有效防止水分渗透，具有防潮湿功能，非常适用于厨房、浴室地面和墙面空间，还可用作其他潮湿环境的墙面装饰。瓷砖表面光滑，不易滋生细菌和霉菌，具有很好的抗菌性能，易于清洁，因而成为卫生要求较高的区域（如医院、食品加工场所等）的理想选择
金属材料：如不锈钢、铝合金、铜等	金属材料以独有的光泽、质感和色彩形成各自特色能为装饰面营造时尚和独特的氛围。金属材料具有较高的强度和耐久性，不易受到外界因素的影响，不仅抗刮擦、耐磨损，经过特殊处理后还能耐腐蚀。金属材料表面多光滑且不吸水，易于清洁和维护。某些金属材料具有一定的抗腐蚀性能，能够抵抗湿度和氧化对其造成的损害，可在潮湿环境中使用，如厨房、浴室等。金属材料具有良好的可塑性和加工性，可以根据设计需求通过切割、弯曲和焊接等工艺，创造出多样的装饰效果。金属材料可回收和再利用，有助于减少资源消耗和环境污染。常见金属材料包括白钢、铁艺、铝合金和经过特殊处理的其他合金材料
玻璃材料：如透明玻璃、彩色玻璃、夹层玻璃等	玻璃材料最大的优势即具备透明性能，使空间环境明亮、通透，能够为室内提供充足的自然光线，也可使空间显得更加开阔和宽敞。通过特殊配料、特殊加工等方式可实现各种图案和花纹的装饰效果，给装饰面带来独特的艺术感和个性化效果。玻璃材料具有一定的硬度和耐久性，长久使用能够保持原有的透明度和外观，但劣势在于易碎。现代玻璃材料经过强化和特殊处理后，普遍具有较高的抗冲击性，遇到特殊情况破碎时也不会产生尖锐的碎片，提高了安全性
塑料材料：如PVC、亚克力、聚酯等	塑料材料由树脂、填充料、增塑剂等为原材料经过特殊工艺生产而成。塑料材料的优势在于轻便、绝缘、防水等性能良好，色彩、质地和形状多样，适合工业化批量生产，也易于切割和安装。塑料材料具有极高的防水性能和绝缘性能，在潮湿的环境（如浴室、厨房等）中使用。塑料材料既能模拟木材、石材等外观特征，也能定制独特创意的花色质感类型，具有较高的适配性。塑料材料的劣势在于受热后的不稳定性，且在日晒雨淋环境下容易快速分解与变色，因此设计时需充分考虑老化因素的影响

（2）根据装饰材料的使用位置分类（表7.1-2）。

表7.1-2　根据装饰材料的使用位置分类一览表

位置	特点
地面材料：用于室内外地面覆盖的材料，根据不同铺设位置、使用用途和需求存在差异，选择不同	（1）地板：分为实木地板和复合地板两大类。这两类均可呈现木材纹理、质感，能营造温馨的效果。 （2）瓷砖：相对造价低廉，适用于室内和室外大面积空间。通过颜色、纹理和图案来实现各种装饰效果，具有较高的地面装饰性价比。 （3）石材：有大理石、花岗石、砂岩等各种具有天然纹理和色泽的材料，能给地面带来高质感和豪华感，相对造价较高，对于墙面的处理需要进行特殊施工。 （4）地毯：地毯是地面装饰中的柔性材料，能够提供柔软、高暖、高级等质感的空间效果，可进行艺术加工和花色处理。铺装后能减少噪声和对脚的冲击。地毯有各种材质、花色、规格可供选择，但需要定期清洁和维护方能保持良好的效果。 （5）混凝土地面：混凝土地面相对较为廉价，一般适用于室内外空间中对装饰效果需求不高的场所，如工厂等。但经过设计，也能营造特殊的空间氛围。它具有耐久性、防滑性和抗磨损性。 （6）地胶类材料：地胶类材料是指用于地面铺设、修复或加固的胶类材料。常用于工业厂房、停车场、仓库、机房等特殊要求的地面，还有一种适用于体育场馆的运动场地胶，具有良好的弹性和抗冲击性能
墙面材料：用于室内和室外墙面的覆盖材料，根据不同的用途和装饰需求，选择不同	（1）石材：石材墙面可以给空间带来特殊的质感和豪华氛围，如大理石、花岗石、石板等。 （2）瓷砖：瓷砖材料造价低、样式丰富，通过不同配比、烧制、加工可以实现各种颜色、纹理和图案，具有耐久性和易清洁的特点，适用于厨房、浴室等湿区。 （3）壁纸：壁纸印有各种图案，颜色和纹理也千差万别，样式丰富，可以营造空间的氛围、塑造风格，适用于各种室内空间。 （4）涂料：涂料是经济实惠的墙面装饰材料。从色彩、光泽度、厚度、工艺等进行选择，呈现出不同的效果。 （5）木质：木质感的墙面可塑造自然、温馨的空间效果，有实木板材、复合木板等多质感、多色系类型。这些木质墙面材料使房间显得自然、舒适并具有温馨感，整体上能够增添自然元素，使人们感受到与大自然的连接
天花材料：多用于室内天花板的装饰材料	（1）吊顶板：轻质、易处理和易安装的轻质材料。常见的吊顶板材料包括石膏板、钢龙骨板、PVC板等。此类材料主要用来遮盖各空间天花板上的管道、电线等原始不美观结构，或应用于特殊位置起到防潮等作用。 （2）矿棉板：以矿石纤维为主要原料制成的吸声、隔热的天花材料。有较多的微小孔洞，可以有效降低室内噪声，减弱室内温度变化，同时还有一定的防火性能。 （3）铝扣板：由铝合金制成的天花板材，具有良好的耐腐蚀性和耐久性，较多应用于油烟较大的场所。 （4）吊顶石膏线条：是装饰天花板细节线条的装饰材料，可以增加室内空间的层次感和装饰效果。常见的石膏线条包括吊顶角线、吊顶边线、吊顶花线等。 （5）装饰腻子：修补和平整天花板表面的材料

续表

位置	特点
门窗材料	（1）实木与复合板材：实木门窗使用天然木材制作，保留了木材的天然纹理和质感，给人自然温暖的感觉。复合板材为多种材料结合，能有效节约自然资源，但仍然能够传递木材的质感。 （2）PVC：PVC（聚氯乙烯）是一种塑料材料，相对造价低廉。PVC门窗具有优良的隔热、防腐及抗紫外线的性能。 （3）铝合金：铝合金门窗由铝材和其他金属元素制成，可进行一定的色彩处理，同时具备质轻、坚固、耐腐蚀，便于安装等特点。 （4）不锈钢：不锈钢门窗具有耐腐蚀、耐高温、抗紫外线和坚固的特点，表面可以做拉丝、镜面等工艺处理。不锈钢门窗适用于需要高安全性和耐用性的场所，如商业建筑、医院环境、工业厂房等。 （5）玻璃：玻璃材料通常用于门窗的填充部分，根据不同空间的环境可以选择单层玻璃、双层玻璃或夹层玻璃
家具材料	（1）实木竹藤类材料：保留木材与竹藤类材料的天然纹理和质感，给人自然和温暖的感觉。 （2）人造板：人造板是用木屑、纤维和胶合剂制成的材料。常见的人造板包括刨花板、细木工板和胶合板，而随着技术进步，如今还发展出了木塑复合材料、碳纤维等材料。人造板制作的家具具有经济实惠、易加工和环保的特点，也逐步朝着质轻、强度高、花色多样发展。 （3）皮革：皮革类材料具有特殊的质感、花色，常用于制作沙发、椅子和其他软家具的饰面材料。它具有华贵、舒适和耐用的特性，能够给家具带来豪华感和品质感

（3）根据装饰材料的使用空间分类。

1）室内环境装饰材料（表7.1-3）。

表7.1-3　室内环境装饰材料一览表

类型	特点
水平面装饰材料	主要用于地面和天花的装饰，其中地面材料包括地板、地砖、地毯等。根据使用需求，可以选择不同种类，如实木地板、复合地板、石材地面等。天花材料有龙骨材料和饰面材料，天花材料多为轻便的材料，如石膏饰面等材料
垂直面装饰材料	主要用于垂直墙面的装饰，种类较多，有墙砖、壁纸、涂料、石材等，不同材料的使用方式差异明显。这些材料能够提供不同的质感、颜色和纹理效果，为墙面赋予特定的风格和氛围
室内家具材料	用于制作家具的材料，如木材、板材、金属、布艺等。不同的材质和工艺决定了家具的外观和质感，如布艺材质温馨柔软，皮革制品彰显高端浪漫气质等，设计时根据家具风格选择相应材料

2）室外环境装饰材料（表7.1-4）。

表7.1-4　室外环境装饰材料一览表

类型	特点
外墙材料	外墙对材料的要求较高，应具有一定的强度、稳固性和耐候性，在户外极端天气下仍然能展现良好的视觉效果，并不脱落。常见的外墙材料有石材、金属板、铝板，而对于需要特殊效果的效果，还可采用玻璃幕墙等形式。这些材料不仅需提供墙体的保护和营造美观效果，还要满足外墙装饰美感的需求

续表

类型	特点
地面材料	室外地面因使用功能不同，选用的地面材料差异明显。对于承重要求较高的室外环境，可采用石材、木材、混凝土、瓷砖等材料进行地面装饰，这些材料适用于露天场地，能够提供稳固、耐用和美观的地面，如需要展现特殊视觉效果可以选择不同花色，或进行拼花铺设。对于有特殊需求的室外空间，如操场、跑道、可上人的草坪，可选用塑胶地坪、人造草坪等材料，以满足功能需求
屋顶材料	屋顶材料首先应具备遮挡的功能，有一定的防水功能需求，有瓦片、金属屋面、防水卷材、屋顶板等多种类型。这些材料具备保护建筑物的屋顶结构，并防止水和其他自然元素侵入的功能
围栏材料	围栏材料一般应用在室内外栏杆、楼梯等处，用于区分边界和隔离，起到安全、隐私和美观的作用，常见的围栏材料包括铁艺、木材、塑料、铝合金等，室外更需要加强防腐的处理
室外小品材料	室外小品包括户外家具和公共艺术、公共设施等，由于户外的特殊性，需选择耐用、防水和耐候的材料，如铁艺、不锈钢、水泥等，如需使用木材，需要进行特殊的防腐处理。这些材料能够在室外环境中经受各种气候条件的考验
遮阳材料	包括遮阳篷、遮阳伞、遮阳帘等。这些材料用于为户外空间提供遮阳和遮挡

总体来说，室外环境装饰材料用于满足户外环境中的安全、舒适需求，营造优美的户外环境，因而应具有以下特性。

室外空间中应用的装饰材料需要承受各种气候条件的考验，如阳光、风雨、高温、低温等；还应具有耐热、耐寒、抗紫外线、耐腐蚀等特性，以确保长期使用而不受损坏；还需要具备良好的耐久性，能够经受常规使用和外部条件带来的磨损及压力，以保证长期使用寿命。室外环境装饰材料需要具备抗污染的特性。室外环境装饰材料需要符合相关的安全标准和要求，以确保使用者的安全。室外环境装饰材料应符合相关的环保要求，不对环境造成负面影响，不含有害物质，尽可能采用可再生材料或回收材料。在美观上，室外环境装饰材料的选取需要尽量满足形式美感的需求。

三、装饰材料的选用

装饰材料的选择既不能只考虑材料本身的视觉和肌理效果，又不能只考虑材料便于安装、耐久、易清理等特性，而应根据环境设计工程项目具体需求进行综合对比后制定材料选用清单，简而言之，应优选性价比高的材料进行装饰。

1. 室内环境的装饰材料选用

室内环境应根据应用的界面选用相应的材料。

（1）墙面装饰材料。首先应根据整体室内设计风格，考虑墙面与家具、陈设、地板等的协调性，确保整体风格统一。同时，为了确保长期的美观和易于维护，可以考虑选择耐久性好、易清洁的墙面装饰材料。还要考虑墙面装饰材料价格与工程预算的适配，即根据经济投入确定装饰材料。

近年来，出现了大量符合环保标准的墙面装饰材料，因此，还应从环保角度适当选择无毒、无甲醛或低甲醛释放的材料。在有特殊要求的空间（厨房、卫生间等），墙面装饰材料需要选择防潮、防水的材料（图7.1-6）。

| 阳极氧化铝板
Anodlized aluminum plate | 乳胶漆
Latex paint | 水磨石
Terrazzo | 永生苔藓
Lmmortal Moss | 红色乳胶漆
Red latex paint | 格栅板
Steel grong | 木饰面
Wood moeer |

图7.1-6　部分常见墙面装饰材料

（2）地面装饰材料（图7.1-7）。地面装饰材料首先应根据整体室内设计风格和客户喜好进行选择。但由于地面装饰材料除视觉效果外还需具有承托、负重的功能，所以需要选择具有良好耐久性和耐磨性的装饰材料，如常见的瓷砖、大理石、复合地板等具有较好耐久性的材料。除耐久性外，地面还容易积累灰尘，发生迸溅形成污垢，因此地面材料还要具备方便清洁、易于维护的特性。同样，在特殊功能空间（在潮湿的浴室、厨房或特殊实验室），应选择具有较好抗滑性的装饰材料，避免危险发生。同时还要兼顾工程项目实施的预算，根据经济能力综合考量材料的价格、品质和性能。

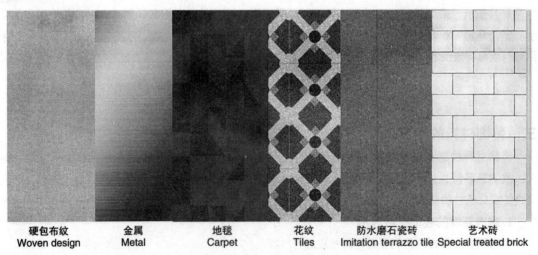

| 硬包布纹
Woven design | 金属
Metal | 地毯
Carpet | 花纹
Tiles | 防水磨石瓷砖
Imitation terrazzo tile | 艺术砖
Special treated brick |

图7.1-7　多样的地面装饰材料

（3）顶棚装饰材料（图7.1-8）。首先应根据设计的整体装饰风格和各空间功能需求选择相应的顶棚装饰材料。顶棚装饰材料一般包含结构隐藏材料和天花饰面材料。结构隐藏材料以轻钢龙骨、木龙骨等轻质材料为主。天花饰面材料有石膏板、PVC板、铝板、木质板等。每种材料都有其独特的装饰特点和适用区域，应根据工程项目及空间的实际需要做出选择。需要注意的是，天花装饰材料应具备良好的防火性能，以确保室内的安全。特殊的环境还要满足扩声或隔声性能，改善室内的声学环境。还要适当考虑天花装饰材料安装与维护的便捷性，以节省时间和人力成本。

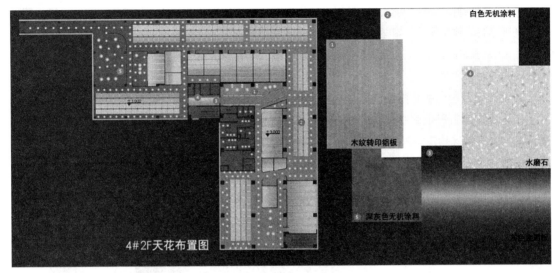

图7.1-8 天花布局与装饰材料

2.景观设计装饰材料选用

景观设计选择的装饰材料首先应与景观环境和功能相协调。材料的选择一方面应融入自然或建筑环境中，与周围环境（植物、建筑风格和景观元素）相匹配，保持整体上的统一与和谐。另一方面，景观设计选择的装饰材料还要考虑项目所在地的气候条件，选择能够耐受当地气候变化的装饰材料。炎热地区应选择抗热、耐太阳辐射的材料；寒冷地区应选择耐寒、耐冻的材料。景观设计选择的装饰材料还应根据其景观功能来进行。例如，选择用于地面铺装的材料应具备高强度的耐磨性、防滑性。景观设计选择的装饰材料还需兼备可持续性，适当选择环保和可再生材料，减少对自然资源的消耗。优先选择项目建设地本土资源，考虑就近取材，保留部分原始环境的肌理质感。或使用可再生材料、可回收材料，或具有较低碳足迹的材料，为人类的长久发展做贡献。景观设计选择的装饰材料还应该根据工程项目的预算和可持续性角度考虑选择经济合理的装饰材料，以及寻找高性价比的材料，确保在装饰效果和质量上满足需求的同时具有更高的性价比。最为重要的一点，景观设计虽然在户外使用较多，但选择的装饰材料也应考虑装饰材料的安全性，选择符合相关标准和要求的材料，以确保使用者的安全。

（1）地坪材料：地坪材料是景观中使用量最大的材料，除绿地材料外主要包括：无机及混合型传统地面材料，如使用水泥、混凝土及沥青材料铺装道路或广场；新工艺及技术，如环氧树脂类、聚氨酯类、丙烯酸（交联）类，聚脲地坪类等。后期还出现了环氧地坪漆等具有透水功能的材料，以及彩色透水沥青、压印透水混凝土、塑胶地坪、艺术树脂地坪等丰富色彩和质感的材料。在功能性与耐久性达到的前提下，以满足景观多样地面装饰需求。

（2）装饰石材：可使用在景观设计的地面、立面、雕塑等位置上，如花岗石、大理石等，用于雕刻、铺装、装饰等，可以增加粗犷、硬朗的艺术质感。

（3）金属材料：可使用在景观设计的地面、立面、雕塑等位置，如铁艺、不锈钢等，用于雕塑、雕花、护栏等，可以增加现代感和设计感。

（4）其他建筑材料：可使用在景观设计的地面、立面、雕塑等部位，如玻璃、钢结构等，用于建造景观建筑、雕塑等，丰富景观空间的层次和形式。

（5）水景材料：如水景造型、喷泉设备、水泵、水管等，用于打造水景、喷泉等水体景观，增加景观的灵动和活力。

3. 设计项目中的材料搭配选择与分析

在环境设计工程项目中，应配备清晰的装饰材料配套分析图。首先，应表明主要的色彩与材质；其次，有特殊构造需求的应标出具体的结构做法。装配式材料一体化是现代装饰材料发展的一个重要方向，主要从结构、饰面结合的方式，实现材料实施的最佳效果，从而保证设计的完美呈现（图7.1-9）。

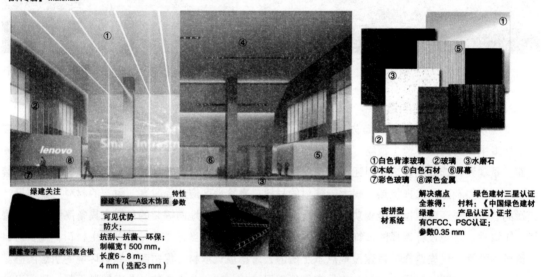

图7.1-9 联想产业园（天津）办公楼大堂材料设计（北京建院装饰工程设计有限公司）

思考题

1. 室内空间装饰材料有哪些？
2. 室内装饰材料的选用应从哪些角度出发？
3. 景观设计的装饰材料有哪些？
4. 简述景观设计装饰材料的选用方法。
5. 环境设计项目中材料搭配与分析应包含的内容有哪些？

第二节　环境设计中的家具

家具是人类生活中最为重要的用具，它承载着人类生活、工作和其他活动的需求，是人居生活的必备用品，更是人类与室内外空间互动的媒介，也是赋予环境空间独特韵味的装饰品，功能与艺术兼备，可见家具在环境设计中的重要性。

一、家具发展历程

在人类发展的历史长河中，家具的发展与建筑的发展同步而行。总体来说，家具可以追溯到古代文明时期。回首望去，国内外每个历史时期的家具都承载着当时社会文化、经济发展和科技进步的特征，展现出各自的风貌。

1. 我国家具发展历程（插图来自网络）

我国家具在悠久的历史文化长河中不断演变发展，到今天已经非常成熟。我国家具发展经历了几个重要的时期，见表7.2-1。

表7.2-1　中国传统家具发展一览表

时期	特点	图例
商周至秦汉时期家具——矮型家具盛行	人们以席地跪坐方式为主，因此，家具都是为适应跪坐而制作的矮型家具	  由青铜可窥的家具尺度

时期	特点	图例
魏晋南北朝时期家具——变革时期	从东晋顾恺之的《洛神赋图》和北魏司马金龙墓漆屏风画中绘制的古人生活场景可见，当时以矮榻、凳、椅、床等家具为主，以矮型家具较多，但尺度已经有所提高	 由传世绘画可见传统家具样式——《洛神赋图》（东晋，顾恺之）司马金龙墓漆屏风画中的家具（北魏） 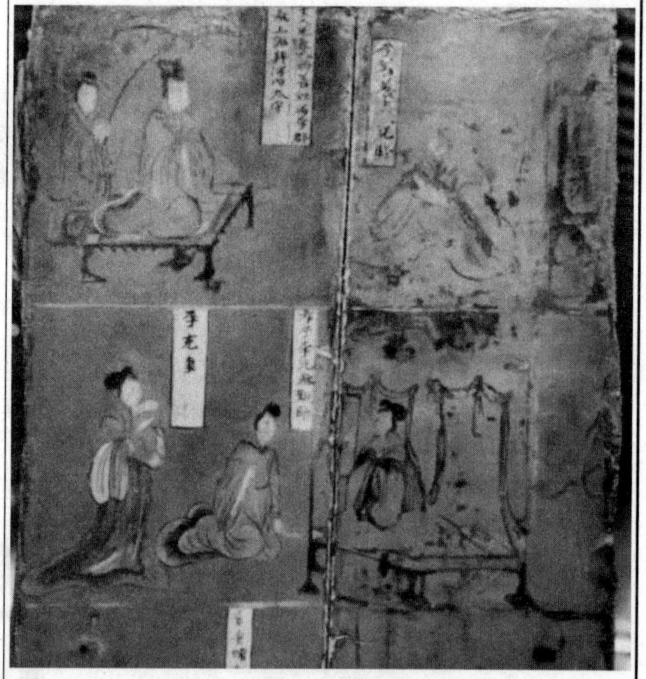
魏晋南北朝时期家具——全面变革	赵武灵王胡服骑射引入了马扎，古称交杌（wù），是一种便于携带的家具，源自北方游牧民族的胡床，具有可折叠、便于放置、适宜垂足而坐的特点，引起了中国传统家具向上提升高度的全面变革	 甘肃天祝岔山村墓葬出土的马扎

续表

时期	特点	图例
隋唐五代时期家具——垂足而坐	这一时期逐渐由席地而坐过渡到垂足而坐。唐代已制作了较为定型的长桌、方凳、腰鼓凳、扶手椅、三折屏风等，可从南唐宫廷画院顾闳中的《韩熙载夜宴图》及王齐翰的《勘书图》中看到各种类型的几、桌、椅、靠背椅、三折屏风等。至五代时，家具在类型上已基本完善	 《韩熙载夜宴图》卷中的家具（南唐，顾闳中）  《勘书图》卷中的家具（南唐，王齐翰）
宋辽金元时期家具	从绘画（如宋代苏汉臣的《秋庭婴戏图》）和出土文物中反映出，高型家具已普及，垂足而坐已代替了席地而坐，家具造型轻巧，线脚处理丰富	 《秋庭戏婴图》中的坐墩（北宋，苏汉臣）

续表

时期	特点	图例
明清时期家具	（1）明代家具特点。明代家具以形式简洁、构造合理著称于世。其基本特点如下。 1）简洁典雅。明代家具注重简洁、典雅的设计，追求简约和自然之美；整体造型简练，线条流畅，装饰较为朴素，注重实用性和品位；重视使用功能，基本上符合人体科学原理，如座椅的靠背曲线和扶手形式。 2）品质优良。明代家具以选材精良、做工精细为特点；常使用名贵的硬木材料，如黄檀木、紫檀木、酸枝木等，并注重对木材纹理的保留和利用；制作工艺精湛，细节处理细腻，经久耐用。 3）精致精巧。在符合使用功能、结构合理的前提下，根据家具的特点进行艺术加工，造型优美，比例和谐，重视天然材质纹理、色泽的表现，选择对结构起加固作用的部位进行装饰，没有多余冗繁的不必要的附加装饰；家具的构架科学，形式简洁，构造合理，无论从整体或各部件分析，既不显笨重又不过于纤弱。 4）雕刻和装饰。明代家具的装饰相对朴素，注重线条和纹理的展示。常见的装饰元素包括雕刻、切割、镂空及描金，大方简约。 （2）清代家具特点。相较于明代的典雅之风，清代家具开始趋于华丽，重装饰，并采用更多的嵌、绘等装饰手法。清代家具受到东西方文化交融的影响，整体显得较为繁冗、凝重。但由于其雕饰精美、豪华富丽，在室内起到突出的装饰效果。清代家具形体较大、庄重而华贵，造型上竭力显示其威严、豪华、富丽，追求厚重繁缛，努力营造一种彪悍雄伟的气氛	 交椅（明代） 　　　　四出头官帽椅（明代）  南官帽椅（明代）  描金龙大椅（清代）  清代豪华、富丽的大椅（清代）

时期	特点	图例
民国家具	民国时期（1912—1949年）：这个时期，我国正处于政治、社会和文化的变革中，家具风格也发生了一系列变化。民国家具的特点如下。 　　（1）整体简洁。民国家具简约而不失雅致，取消了传统家具的繁杂雕饰，突出简洁的线条和造型。 　　（2）融合中西元素。民国时期，西方文化对中国产生了重要影响，民国家具融合了中国传统家具的元素和西方家具的设计理念，形成独具一格的风格	 民国时期的家具
现代家具	1949年至今：中国现代家具自中华人民共和国成立后开始全面发力转型，朝着更为人性化、本土化、科技化的方向发展，类型更为多样，风格更为多元。现代家具在设计和制造上注重创新及独特性，打破传统的束缚，注重与现代生活方式的结合。近年来，更将环保和可持续发展理念融入家具设计中	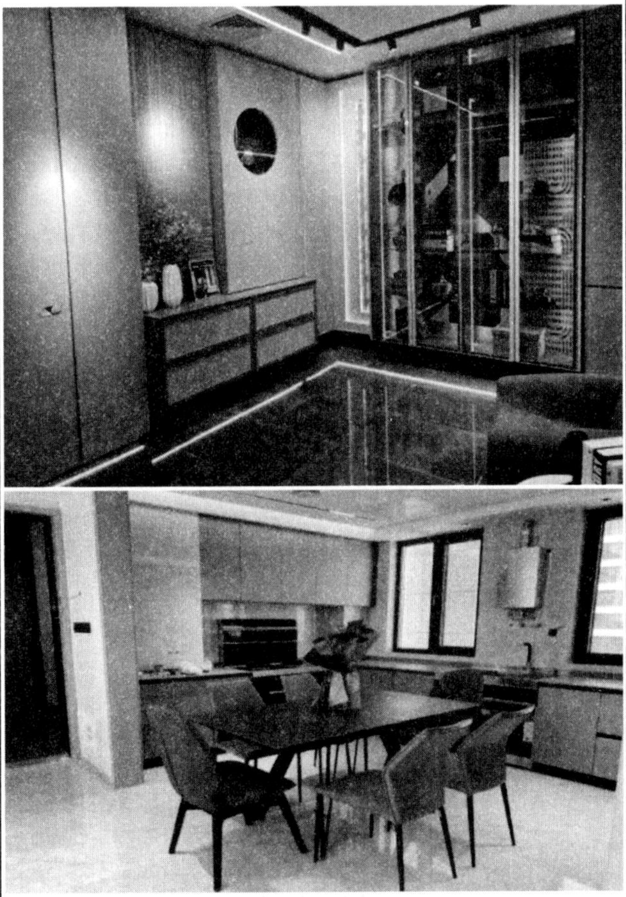 现代家具

2. 国外家具发展进程（插图来自网络）

由于地域广泛、历史发展、文化背景的差异，国外古代家具形成了不同的样式和风格，反映了不同国家和地区的独特设计传统及审美特征。下面按照时间和地域对其进行分类。

（1）古埃及、古希腊、古罗马时期家具（表7.2-2）。

表7.2-2 古埃及、古希腊、古罗马时期家具特点一览表

时期	特点	图例
古埃及时期	古埃及家具设计以直线为主，注重简洁几何的形式，包括直线构成的家具结构，常见动物腿形状的座椅和床，方形或长方形的靠背和宽低的座面，侧面呈现内凹或曲线形。家具常采用几何形或螺旋形植物图案进行装饰，同时，使用贵重的涂层和各种材料镶嵌，营造出富有象征意义的艺术效果。古埃及家具色彩鲜明且具象征性。其凳子和椅子是家具的重要组成部分，柜子也广泛用于储物和展示	
古希腊时期	古希腊时期的家具设计以简朴和优美的比例为特点，反映了人们节俭朴素的生活方式。古希腊家具装饰简洁，但已经具备丰富的织物装饰。其中著名的"克利奈"椅（Klismos），是最早的形式之一，具有曲面靠背，前后腿呈"八"字形弯曲，凳子则相对较简单。长方形三腿桌是典型的古希腊家具设计，床通常较长、直，高度较高，常需借助脚凳使用。整体而言，古希腊家具以简洁、清雅、比例协调为主要特点，展现出古希腊人的生活美学和装饰品位	
古罗马时期	古罗马家具设计在古希腊式样基础上进行了变体，体现出厚重、复杂和精细的特点。古罗马家具多采用镶嵌和雕刻工艺，在家具底部喜欢进行旋车盘腿脚、动物足等结构，有的以狮身人面和带有翅膀的鹰头狮身等怪兽形象进行装饰。桌子用于陈列或用餐，常常配有小型支撑的腿脚，椅背进行了凹面板的人性化处理。总的来说，古罗马家具设计充分结合了建筑特征，三腿桌和基座十分普遍。另外，珍贵的织物和垫层也广泛运用到古罗马家具装饰中。整体而言，古罗马家具设计呈现出复杂精美的装饰风格，充分体现了当时古罗马人的艺术追求和豪华生活方式	

（2）中世纪家具（表7.2-3）。

表7.2-3　中世纪家具特点一览表

时期	特点	图例
高直时期（哥特时期）家具	高直时期的家具通常采用哥特式建筑形式装饰风格和细节，喜欢将拱门、花窗格等结构应用于家具，雕刻有四叶式花纹、布卷褶皱纹，多以浮雕、镂雕的形式出现在家具上。高直时期家具的柜子和座位部件通常采用镶板结构，既用于储藏也用作座位，以古典浮雕图案为装饰，增添独特韵味。在材料上，除少量橡木、杉木和丝柏木外，核桃木是此时常见的家具材料。另外，带有大型图案的丝织品也常用于椅座饰面装饰	 
意大利文艺复兴时期家具	意大利文艺复兴时期的家具呈现出恢宏复古的设计风格。在这个时期，家具设计与制作追求规模宏大和精致的细节与华丽的装饰。精湛的手工艺实现了大量雕刻与镶嵌的精致表达，丰富了装饰细节。反映了意大利对古典艺术回归与追求。在装饰细节上将古典浮雕图案融入其间，题材上多为神话故事和宗教故事，带有鲜明的宗教色彩	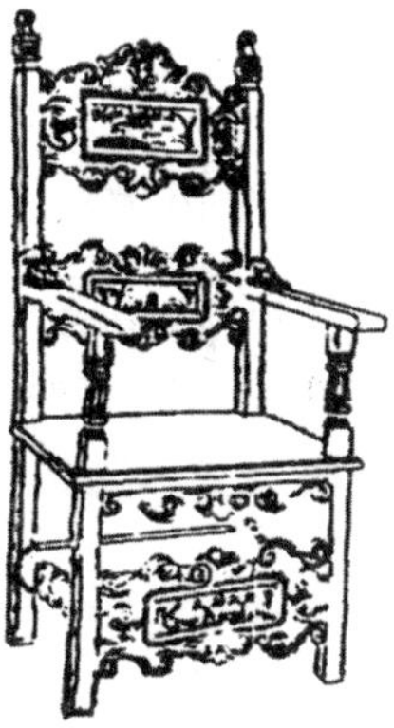 
西班牙文艺复兴时期家具	西班牙文艺复兴时期的家具设计受到了西班牙风格、摩尔风格及意大利文艺复兴思潮的多重影响，在此之上又生发出自身的特色。设计上注重豪华的装饰和精致的细节，采用雕刻、镶嵌等复杂的工艺和夸张的装饰纹样来展现富丽堂皇的外观。采用凿纹、几何形图案来装饰结构，用铁和银的玫瑰花、星状图案及贝壳图案作为装饰。在家具腿部支撑上"八"字形倾斜的腿脚是此时期的标志结构	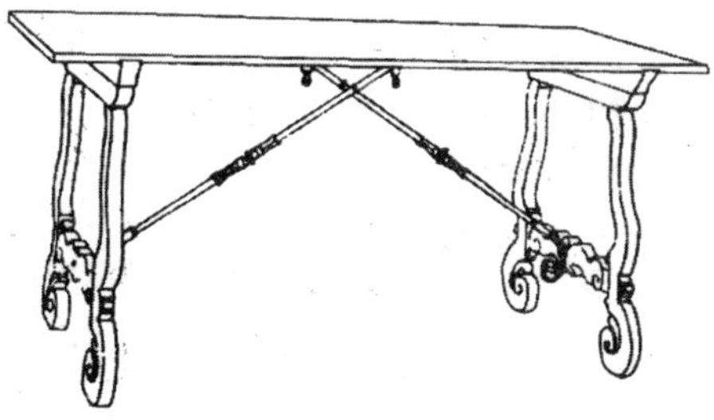

时期	特点	图例
法国文艺复兴时期家具	法国文艺复兴时期的家具设计受到意大利文艺复兴和古希腊、古罗马艺术的影响，家具设计注重对称、比例和优雅的线条，呈现出华丽、典雅的风格。家具制作常使用贵重的木材，如橡木、核桃木、樱桃木等，并经常配以精细的镶嵌、雕刻和镂空等工艺。家具表面通常装饰着精美的木雕和贵金属镶嵌，展现出高超的制作工艺。 法国文艺复兴时期家具在装饰上擅长使用厚重、轮廓鲜明的浮雕，由擦亮的橡木或核桃木制成，在后期出现乌木饰面板，椅子有类似御座的靠背，直扶手，以及有旋成球状、螺旋形或栏杆柱形的腿是标志性结构，带有小圆面包形或旋涡形式装饰的线脚。此时期家具使用玳瑁壳、镀金金属、珍珠母、象牙等做装饰，装饰图案上经常采用橄榄树枝叶、月桂树叶、打成旋涡叶箔、阿拉伯式图案、玫瑰花饰、贝壳等，还采用鹰头狮身带翅膀的怪物、棱形物、奇形怪状的人物图案、女人人体等作为家具的连接处图案	

（3）巴洛克时期家具（1643—1700年），见表7.2-4。

表7.2-4　巴洛克时期家具特点一览表

时期	特点	图例
法国巴洛克风格家具（也称法国路易十四风格）	法国巴洛克风格的家具设计注重豪华、奢华的气派，强调金碧辉煌的装饰和华丽的细节。此时期家具常常雕刻繁复、线条曲折，展现出浓重的宫廷风格，采用雄伟、夸张、厚重的古典形式，雅致优美重于舒适，具有直线和一些圆弧形曲线相结合及矩形、对称结构的特征，材料上采用橡木、核桃木及某些欧椴和梨木、鹅掌楸木等。 此时期家具下部有斜撑，结构牢固，直到后期才取消横档；既有雕刻和镶嵌细工，又有镀金或部分镀金或银、镶嵌、涂漆、绘画，在这个时期的发展过程中，直腿变为曲线腿，桌面为大理石和嵌石细工，高靠背椅，靠墙布置带有精心雕刻的下部斜撑的蜗形腿狭台	

续表

时期	特点	图例
英国安尼皇后式家具	此时期家具轻巧优美，做工优良，无强劲线条，并考虑人体尺度，形状适合人体。其椅背、腿、座面边缘均为曲线，装有舒适的软垫，用有着美丽木纹的胡桃木作为饰面，常用木材有榆、山毛榉、紫杉、果木等	

（4）洛可可时期家具（1730—1760年），见表7.2-5。

表7.2-5　洛可可时期家具特征一览表

时期	特征	图例
法国路易十五时期的家具	法国路易十五时期的家具是娇柔和雅致的，符合人体尺度，重点放在曲线上，特别是该时期家具的腿无横档，比较轻巧，因此容易移动。 法国路易十五时期的家具在材料的选用上以核桃木、红木、果木、藤类较为常见，装饰上也有蒲类、麦秆类材质出现，装饰华丽，手法上包括雕刻、镶嵌华丽装饰（包括雕刻、镶嵌、镀金物、油漆、彩饰、镀金）。法国路易十五初期有许多新家具引进或大量制造，采用色彩柔和的织物装饰家具，图案包括不对称的断开的曲线、花、扭曲的旋涡装饰、贝壳、中国装饰艺术风格、乐器（小提琴、角制号角、鼓）、爱的标志（持弓箭的丘比特）、花环、牧羊人的场面、战利品装饰（战役象征的装饰布置）、动物	
英国乔治时期家具	1730年前为浓厚的巴洛克风格盛行阶段，1730年后洛可可风格开始大流行。此时期家具制作上有丰富的雕刻、镶嵌装饰品、镀金石膏等技术，装饰图案有狮头、假面、鹰头和展开的翅膀、贝壳、希腊神面具、建筑柱头、裂开的山墙等丰富细节。乔治后期直线形家具开始盛行，它以小尺度、装饰线条、西直腿、去掉横档等为特色	

时期	特征	图例
英国摄政时期	此时期家具的设计以舒适为主要标准，形式、线条、结构、表面装饰都很简单，许多部件是矩形的，以红木、黑、黄檀为主要木材，装饰包括小雕刻、小凸线、雕镂合金、黄铜嵌带、狮足，采用小脚轮，柜门上采用金属线格	

（5）维多利亚时期（1830—1901年）。维多利亚时期是维多利亚女王在英国统治的时期，它是19世纪混乱风格的代表，不加区别地综合历史上的各个时期的家具形式是其最显著的特征。全面混合包括古典、洛可可、哥特式、文艺复兴、东方的土耳其风格的家具，样式纷繁混杂。

1880年后，家具制作开始进入机器制作时代，采用了新材料和新技术，如金属管材、铸铁、弯曲木、层压木板等。这个时期，家具的构件开始厚重起来，家具细节上喜欢有舒适度的曲线及圆角结构。

总体来说，维多利亚时期的家具反映了当时社会变革与艺术风格的多样性，展现出繁复的装饰与精湛的工艺（图7.2-1）。

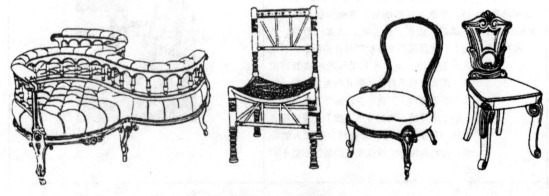

图7.2-1　维多利亚时期的代表家具

（6）现代风格家具。现代主义是20世纪初期在欧洲兴起的艺术思潮，其核心理念是追求简洁、功能性和现代化，摒弃传统和过渡的装饰，注重功能创新和实用性。现代主义风格的家具打破对传统烦琐的家具形式，将几何线条的家具作为其代表。同时，融合了新型装饰材料，秉承"形式追随功能"的理念，颠覆了传统家具的厚重、繁复的特点。它以简洁的造型、流畅的线条、突出的功能性和舒适性为特点，并适合工业化批量生产。

1）现代家具代表作品（表7.2-6）。

表7.2-6　现代家具代表作品一览表

设计师	作品及特点	图例
里特维尔德	红黄蓝三色椅：其设计非常简洁清晰，几何形状明确，线条分明，符合现代主义风格的设计理念，强调几何形式和构成要素，摒弃了传统家具的烦琐装饰	
勒·柯布西耶	镀铬钢管躺椅：是一款设计简洁、现代感强烈的躺椅，首次采用钢管材质，并经过镀铬处理。其线条流畅，呈现出现代感强烈的外观风格，具有坚固耐用、易于清洁、不易变形等优点，也使整体具有现代感和工业风格	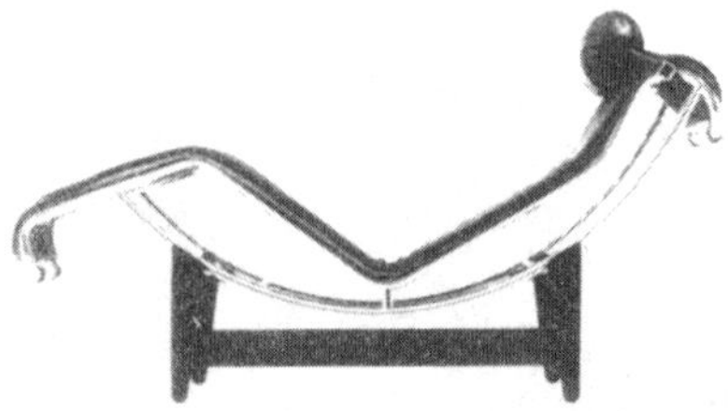
密斯·凡·德·罗	巴塞罗那椅：采用优质的不锈钢框架，镀铬抛光处理，与天然皮革垫相搭配，展现出高贵、优雅的质感，体现了现代设计对材质品质的要求	
马歇尔·布劳耶	瓦西里椅：具有轻巧坚固的特性，同时展现了高贵优雅的质感，几何形状明确，线条简洁流畅，给人一种悬浮感，座椅和扶手之间的间隙使整个椅子看起来轻盈而空灵，展现出现代感和艺术感	

2）现代家具的主要变化。现代家具打破传统，实现众多革新与变化。

①功能性成为第一位。利用现代先进加工技术和多种新材料、加工工艺进行生产，促进了功能的实施。如冲压、模铸、注塑、热固成型、镀铝、喷漆、烤漆等技术，不锈钢、铝合金板材、管衬、玻璃钢、硬质塑料、皮革、尼龙、胶合板、弯曲木等材料，均适合工业化大量生产要求。充分

发挥材料性能及其构造特点，显示材料固有的形、色、质的本色，如图7.2-2、图7.2-3所示。

②形式简洁、无多余装饰。结合使用要求，注重整体结构形式简洁，排除不必要的无谓装饰。不受传统家具束缚，创造新形式。

③不受传统家具的束缚和影响，在利用新材料、新技术的条件下，创造出了一大批前所未有的新形式，取得了革命性的伟大成就，标志着崭新的当代文化、审美观念（图7.2-4）。

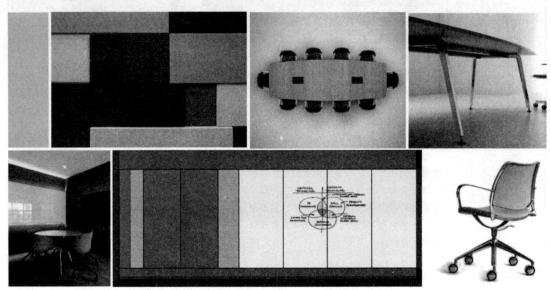

图7.2-2　新材料、新质感涌现的现代办公家具

图7.2-3　现代休闲家具

图7.2-4 现代综合空间家具

二、家具分类

家具可以按照用途、材质、风格等多种方式进行分类。下面是一些常见的家具分类方式。

1. 按用途分类

（1）室内家具：包括沙发、床、椅子、桌子、柜子等，用于室内空间的各种家具（图7.2-5）。

（2）室外家具：以休息类家具为主，如户外桌椅、躺椅、遮阳设施等（图7.2-6）。

（3）办公家具：包括办公桌、办公椅、书柜、电脑座椅等，用于办公室或工作环境的家具（图7.2-5）。

（4）餐厅家具：包括餐桌、餐椅、酒柜、吧台等，用于居住场所的餐厅、餐馆、酒吧等场所的家具。

2. 按材质分类

（1）木质家具：包括实木、复合木质家具，主要呈现出木材的纹理，具有木材的观感。

（2）金属家具：具有一定的特殊性，包括铁艺、铝合金、钢管等材料制成的家具，质感偏冷。

（3）塑料家具：包括塑料椅、塑料桌等，使用聚乙烯、聚丙烯、相关脂类、玻璃钢等材料制作的家具。

（4）织物家具：包括布艺沙发、软床等，使用多种布类、皮革类材料制作的家具。

（5）藤类家具：以藤为主要材质的家具，使用天然或人造藤质感制作的家具。

图7.2-5 室内办公家具（北京建院装饰工程设计有限公司）

图7.2-6 某企业园区室外家具（北京建院装饰工程设计有限公司）

3. 按风格分类

（1）中式风格家具：是中国传统文化的体现，以简约、典雅和自然的特点而闻名（图7.2-7）。

图7.2-7 中式风格家具（某品牌家具网站）

（2）欧式风格家具：是一种源于欧洲经典风格的家具，以华丽、精致和优雅而闻名（图7.2-8）。

图7.2-8　欧式风格家具（某品牌家具网站）

（3）北欧风格家具：是一种来自北欧地区的流行家具，以简约、功能性等特点而闻名（图7.2-9）。

图7.2-9　北欧风格家具（宜家家居官方网站）

三、家具的功能

1. 室内家具功能

（1）为人们室内活动提供基础场所的功能。沙发、椅子、桌子、床等是人们室内生活和工作的基础场所（图7.2-10）。

图7.2-10　提供基础场所功能的家具（2024届董函芸）

（2）提供储物空间，实现收纳的功能。家具中的柜子、书架、橱柜等能够提供储物空间，方便储存物品和整理物品，以维持室内空间的整洁和美观（图7.2-11）。

图7.2-11　提供储物与展示功能的家具（2024届董函芸整理）

（3）利用空间、组织空间的功能。家具的具体形式和摆放位置还起到组织空间、分隔空间的作用。例如，大堂中主要公共坐席的摆放位置直接形成了空间的中心地带；屏风、隔断一类的可移动家具还可以起到分隔空间、充分利用空间的作用（图7.2-12）。

图7.2-12　组织空间的家具（2024届董函芸整理）

（4）烘托情调、创造氛围的功能。室内家具更为重要的功能之一是营造情调和空间氛围。例如，古典、传统、工业等不同风格的家具在空间中的使用可以烘托出空间相应的氛围和情调，使空间设计风格更有特色（图7.2-13）。

图7.2-13　营造情调和空间氛围的家具（北京建院装饰工程设计有限公司）

2. 室外家具的功能

（1）为室外人类活动提供休息、社交、用餐、娱乐等场所，使户外空间更加舒适和宜居（图7.2-14）。

图7.2-14 提供休息、社交功能的室外家具（辽宁工业大学校园内景）

（2）室外家具用于装饰环境，增添美感，提升整体的景观品质。在户外环境中选择适合的室外家具，可以为人们创造一个愉悦的休闲体验，使其享受户外生活的乐趣（图7.2-15）。

图7.2-15 增添风情美感的户外家具设计——广西某景区户外图（何兰拍摄）

四、家具选用原则

1. 室内家具的选用原则

（1）室内家具的选用应根据空间环境功能结合使用者的需求进行选择，按需选择方能为室内宜居生活提供便利。

（2）根据项目的空间尺度和整体布局，选用相应尺度的家具，既要考虑容纳性，也要确保通行空间的合理性。在规模较大的空间中，可以运用家具来分割空间、调整布局，从而达到家具与整体空间协调、流畅的目的。

（3）根据生产家具的材料品质选择家具。在同等条件下，应选择耐用、稳定和易于清洁的材料制成的家具，并选用受命长、易于维护的家具。

（4）根据空间的整体设计风格选择家具。家具选择应与整体环境设计风格协调一致，以提升空间氛围，呈现统一的美学效果。

（5）从人体出发，考虑舒适度选择家具。座椅、床等需要直接与人体接触的家具，应优先考虑支撑性和舒适性。柜类、承托类家具应具备良好的尺度和相应的使用功能，确保开启方便便捷、使用舒适。

（6）在预算范围内选择具有良好质量和合理价格的家具。应将性价比列入选择家具的重要标准。

（7）关注家具的材料来源，选择环保性能高的家具。同等条件下，在家具的选择上应优先选择无污染、环保材料制作的家具，提供更安全的室内环境。

2. 室外家具的选用原则

（1）选用具有良好耐候性的家具。室外家具应该能抵御日晒、风雨、高温、潮湿等恶劣天气条件，并能长久保持材料的美观度，具备较长的使用寿命。

（2）选用易于维护保养的家具。室外应选择易于维护和清洁的家具，有利于定期保养，并能够延长家具的使用寿命，节约经济投入。

（3）选用舒适度较高的家具。室外家具虽然使用起来时间相对较为短暂，但仍然需要适当考虑选用符合人体工程学的设计，让人可以放松身心，舒适地享受户外时光。

（4）选择适宜户外空间养护的材料。室外家具的常见材质包括铝合金、不锈钢、塑料、树脂等，要根据具体环境和需求选择合适的材质，考虑其耐用性、易清洁性等因素。

五、家具布置原则和布置形式

1. 家具布置原则

根据不同室内外空间类型、规模和功能，家具的布置方式存在差异，但总体来说可以参考以下原则。

（1）体现功能性与流线型布置。根据家具的用途和功能，在布置家具时要考虑使用的便利性和流线性。家具之间应保持适宜的尺度，预留足够的通道，确保能够自由通行和使用（图7.2-16）。

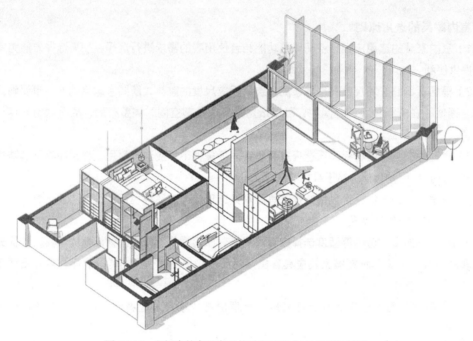

图7.2-16　空间中的家具布置的适宜尺度（2024届董函芸）

（2）考虑空间整体布局和比例布置。空间的大小、形态、尺度影响家具的布置，在布置家具时要合理利用空间，并保持良好的比例尺度感，确保家具与整体空间相协调，避免房间显得拥挤或空旷（图7.2-17）。

图7.2-17　略显拥挤的餐厅家具布局

（3）考虑空间的视觉平衡与层次感。通过摆放大件家具作为房间的中心点；通过摆放小件家具、装饰品等营造层次感和丰富度（图7.2-18）。

图7.2-18 用家具布局凸显空间的层次感（北京建院装饰工程设计有限公司）

（4）从预留活动空间和安全考虑进行家具布局。考虑安全和活动需求，应留出足够的活动空间，确保能够自由移动和使用家具。避免家具与门、过道等干扰和碰撞（图7.2-19）。

图7.2-19 室外家具的预留空间（北京建院装饰工程设计有限公司）

2. 家具布置形式

确定家具的布置形式时，需要综合考虑环境空间的背景因素，以达到美观、实用、舒适和通行顺畅的效果。空间大小和形状对家具布置形式的影响显著，不同的空间场地大小和形状会对家具的摆放造成不同的影响，需要根据实际情况来调整家具的布局。空间的大小和形状是影响家具摆放形式及数量的重要因素。

（1）按家具在空间中的位置分类（表7.2-7）。

表7.2-7 按家具在空间中的位置分类一览表

样式	适用范围	案例
周边式	家具沿四周布置，留出中间位置，能最大化利用空间，易于组织中间交通，或者为举行其他活动或形成中心区域提供场地，便于布置中心陈设或形成视觉中心	 
岛式	将家具布置在环境中心部位形成单个或多家家具岛，留出周边空间，强调家具的中心地位，显示其重要性和独立性，保证了中心区不受干扰和影响。岛式家具适用于希望打造中心焦点、强调功能区划分和追求开放式设计等的环境场所。家居中较大的厨房空间经常以岛式家具布局呈现	

样式	适用范围	案例
单边式	将家具集中在一侧，留出另一侧空间。这种方式一般将工作区和交通区截然分开，功能分区明确，干扰小，为线形交通，当交通线布置在房间的短边时，交通面积最为节约	
走道式	将家具布置成类似走廊的形式，沿着墙壁或其他固定结构排列，以便在家具间留出行走通道。这种布局方式能够最大化利用空间，使家具紧凑排列、节约空间，还可在家具之间留出足够的通道空间，可营造出整洁的视觉效果。环境内的家具摆放有条不紊，空间感更强，视觉效果更加清晰，也容易形成导向，避免交叉	

（2）按家具布置与墙面的关系分类（表7.2-8）。

表7.2-8　按家具布置与墙面的关系分类一览表

关系	特点	案例
靠墙布置	充分利用墙面，使室内留出更多的空间，节省空间，适用于空间较小的场所	
垂直于墙面布置	一方面，垂直于墙面布置家具可以有效利用空间、提升整体美感和舒适度；另一方面，考虑采光方向与工作面的关系，起到分隔空间的作用	
居中布置	将家具放置在房间的中心位置或中央区域，使整个房间的焦点集中在家具上。此布置方式一般用于较大的空间，易于形成空间中的空间	

（3）按家具布置格局进行分类（表7.2-9）。

表7.2-9 按家具布置格局分类一览表

样式	特点	案例
对称式	在室内空间中以对称的方式摆放家具，使其左右对称或前后对称。对称式家具布置能营造出整体平衡和稳定感，使空间显得有条不紊，给人一种舒适、稳定、和谐的美感；使空间显得庄重、严肃、稳定而静穆，适合隆重、正规的场合	
非对称式	在摆放家具和装饰物时不以对称的方式排列，刻意营造出一种不对称的美感。非对称式家具布置能够为空间增添独特的、富有个性的设计风格，展现出一种活泼、现代的装饰效果；可以为空间注入一种活泼、有趣的氛围，让人感受到空间的动感。通过非对称式家具布置，可以有意识地突出某些重点区域，能够更好地满足特殊的审美需求。 总体来说，非对称式家具布置适合追求个性化、独特设计风格的人士，能够展示创意和个性，营造出活泼、多变的装饰效果	 
集中式	将家具聚集或集中在一个特定区域，通常是环境的中心或特定的功能区域。这种布置方式能够突出焦点，使该区域成为房间内的视觉重点和关注点。集中式家具布置能够有效利用空间，节约通过空间。集中式家具布置适用于功能比较单一、家具种类较少的环境	

续表

样式	特点	案例
分散式	将家具分散摆放在环境空间内。通过家具的分散式摆放能够营造均衡的视觉效果，避免某一区域过于拥挤或过于空旷的情况出现；可以自由而灵活地全面使用空间；可以综合展现个性化和多样化的设计风格，更加具有创意和个性；增强空间的连续性和流动感，创造出宽敞舒适的氛围。 　分散式家具布置适用于规模较大、功能多样、家具种类较多、房间面积较大的场所。分散式家具布置可以组成若干家具组、团进行多种布置。无论采取何种形式，均应有主有次、层次分明、聚散相宜	

　　（4）按空间的功能需求进行分类。空间在功能设置上差异明显，应根据设计项目的功能需求，结合场地现状确定家具数量和布局。例如，办公环境布置中的办公区、办公台数量；居住环境中客厅和书房功能与尺度决定了选用家具的类型及数量。

　　（5）按空间的通行要求进行分类。环境设计是复杂的综合体，在进行平面布局时，除了考虑必要的家具本身的尺度，还要从通行流畅角度考虑，留有适当的通行空间，避免家具摆放过于密集，影响人的流动。

六、家具布置的数量依据

　　环境空间中家具布置的选用数量，需要根据室内外设计项目场地面积结合整体布局来制定，还要考虑用户的使用需求和风格偏好。

　　（1）家具布置数量需根据室内或室外空间的大小和布局来确定。将家具本身的尺度做好精确的数据采集和计算，结合流动尺度，形成数量值。如此能有效避免家具摆放过多或过少导致空间显得拥挤或空旷（图7.2-20）。

　　（2）家具布置数量需根据家具的实际使用需求来确定。在商业空间、餐饮空间中，经营空间家具的数量、酒店空间的客房家具的数量，都有相应等级环境的要求。应参照相应标准选择相应数量的家具（图7.2-21）。

　　（3）设计风格：考虑家具的设计风格和搭配，避免家具数量过多导致风格混乱或不协调。

　　（4）实用性和美观性：家具数量的布置应该既满足实际使用需求，又要考虑整体布局的美观性和舒适度，避免家具摆放过于拥挤或单调。

　　（5）酌情考虑客户的经济实力进行家具数量的选择，以保证在可控的造价内实现环境设计的最佳效果。

图7.2-20 某办公空间中与空间尺度适配的家具数量（北京建院装饰工程设计有限公司）

图7.2-21 某酒店大堂中与空间氛围使用人群适配的家具数量（北京建院装饰工程设计有限公司）

 思考题

1. 中国古代家具发展经历了哪几个时期？绘出代表家具。
2. 简述室内家具和室外家具的选用原则。
3. 简述家具布置原则和家具布置常用形式。
4. 简述环境中家具数量的设置依据。

第三节　环境设计中的软装陈设

在环境设计中，软装陈设指的是通过搭配艺术品、装置、装饰品、布艺、灯具、植物等来营造温馨、舒适和个性化的环境空间，除家具、植物外，其他可移动的物品也都涵盖在内。

室内陈设一般分为纯艺术品和实用艺术品。纯艺术品只有观赏品味价值而无实用价值（这里所指的实用价值是从功能角度进行的价值判断）。实用艺术品则既有实用价值又有观赏价值。

室外陈设是指在景观环境中选择、摆放和展示物品的方式及技巧，用于装饰和呈现特定风格或主题。

本章讨论的软装陈设后续一并简称为陈设。

一、陈设类型

1. 室内陈设

室内陈设多样，通常起到烘托氛围的作用（图7.3-1）。通常以如下方式分类。

图7.3-1　丰富的陈设烘托空间氛围，提升设计格调——某酒店大堂设计（北京建院装饰工程设计有限公司）

（1）装饰品陈设：装饰品是常见的陈设物品，包括瓶子、花瓶、摆件、雕塑等。它们可以用来营造氛围、增添个性，放置在桌面、壁架、墙面等位置（图7.3-2）。

（2）图片与艺术品陈设：挂画、摄影作品、艺术品等可以用来展示个人喜好和艺术意境，可以单独悬挂或进行组合和墙面布局（图7.3-3）。

图7.3-2　花瓶摆件等陈设（摄于北京装饰材料博览会）　　图7.3-3　艺术画等陈设（摄于北京装饰材料博览会）

（3）书籍与文献陈设：书籍、杂志、文献等可以用来展现阅读爱好和个人品位，可以放置在书架上，形成整齐有序或艺术性摆放（图7.3-4）。

（4）植物与花卉陈设：植物和花卉本身是绿化的范畴，但与承托的器具结合在一起往往更具艺术风格，引入环境中可以增添生气和自然感（图7.3-5）。

图7.3-4　书籍、花瓶等陈设（摄于北京装饰材料博览会）　　图7.3-5　花卉陈设（摄于北京装饰材料博览会）

（5）地毯与布艺陈设：此类陈设多有柔软的质感，如地毯、地毯垫、挂毯、窗帘等，可增强室内环境的装饰、舒适感，提升空间氛围，多在地面、墙面和窗户位置展示（图7.3-6）。

（6）餐厅与厨房陈设：餐具、烹饪工具、摆盘等餐具本身具有一定的美感，可兼具陈设的功能，依托于陈列展柜等也能用来展示餐厅和厨房的功能与美感（图7.3-7）。

图7.3-6 多种布艺结合的陈设　　　　　　　图7.3-7 餐具、烹饪工具、美食摆盘等陈设
（摄于北京装饰材料博览会）　　　　　　　　　（2024届董函芸）

2. 室外陈设

室外陈设是指在建筑外部环境中布置的各类物品。较常见的有景观小品、雕塑、花坛、花车、花架、花盆、摆件等陈设。室外陈设的首要功能是美化室外环境，为相应场所增添美感和生气，提升空间的艺术氛围（图7.3-8）。在功能上还兼具展示、休闲、教育、指示等多重功能。合理规模的陈设既能形成景观节点，还能起到划分功能区域的作用。应根据景观建设的综合因素选择室外配套陈设。考虑室外场地的气候特征，选择具备一定耐候性、结构稳定、安装稳固的陈设。

图7.3-8 某企业办公楼室外陈设（北京建院装饰工程设计有限公司）

在选择室外陈设时，应根据景观功能、场地大小、整体设计风格等因素综合考虑。另外，还应考虑景观所在地的气候，选择耐风雨、耐干旱的陈设，以达到使用的持久性和美观性。

二、陈设的选择

1. 室内陈设的选择

室内陈设是凸显室内设计风格的非常重要的一部分。合适的陈设品能够提升环境空间的风格感和空间美感，营造出更加优雅和谐、舒适的空间环境。

（1）应该根据空间的功能需求，选择针对性的陈设，如会客、宴会、餐饮等功能有差异，陈设也应有差异。

（2）根据空间大小选择陈设。当空间较小时，小巧精致的陈设可以使空间看起来更大。

（3）结合空间色彩搭配选择陈设色系。既可选择相近的色系，也可以撞色的方式实现对比的项目效果。色彩的面积和对比形式能够调整陈设的搭配效果，使空间效果多样而富于变化。

（4）根据空间的比例尺度选择合适的陈设。对于不同尺寸大小的室内空间，应选择合适比例和尺寸的陈设，避免摆放过密或过于空旷。

（5）室内陈设在风格塑造上可以多样灵活。室内陈设既可根据环境的整体设计风格搭配与之一致的陈设；又可围绕同一主题进行多种风格陈设的混搭，利用出其不意的搭配，形成视觉冲击，留下深刻的印象。

2. 室外陈设的选择

（1）选择能够代表室外设计主题的陈设品。带有一定文化符号和象征意义的陈设，能够烘托设计主题。可用相应的雕塑、雕刻、壁画等的合理设置，呼应设计主题。

（2）选择能够表述设计项目的叙事主题的陈设。设计可以围绕一定的历史文化、故事展开，或者有特别的教育警示或纪念意义；可以用雕塑、标识、纪念碑等陈设烘托主题，达到纪念重要历史事件或人物的目的；或者通过相应陈设中的文字、图像等向人们展示故事，起到树立价值观的作用。

（3）室外陈设应适当考虑与周围环境相协调。在选择陈设品时，应考虑是否有融入周围环境的要求，可以在陈设风格、色彩、材质等方面进行协同，以满足整体视觉效果和谐统一。

（4）选择室外陈设时，还需考虑陈设材料的耐候性、美观性，以及与环境的协调性。

三、陈设的布置部位

1. 室内陈设及类型（图7.3-9）

图7.3-9　陈设布置位置多样，起到烘托空间艺术氛围的作用（北京建院装饰工程设计有限公司）

（1）墙面陈设。墙面陈设是常见的室内装饰形式，重点对墙面进行装饰，可以使墙面空间更为丰富，能够有效节约空间，使陈设的形式更为立体化和空间化。通过合理的陈设搭配可以提升空间的层次，烘托空间魅力，形成视觉中心。常见的墙面陈设有可悬挂或张贴的画作、照片、壁炉、镜子、装饰货架、珍贵收藏品或器物、悬挂灯具或壁灯等。

（2）桌面陈设。以桌面摆设为主，是在水平空间进行的装饰，它能让工作和生活空间更丰富多彩，兼具一定功能的同时，更多用来营造氛围和展现个人独特的艺术品位，如文件整理架、文件夹和纸张夹、笔筒、文具盒或笔袋、桌面组织箱、桌面植物、装饰小摆设或装饰品、桌面灯具等。有一些具有文化属性（文创）和纪念意义的桌面陈设具有独特性与吸引力。

（3）落地陈设。落地陈设是指放置在地面上的装饰品。落地陈设类型多样，有落地书架、摆件、落地灯等多种形式。落地陈设能够弥补空间过于宽阔带来的空荡感，既能起到划分空间的作用，又具备提升整体氛围的功能。落地陈设可通过形态、色彩和材质来形成空间亮点，落地陈设还可以与家具进行良好的组合，叠加多样绿化，也具有立体化空间的优势。

（4）悬挂陈设。悬挂陈设是指通过悬挂的方式摆放陈设，在室内空间达到美化、装饰、功能性相结合的目的。悬挂陈设是室内陈设布置的重要手段之一，它能够节省空间、便于观赏，丰富空间的层次，具体有画作或照片、挂钟、悬挂植物、悬挂装置或灯具、悬挂衣架、悬挂壁饰或壁挂等类型。

2. 室外陈设的布置位置

（1）阳台：阳台是室内外连接处，是最常见的室外陈设布置，在阳台上摆放盆景、花卉、雕塑、装饰品等陈设能够联通室内与户外空间，延续室内空间，使内外进行良好的互动，增加艺术氛围。

（2）庭院：庭院是住宅区中常见的室外陈设布置位置，在庭院中摆放花坛、雕塑等陈设，能营造户外庭院的艺术氛围。

（3）广场、街道、公园等：室外环境有时需要体现相应的环境功能，满足景观功能需求，因而可在这些位置摆放商业雕塑、宣传海报、装饰品等陈设。

总之，室外陈设的布置位置较多，应根据设计项目的总体风格、功能需求、场地大小等综合信息选择合适的室外陈设摆放位置，既不遮挡正常的流通路线，又能起到良好的设计补充作用。

 **思考题**

1. 陈设的类型有哪些？
2. 简述室内陈设与室外陈设的类型和选择方法。
3. 简述室内陈设的布置位置。

第四节　物料、家具和陈设的综合搭配

在环境设计中，物料、家具和陈设的设计是烘托空间氛围、提升空间细节和美感的重要方法。可以从以下几点展开（图7.4-1、图7.4-2）。

图7.4-1　烘托氛围提高审美层次的物料、家具、陈设搭配（一）

图7.4-2　烘托氛围提高审美层次的物料、家具、陈设搭配（二）

（1）物料、家具、陈设的设计风格应相互匹配和统一，有利于形成整体协调的视觉效果，增强空间的统一性和美感。

（2）物料、家具和陈设在色彩上既可以考虑适当的协调，有效避免色彩过于冲突，有利于营造和谐的环境氛围；又可以选择适当的撞色搭配，以呈现空间的活跃和灵动效果。

（3）进行物料、家具和陈设的配置时，可以选择相应的较为统一的材料质感，能够增加空间的统一感和秩序感；也可以从丰富空间的角度选择多样质感的组合，可营造出跳跃、灵动的构建氛围。

（4）进行物料、家具和陈设的配置时，应根据用户的个人喜好和需求进行搭配组合，使设计更加贴合用户需求。

一、中国传统的陈设搭配类型

（1）古典宫廷风格：这种风格通常包括华丽的木质家具、雕花绣球、红木器物、金色和彩色装饰，以及宫廷风格的壁画、织物和地毯（图7.4-3）。

图7.4-3 古典宫廷风格（来自太原房天下家居设计网）

（2）文人雅士风格：文人雅士风格强调的是文人气质和雅致品位，通常包括简约的家具、水墨画、瓷器、古籍书籍、琴棋书画、竹制品等（图7.4-4）。

"手谈"意为手上动作之间的交谈，用手拿起围棋进行对弈交流。设计上多采用黑白和木色，黑白为黑子与白子之间的对弈对抗，增添意味，旅客来到房间内，也可进行对弈来放松心情，体会中国文化的博大精深。

Cruise ship interior decoration ｜ 邮轮内装 设计方案 Design Scheme

图7.4-4 文人雅士风格

（3）民间传统风格：展现中国各地不同民族、地域的传统文化特色，如汉族、藏族、蒙古族等，通常包括传统的手工艺品、刺绣、织物、陶瓷、木雕等（图7.4-5）。

图7.4-5　民间传统风格（来自站酷网）

（4）庭院式风格：庭院式布置强调室内与室外的结合，通过精心设计、营造出恬静、优雅的环境（图7.4-6）。

图7.4-6　庭院式风格（来自站酷网）

（5）书房式风格：沿袭中国传统的书房布置，书法、绘画、古籍、文房四宝等常见于其中（图7.4-7）。

"尘墨"意为年代久远的笔墨书画，将中国的书法文化融入设计。此间为标间，在此可品茶、欣赏文人字画，感受宁静的氛围和书香之气。

Cruise ship interior decoration 邮轮内装　设计方案 Design Scheme

图7.4-7　邮轮客舱主题空间设计（2021级张笑颜）

（6）茶室布置风格：茶室是中国传统文化中的重要场所，其布置通常以简洁、清新为主，茶具、茶桌、茶具、花器等元素常见于其中（图7.4-8）。

图7.4-8　邮轮客舱主题空间设计（2021级刘泽魁）

二、欧式风格的物料搭配常见类型

（1）古典欧式风格：采用大量欧洲古典时期形成的图案、纹样、线脚等标志性装饰元素，辅以雕花、镂空等工艺的家具，搭配相应的陈设和繁复的装饰材料与相应陈设，营造出华丽的视觉效果。例如，采用繁复的装饰线脚、欧式古典家具、陈设、摆件，地面以大理石铺装，家具配饰采用象牙、黄铜等材质，再结合华丽的窗帘、布艺等材料，形成浪漫的古典欧式风情。

（2）乡村法国风格：将法式浪漫与乡村的淳朴自然有机融合，在质朴中塑造浪漫风情。法国乡村风格注重塑造悠闲、惬意的生活场景，经常选用粗糙的木头、粗布、藤编等材料，在家具、陈设上也突出原始质感，突出乡村自然生活本身的优雅与浪漫。

（3）现代欧式风格：现代欧式风格将现代与欧式结合，整体色调通常为中性色或高级灰色，配以简洁的家具和装饰品，烘托现代高雅的氛围。选用简化欧式纹样的装饰形式展现欧式风格，还配有简化的欧式家具与陈设形成室内外空间的统一风格。

（4）地中海风格：强调阳光、海洋，回归大自然，常使用大理石、瓷砖、马赛克、石膏等装饰材料，色调以明亮的蓝色、白色和黄色搭配为主，配以浅色木质家具和海洋风格的装饰品，形成明朗大气的海洋风。

（5）维多利亚风格：为19世纪英国维多利亚时代的装饰风格的延续，多采用暗色木质家具、花纹壁纸、繁复的挂饰，配以华丽的镜框、灯饰等。

 思考题

1.物料组合搭配应如何选择？

2.中式风格的物料搭配应如何处理？

3.简述设计中物料组合搭配的常见风格。

第八章 室内外绿化

 **本章重点**

1.室内绿化的方式和选择。
2.景观绿化的配置。
3.景观中植物的种植方式和选择。
建议学时：2

　　绿化是将自然保留，在室内和室外环境中进行植物配置与设置的活动，通过种植与室内外场合相配合的植物来美化环境、改善空气质量、调节温度和增加舒适感。增添了绿化的环境设计，将更为灵动和生动。

第一节　室内绿化

一、室内绿化的作用

1. 美化环境、提升设计质量
　　室内绿化的引入能够有效避免沉闷的室内场景，引入灵动的自然元素，使空间更为灵动，增添生气。
2. 净化空气、调节气候
　　室内绿化具有吸附有害物质的特性，如甲醛、苯等有害气体，从而净化室内空气，提升人居活动质量。室内绿化中土壤有一定的存水能力，绿叶植物也具有使室内空气更加湿润的能力，绿化的引入有助于避免出现过度燥热或干燥的环境。

3.调节环境微循环

绿化通过光合作用可以形成良好的微循环，提高氧气含量，改善室内空气质量，提升舒适度和健康效果。室内绿化还具备减少噪声的功能。某些植物（如夹竹桃、梧桐、棕榈、大叶黄杨等）可吸收有害气体，能够降低环境污染。某些植物（如松、柏、樟桉、臭椿、悬铃木等）的分泌物，还具有杀灭细菌的作用。

4.组织空间

绿化组织空间作用见表8.1-1，如图8.1-1所示。

表8.1-1 绿化组织空间作用一览表

作用	方法
分隔空间的作用	在不增加实际隔断的情况下，通过植物的生长和形态来划分不同的区域，从而实现空间的分隔和区分
联系引导空间的作用	通过植物的种植、生长形态来引导人们的视线和行动，从而实现空间的联系和引导
突出空间的重点作用	通过植物形态来突出空间的重点设计部位，以形成空间的焦点和亮点。例如，在重要的区域（中庭空间，大型背景墙等位置）使用绿植（或高大，或规模较大，或色彩突出）来突出空间和视觉中心；或者使用高低错落的搭配形成落差，丰富空间的层次；或者在室内空间中使用大型的绿植，突出环境的自然生态氛围
柔化空间、增添生气	室内绿化可以通过植物的生长和形态来柔化空间、增添生气，使室内环境更加生动清新，打破空间的硬冷。例如，可在室内空间中添加颜色鲜艳的绿植，可活跃空间氛围
美化环境、陶冶情操	室内绿化可以为室内环境增加自然元素，使室内空间形成良好的微循环，更舒适宜人，使人如同回归自然，放松心情

图8.1-1 联想创新产业园区设计（北京建院装饰工程有限公司）

二、室内绿化的布置方式

1. 重点装饰与边角点缀

在重要的、醒目的位置和空间的边界角落处进行绿化布置。重点装饰与边角点缀形式见表8.1–2。

表8.1–2 重点装饰与边角点缀形式一览表

所处位置和方式	示例
处于重要地位的中心位置，如大厅中央	
处于较为主要的关键部位，如出入口处	
处于一般的边角地带，如墙边角隅	

2. 结合家具、陈设等布置绿化

在室内空间中，绿化应根据家具与陈设的材质、颜色和形状来选择相应的绿植，并根据家具陈设的摆放位置考虑绿化的位置，总体应协调搭配。例如，可以在木质家具旁边放置一些绿植，以增加空间的自然感与和谐美感（图8.1-2）。

图8.1-2　结合家具、陈设等布置绿化——某办公空间设计（北京建院装饰工程设计有限公司）

3. 与环境背景对照，形成对比

绿化可以从突出醒目的角度出发，与环境背景形成对比，打破空间单调的形式。例如，在墙面上添加大面积的绿植，可以填补纵向空间的空白，增加空间的层次感和深度感；或者在墙面上安装绿植挂架用以增加视觉对比感，突出设计效果（图8.1-3）。

图8.1-3　与环境背景对照，形成植物墙——某图书馆设计（北京建院装饰工程设计有限公司）

4. 垂直绿化

可通过将植物垂直种植在室内墙面，或者运用绿化设备将绿植垂直悬挂等方式实现室内纵向角度的绿化。可以理解为立体化的绿化方式，能够在节省空间的基础上增加自然元素、提高空气质量、降低室内温度，也能通过垂直绿化形成视觉中心或景观中心，起到美化、丰富室内环境的作用（图8.1-4）。

图8.1-4　垂直绿化的临空设计丰富了空间的层次——某酒店大堂吧设计（北京建院装饰工程设计有限公司）

5. 沿窗布置绿化

沿窗布置绿化是将绿植沿着窗户边缘进行布置的绿化方式。它可以利用窗户的位置和光线，为室内环境增加自然元素，同时也可以美化室内环境，提高环境的舒适感和生活质量（图8.1-5）。

图8.1-5　沿窗布置绿化——某酒店大堂吧设计（北京建院装饰工程设计有限公司）

三、室内绿化植物选择

室内绿化应考虑以下问题，进行合理的选择和搭配（图8.1-6）。

图8.1-6 某空间室内绿化示意图（2021届邹哲、曹彤彤、陈凯盟）

（1）给室内创造怎样的气氛和印象。不同的**植物形态、色泽、造型等都表现出不同的性格、情调和气氛，如庄重感、雄伟感、潇洒感、抒情感、华丽感、淡泊感、幽静感等**，室内绿化应和室内的功能、设计风格要求的气氛达到一致。不同植物的寓意、不同花卉的花语也有差异，应与空间一致。

（2）环境条件。室内环境条件对室内绿化的生长和发展有重要影响，需要考虑室内温度、湿度、光照等因素，为植物提供适宜的生长环境。

（3）空间的大小。根据空间大小选择相应尺度的植物。一般把室内植物分为大、中、小三类：小型植物在0.3 m以下；中型植物为0.3～1 m；大型植物在1 m以上。

（4）植物的色彩。植物多种多样，花色千差万别，不同植物的叶形、色彩、大小应予以组织规划，适当搭配，避免植物过多，使室内显得凌乱。

（5）利用不占室内面积之处布置绿化。选取在摆放过程中能尽量利用柜架、壁龛、窗台、角隅、楼梯背部、外侧，以及各种悬挂方式的植物，有效利用室内空间。

（6）与室外的衔接与过渡。在过渡空间的植物选择应考虑场地、温度等事宜。例如，面向室外花园的开敞空间，被选择的植物应与**室外植物取得协调**；植物的容器、室内地面材料应与室外取得一致，能够使室内空间有扩大感和整体感。植物的抗旱、抗寒能力也影响视觉效果。

（7）养护问题。绿化植物的修剪、绑扎、浇水、施肥、定期的清理等应便捷，也是一项重要内容。例如，悬挂植物更应注意采取相应供水的办法；避免冷空气与穿堂风对不耐寒植物的伤害；观花植物花期全程的养护等。

（8）挑选植物时还应避免种植易敏、有毒的某些植物。近年来随着绿化率的加大，人群过敏现象时有发生，因而，应尽量避免种植蒿草类、豚草类植物，同时，对花粉等进行关注，避免产生严重后果。

（9）种植植物容器的选择。可按照花形选择其容器的大小、质地，不宜突出花盆的釉彩，以免遮掩了植物本身的美。

四、室内绿化植物的分类

室内绿化植物需要在室内环境条件下健康生长，即在较低的光照和湿度条件下依然能够生长出良好的枝叶。室内绿化的植物类型多样，根据植物茎的性质，室内绿化植物可分为木本植物、草本植物、藤本植物、肉质植物等（图8.1-7）。

图8.1-7　丰富多样的室内绿化植物增添空间生气（北京建院装饰工程设计有限公司）

1. 木本植物

木本植物是自然界中较为常见的植物，通常树干较为粗壮，可以支撑较为高大的植物的生长，并承载较多的叶片和花朵。木本植物一般生长周期较长，生长缓慢，但寿命较长。木本植物可分为以下两种。

（1）乔木：是指具有明显的主干、树干和一定生长周期的一类木本植物。整体高大粗壮、枝叶繁茂，具有较强的生长力，并具备一定适应恶劣环境的抗逆性，在绿化中一般依赖于较高空间的尺度范围，能够帮助提升空间的层次感。常见的乔木包括梧桐、榆树、枫树、松树等。

（2）灌木：主干不明显，丛生而多枝，树干相对较细，相对较为矮小的植物。灌木一般比乔木矮小，但比草本植物高大，生长习性介于乔木和草本植物之间。灌木常用于园林景观布置和绿篱种植，便于修剪整理，能够增加景观层次感和丰富度。常见的灌木包括玫瑰、石楠、月季、蔷薇、紫荆等。

2. 草本植物

草本植物其茎含有木质较少，质地较为柔软的一类植物，其种类和花色是最为丰富的一类植物。茎干多呈圆柱形，生长期较短，一般为一年生或多年生。常见的草本植物有草类、花卉等。

3. 藤本植物

藤本植物其茎柔软而蔓延，需要依靠支撑物体或枝干进行攀缘生长，或借助特殊地上物支撑、扶摇而上，以获得阳光的攀缘类植物。选用藤本植物进行绿化能够拓展垂直空间，节约占地，适用于墙面装饰、花架搭建、绿色隔离带营造等场景。其动态生长特性还能通过人工骨架引导，形成丰富的纵向景观效果。常见的藤本植物包括爬山虎、紫藤、凌霄、丝瓜等。

4. 肉质植物

肉质植物的茎叶含水分较多，呈肥厚肉质状。它们外观独特，能够在干旱条件下生长，可丰富室内绿化的形式。常见的肉质植物如下。

（1）仙人掌类：仙人掌类花卉原产沙漠地带，长期适应干燥环境，茎和叶多有变态，茎变得肉质粗大，能储存大量水分和养料，叶变成刺状，能减少体内水分蒸腾，如仙人掌、三棱箭、令箭荷花等。

（2）景天类：景天科植物中，有不少种类可以作为花卉，它们的茎或叶脆嫩肥大，含水分较多，如景天、石莲、燕子掌、落地生根等。

 **思考题**

1. 室内绿化应考虑哪些问题进行合理的选择和搭配？
2. 室内绿化中常见植物有哪些？
3. 室内绿化的布置方式有哪些？

第二节 景观绿化

一、景观绿化的作用

景观绿化是指将植物布置到城市、乡村、公共园林、公园或家庭的室外人居场所中，以装点环境、提升环境质量、营造环境意蕴的方法（图8.2-1）。

1. 景观绿化起到美化环境的作用

景观绿化中植物的自然质感、姿态与色彩，能给景观带来丰富的层次感和多样的视觉效果，使环境更加美丽、舒适。近年来持续加大的城市绿地、社区口袋公园、住宅区庭院等设计中，景观绿化越来越得到重视。

2. 景观绿化起到净化空气的作用

景观绿化对改善城市环境，净化空气中的部分有害物质，提供健康环境有重要作用。通过大面积的植物种植，能够吸附空气中的尘埃和有害气体，使城市环境更加清新。

3. 景观绿化起到保护生态环境的作用

景观绿化是城市生态系统中重要的组成部分，它们可以吸收雨水、储存雨水，形成良好的水循环和大气循环。同时，大面积的植物种植及绿地的建设，形成生态环境，有助于改善生物栖息环境，有效缓解城市热岛效应，助力乡村可持续生态发展，形成良好的城乡自然环境。

4. 景观绿化起到增进人与自然亲密关系的作用

在绿化丰富的环境中，人与自然和谐共处，能得到心灵的愉悦和放松。通过景观绿化，可增加环境的自然属性，使人们有更多机会体验自然之美，获得身心疗愈，同时促进人与人之间的互动行为，成为人与自然、人与人之间联结的纽带。

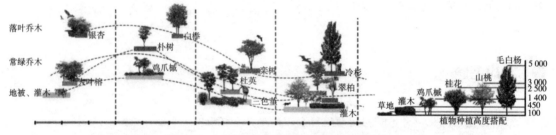

图8.2-1 丰富多样的景观绿化全面提升景观质量

二、景观绿化的布置要点

1. 根据场地条件进行绿化布置

景观绿化的场地千差万别，各有特点。进行绿化布置时首先应根据场地的环境和特点进行考量。场地大小、场地形状、场地落差等因素都会形成绿化的制约因素。例如，狭小的场地适宜选择小型盆栽和轻便的造型进行布置；大型的场地可以布置数量较多且丰富多样的绿化。当空间落差较大可以在竖向种植上调整植物类型以帮助塑造景观立面效果。

2. 根据气候特点和季节变化布置

在选择植物时，要从气候特征和季节变化等进行全面考量。由于温度对植物生长影响时显著，因而要因地而设置。在冬季漫长而寒冷的北方地区，尽量避免布置不耐寒植物。在冬季气温较温和的地区，选择耐寒的植物，使冬季亦有茂盛或开花的植物，为景观增添生气。为避免四季植物布置单调，或个别季节植物生长效果不佳，可按不同季节开花的植物品类。不同开花植物的花序变化等进行布置，以实现四季绿化丰富和多样性。

3. 考虑绿植形象及色彩的统一

在景观绿化时，不仅需要考虑整体环境的美观性、植物本身的形象，还要考虑整体色彩的统一，对于塑造整体景观氛围不容忽视。可以采用同种颜色的植物和花卉进行布置，减少种类混乱带来的杂乱感，展现协调完美的景观效果。

4. 考虑使用人群的需求定制绿化植物

在景观绿化的布置上，需考虑到使用人群的需求，例如，儿童公园的绿化应符合儿童安全与心理诉求等，居住区环境景观设计应结合使用者的个人爱好进行布置。

三、景观中的绿化植物分类

景观绿化植物可以根据其形态、用途、生长习性等特点进行分类。以下是一些常见的景观绿化植物分类。

（1）根据形态分类：景观绿化植物形态各异，常见的有乔木、灌木、草本、攀缘类等植物。

（2）根据用途分类：景观绿化根据用途分类有观叶类植物、观花类植物、防护类植物等。

（3）根据生长习性分类：景观绿化中的植物生长习性各异，有喜阳植物、喜阴植物、喜湿植物、适应性强的植物等。

（4）根据季节分类：景观绿化植物的观赏各有不同，可分为春季观赏植物、夏季观赏植物、秋季观赏植物和冬季观赏植物。

（5）根据花色分类：景观绿化植物花色众多，有红色系花卉、黄色系花卉、蓝色系花卉、紫色系花卉等。

（6）根据地域分类：景观绿化植物原生地域不同，有热带植物、亚热带植物、温带植物、寒带植物等。

四、景观植物的配置

在景观中合理地进行各类植物配置，以实现景观功能区分、过渡，优化景观，提升生态，实现艺术效果的最佳呈现（图8.2-2）。

1. 景观中的乔木配置

（1）景观中的乔木配置应根据自然环境特点和人文环境特点选择乔木的品种。在阳光充足、温度适宜的自然环境中，可以选择喜阳的乔木；而在寒冷的北方应选择耐寒抗冻的植物。在配置树木时，应注意交叉种植的视觉效果，以及便于维护。当需要塑造中式风格景观时可以选择银杏、国槐、垂柳等乔木。当需要塑造欧式风格景观时可选用梧桐、丝柏等乔木来烘托氛围。当营造神圣的场所氛围时，可选用松柏等乔木。

图8.2-2　北方常见景观植物——北京建院装饰工程设计有限公司整理

（2）根据景观功能分区进行乔木配置。以赏叶为主要功能的景观区，可以选择火炬树、枫树等乔木。不同乔木的株高差异较大，为增强景观效果，可采用立体化种植方式，从高度、树冠形态和色彩等方面进行搭配种植，营造丰富的景观层次。例如，可在休闲区域周围种植高大的乔木，在观赏的同时兼顾空间分隔和遮阳效果功能。

（3）根据景观效果进行乔木的布置。根据景观设计的整体风格定位，以植物配合风格进行整体的搭配种植。例如，在某历史文化主题公园景观设计中，可以根据文化定位选择具有节气风格的松林进行组合设计；以"岁寒三友"联动实现环境景观的高雅氛围；在某商业街区中可以根据商业氛围选择适合的乔木，助力增加商业区的活力和吸引力。

2. 景观中的灌木配置

灌木是指高度通常在1~5 m、无明显主枝的木本植物。与乔木相比，灌木的树干较短，枝干伸展较为分散，形态多样。多以丛植的方式进行种植，还能通过修剪形成多种造型，便于维护。

（1）根据景观种植地的气候特征选择灌木种类：在阳光充足、温度适宜的环境中，可以选择喜阳灌木种类，而在寒冷的北方地区，应选择喜阴或抗旱的灌木种类。同时，需要考虑场地的光照、温度、湿度、风向等自然条件，以确定种植的灌木类型。

（2）根据景观空间功能进行灌木配置：景观功能定位决定了灌木的品类。例如，休闲区域周围可以种植高大的灌木，既能美化环境，还能起到空间分隔和遮阳的效果。而在花坛周围可以考虑种植低矮的灌木，形成绿色背景，重点突出花卉的观赏效果。

（3）根据景观设计的整体效果进行灌木的布置：景观绿化带的设计通常有一定的整体形态和规划，应从整体考量进行灌木的选择和布置。例如在公园设计中，可以根据灌木品种本身的色彩进行横向、纵向布置，并考虑植物落叶期差异，形成多色并存和不同季节呈现的丰富景观美感，充分发挥植物的观赏价值。

（4）考虑灌木的生长和维护进行布置：灌木类植物需要定期进行合理的修剪和维护，因此在选种和布置时，应优先选择易于维护的品种。尤其在北方地区，景观植物的布置应首先考量耐寒的灌木品种。此外，在布置时还应便于浇水、施肥和修剪等维护工作。

3. 景观中的观花植物配置

观花植物是指以花朵为主要观赏对象的植物。植物的花朵通常具有色彩鲜艳、形态多样、芬芳怡人等特点，能为环境空间增添靓丽的视觉效果和清新的芳香体验，从而能够全面提升景观的质量。在进行配置时，应从花朵的样式和开放周期出发，营造良好的视觉和感官体验。为避免单一形式，可采用立体化种植观花植物，形成多种花色的叠加，来丰富景观色彩。

（1）根据景观项目所在地气候特征和主要观赏季节选择观花植物。北方地区的观花植物尽量选择耐寒、花期较长的植物。考虑季节变迁，不同节气开花的植物促进植物观花流线化，可以有效避免景观单一的弊端。例如，将樱花、杏花、玫瑰、牡丹、菊花、金秋菊、梅花、山茶花等多样多序列种植，可丰富景观。

（2）根据景观场地空间选择观花植物。场地的大小与功能也是进行观花植物配置需要考量的因素。在景观花坛中可选择玫瑰、牡丹等；大型公园可选樱花、杜鹃等。

（3）根据景观整体风格选择观花植物。景观整体设计风格中的色彩定位决定了观花植物的选择，可以选择红、黄、蓝等颜色的花卉进行搭配，形成色彩鲜艳、丰富多彩的景观效果。可选择紫色薰衣草、黄色向日葵等花卉形成有特殊寓意的景观效果。例如，选用兰花，象征品行高洁。

（4）不同花期搭配种植。不同的观花植物花期不同，可以交叉开放，形成四时多景的景观效果。

五、景观设计中绿植的常见种植方式

景观设计中常常用不同的种植方式形成特殊的艺术效果，达到烘托景观氛围的作用。种植方法的多样形成了丰富的户外景观样式（表8.2-1）。

表8.2-1　景观设计中绿植的常见种植方式一览表

孤植	
孤植主要从展现树冠、树形、色彩、姿态等角度表现树木的个体美，是景观与园林设计中树木配置的一种典型方式。在景观中孤植的树多为场景中的主角，即主景树。作为孤植的对象一般株形高大、姿态优美、树冠奇特，或以枝叶茂盛取胜，或以开花繁茂为特色，或以特色形态、气味引人侧目。中国园林的假山、池边、道路转弯处也常配置孤植树，这是因为崇尚文人风骨的文化理念影响展现的艺术特征，意境悠远深厚。孤植时一般选择树形高大、姿态优美的可观花、观叶或观果的植物	

对植	
两株或两丛相同或相似的树，按照一定的轴线关系，使其相互呼应的种植形式，称为对植。对植常用于园门、建筑入口、桥头、假山登道等视觉突然收窄的空间。树种一般选择整齐优美、生长缓慢的树种，常绿树为主。栽植时，注意避免呆板的绝对对称，但又必须形成对应，给人以均衡的感觉。还有一种对植方式是将两个或多个不同种类的植物放置在一起，通过它们的形态、色彩、纹理等特点，相互衬托，形成一种美妙的景观。 　　对植的形式非常多样，可以根据植物的形态、气质、生长习性等特点进行搭配和组合	
列植	
植物按一定株距栽种，栽种有单行、环状、错行、顺行等多种排列方式。一般选用树冠体形比较整齐的树种或观花植物，形成的景观比较整齐、单纯、有气势。列植宜选用树冠体形比较整齐的树种，枝叶繁茂的同种树种，如圆形、卵圆形、倒卵形、椭圆形、塔形、圆柱形等	
丛植	
丛植是将2~20株的植物不规则、近距离地散植在绿地中，形成疏林草地的景观效果。树丛常布置在大草坪中央、土丘、岛屿等地做主景或草坪边缘、水边点缀；也可布置在园林绿地出入口、路叉和弯曲道路的部分，诱导游人按设计路线欣赏园林景色；可用在雕像后面，作为背景和陪衬，烘托景观主题，丰富景观层次，活跃园林气氛；运用写意手法，几株树木丛植，姿态各异，相互趋承，便可形成一个景点或构成一个特定空间。 　　丛植的目的多样，其中以遮阴为主要目的的丛植常选用乔木，并多用单一树种，如香樟、朴树、榉树、国槐，树丛下也可适当配置耐阴的灌木	

续表

群植	
群植是指二三十株至上百株植物成群配置。群植主要为群体美，群植也像孤植和丛植一样，是构图上的主景之一。群植通常布置在开阔的场地上，如靠近林缘的大草坪、宽广的林中空地、水中的小岛屿、宽广水面的水滨、小山山坡上、土丘上、广场中间的绿地上等	
林植	
林植是大面积、大规模的成带成林状的绿化配置方式，能够形成林地和森林景观。因其规模庞大，一般在大面积公园、校园、风景游览区或休闲疗养区及防护林带建设中采用林植的配置方式	
篱植	
凡是由灌木或小乔木以近距离的株行距密植，栽成单行或双行，紧密结合的规则的种植形式，称为篱植。因其选择树种可修剪成各种造型，并能相互组合，从而提高了观赏效果和艺术价值。依高度可以分为矮篱（<0.5 m）、中篱（0.5~1.2 m）、高篱（1.2~1.8 m）、绿墙（>1.8 m）4种；而按照使用功能又可分为常绿篱、花篱、彩叶篱、果篱、刺篱等	

六、景观绿化植物选取与组合形式

1. 选取原则

景观绿化植物的选择应综合考量众多因素展开设计，避免出现种植浪费的情况发生。**影响景**

观绿化植物的选取因素包括气候、土壤状况、养护难易度、整体景观效果等，在选取时应考虑以下原则。

（1）选取能够适应当地气候的植物。植物能否适应当地的气候条件，异地种植后能否适应温度、降水量、日照等新环境，茁壮成长，是重要的衡量标准。只有选择适应当地气候的植物，才能确保绿化的成活率，才能保证景观设计的可实施性。

（2）选取能够适应土壤状况的植物。景观绿化植物的生长状况与土壤情况密切相关，有些植物喜欢在一定pH范围内才能生长，盲目种植会导致植物大面积死亡。因而在不同的土壤状况下，选择相应的植物品种，可以使植物的生长状况更好，更利于景观的长久保持。

（3）选择养护难度不高、养护成本适中的植物。景观绿化植物品种不同，其养护难易度也存在差异。有些植物需要经常修剪和浇水才能保持良好的形态及生长质量，如果无法保证良好的养护条件，则应优先选择易于养护的植物品种。

（4）从景观实施的整体效果考虑绿化的类型和数量。在选择景观绿化植物时，应考虑其整体景观进行适当的筛选和组合。可以根据所处环境的地形和场地条件，选择不同的花卉、绿植来装点景观空间，使景观保持多样立体化，丰富景观环境。

2. 景观绿化的组合形式

景观设计中的绿化通常都是团组式出现，组合相较于室内设计更为常见，可从以下几个方面重点考量。

（1）以突出色彩与香气为特征的绿化组合。在景观设计中，结合植物色彩与香气的组合可以创造出丰富多彩且令人愉悦的环境，为人们带来愉悦和舒适的感官体验。搭配色彩鲜艳的花卉组合，如玫瑰、牡丹、向日葵等，与具有浓郁香气的植物，如蔷薇、薰衣草、玫瑰等，可以构成在视觉和嗅觉均能产生一定效果的、以花为主的景观组合。结合拥有各色叶片的植物，如银叶白杨、紫叶李等，与具有特殊香气的香草植物，如薄荷、香薰蜡菊等，可以构成以赏叶为主视觉嗅觉均产生一定效果的景观（图8.2-3）。

图8.2-3　不同花色组合下的搭配，容易形成规模，化成动态装饰彩带（辽宁工业大学校园景观）

（2）以律动感营造景观特色的绿化组合。以一定规模的花卉或植物，按一定的形状、色彩有规律地重复或延展，产生节奏感、韵律感等。可以达到拉长视线、形成动势的作用，能够打破单一、呆板景观效果。例如，在景观设计中，可以通过将高大的植物与矮小的植物错落搭配，营造出层次分明的视觉效果。这种高低错落的设计可以赋予景观以节奏感和律动感。例如，搭配上花色从暖色调到冷色调过渡，或者同色系不同明度的植物过渡，都可以让景观呈现出律动感。还可以选择相似形态或颜色的植物进行重复排列，形成规律的图案。这种重复性排列能够营造出规模化、律动感强烈的景观效果。利用种植曲线与直线的结合形成对比，例如，在园路、花圃等区域种植弯曲的植物以营造动态感，也可以让景观呈现出律动感和变化感（图8.2-4）。通过律动的植物搭配，可以有效地赋予景观以生机与活力，并带给人们视觉上的愉悦体验。

图8.2-4　以重复形成律动的景观绿化效果——某乡村景观设计（2024届张玉欣）

（3）从突出植物自身质感角度出发的绿化组合。每一种植物都有自己独特的质感，它的表面纹理、粗糙或细腻程度千差万别，这种质感也会随着季节的改变而变化。例如，银杏为落叶植物，当秋季落叶以后，剩下的枝条质感比较粗糙单一。因而在北方地区还应配合种植冬季质感丰富的植物来弥补景观单调的缺点。

搭配具有不同叶片质感的植物，可以为景观增添层次感和丰富度。搭配不同树木的树皮也有独特的质感，如光滑的白桦树皮、纹路清晰的榉树树皮等。通过充分利用植物自身的质感特点，设计和搭配具有不同质感的植物，可以为景观带来更加丰富多样的观赏体验，增加人与自然的互动，提升整体品质和视觉享受（图8.2-5）。

图8.2-5　充分利用植物自身的质感特点的植物组合展现景观书香特色（辽宁工业大学校园景观）

　　（4）从团组式配植角度出发凸显特色的绿化方式。团组式配植是将不同类型、形状或颜色的植物组合在一起，形成紧密区域的种植方式。在进行植物配置时，应根据所需景观效果，综合考虑植物质感的季节变化，按照一定的比例合理搭配针叶常绿植物、落叶植物和花卉等。

　　团组式配植需综合考虑植物的高度、叶型、叶色、花期等特点进行对比搭配，增加景观的层次感和动感。可以利用不同的植物组合形成图案或几何图形呈现出有规律的美感。还可以根据植物生长的季节性特点，考虑植物更替进行组合，使整体团组式配植能够随着季节的变化呈现出不同的花色，增加景观的变化性。

　　团组式配植增加整体景观绿化的生动性和多样性，让人们在不同时间段和角度都能够欣赏到美景。需要注意的是，使用过多细质感植物容易丧失主题，过多粗质感植物则容易显得不精细（图8.2-6）。

　　（5）以植物花序特色展现景观魅力。植物的花序是指花朵在植株上排列的方式和形态。不同植物的花序形态各异，视觉效果存在差异。串状、穗状、絮状、头状等形式适宜在不同的景观节点展现特色。穗状花序的植物可以随风摇曳，能够增添景观的动态感和生机感；串状花序能够形成瀑布般的垂坠感。根据花序特点以重复布局的方式，还能增强花序的视觉效果和空间层次感，带来朝气蓬勃的视觉效果，形成动态而丰富的多样景观（图8.2-7）。

图8.2-6 以团组式配植方式进行的景观绿化组合
（辽宁工业大学校园景观）

图8.2-7 以植物花序特色展现景观魅力
（辽宁工业大学校园景观）

（6）以量感的绿化塑造景观特色的组合方式。在景观设计中，绿色植物的数量对于产生理想效果也能起到助推作用。通过合理的量感配置，可以打造出独具特色的景观空间。巧妙的植物布局，如横向低矮植物的延展或纵向攀缘植物的设置，能够呈现出生机盎然的视觉效果。运用横向匍匐扩展或纵向攀缘而上的植物配置，能够带来蓬勃怒放的视觉感受。选择具有不同叶片质感的植物进行组合，可以增加景观观赏性和触感上的丰富性。结合地形特点，通过在不同高度的地势上布置不同类型的植物，可以加强量感层次。在水体边缘借助植物的高矮错落，可以打造出独特的水岸景观特色（图8.2-8）。

图8.2-8 以量感的绿化塑造景观特色（辽宁工业大学校园景观）

 **思考题**

1. 简述景观绿化的种植方式。

2. 简述景观设计中绿植的常见种植方式。

3. 使景观绿化丰富多样的组合方式有哪些?

第九章 服务城乡发展建设中的环境设计项目

 本章重点

1.城市存量更新创新设计。
2.乡村环境设计。
建议学时：2

  2022年10月16日，习近平总书记在中国共产党第二十次全国代表大会上做了题为"高举中国特色社会主义伟大旗帜，为全面建设社会主义现代化国家而团结奋斗"的主题报告，号召为全面建设社会主义现代化国家、全面推进中华民族伟大复兴而团结奋斗。环境设计在国家发展建设中扮演着至关重要的角色，一个国家的室内外环境质量代表了国家的形象，影响了生态面貌，有时会影响到经济、社会和文化的发展。因此，环境设计需要与国家的发展目标协调一致。根据党的二十大会议精神，环境设计涉及的诸多工程类型能够助力产业发展、城乡建设、生态文明、养老健康产业、商业环境建设等领域，以设计创新赋能产业发展、城乡建设、适老化健康、文旅建设等，为国家的全面振兴贡献力量。

第一节　城乡发展与环境设计

一、国家城乡发展战略的认识和意义

  国家城乡发展战略是指政府制定和实施的推动城乡发展均衡、协调和可持续的长期规划及策

略。它是为了解决城乡差距、促进城市健康发展、农村现代化和实现全面建设社会主义现代化国家的目标而制定的。

（1）早期的统筹城乡发展思想脉络演进。早期，我国统筹城乡发展经过三个重要的历史阶段：第一阶段，1949—1978年，农业支持工业、乡村支持城市；第二阶段，1979—2002年，城乡互动发展、工业化加速；第三阶段，2003年至今，工业反哺农业、城市支持农村。在满足人民美好生活向往的今天，基于可持续的城乡空间"美好图景"成为城乡发展规划的重要方向。

（2）当前我国城乡关系的基本认识。我国城乡关系现为城乡发展不平衡，由于经济和社会发展的不平衡性，城市与农村之间存在着巨大的发展差距。城市拥有更好的基础设施、公共服务和就业机会，而农村则面临着农业现代化、基础设施改善、公共服务提升等问题。

党的十六大以来，城市化进程快速推进，并不断促进城乡融合发展和全面推进乡村振兴。在2022年召开的中国共产党第二十次全国代表大会上，确立了促进城乡融合发展和推进乡村振兴的重要方向及战略部署。旨在实现城乡发展协同、城乡要素互动、城乡空间一体化的发展格局，提高乡村经济发展水平、环境质量和生活质量，促进社会全面进步。

二、城乡建设中的国家政策

2005年10月，党的十六届五中全会提出建设社会主义新农村的重大历史任务，提出了"生产发展、生活宽裕、乡风文明、村容整洁、管理民主"的具体要求。

2007年10月，党的十七大顺利召开，会议提出"要统筹城乡发展，推进社会主义新农村建设"。

2013年7月，习近平总书记提出，实现城乡一体化，建设美丽乡村，是要给乡亲们造福，不要把钱花在不必要的事情上，比如说"涂脂抹粉"。不能大拆大建，特别是古村落要保护好。

2022年5月23日，发布了《乡村建设行动实施方案》，后续对该行动纲领进行了解读，即进行宜居宜业的美丽乡村建设。

2023年年初，在党的二十大召开之后，国家发布了中央1号文件，重点就农业农村发展建设进行了规划，提出扎实推进宜居宜业和美乡村建设。

习近平总书记指出："在现代化进程中，如何处理好工农关系、城乡关系，在一定程度上决定着现代化的成败。"党的二十届三中全会通过的《中共中央关于进一步全面深化改革、推进中国式现代化的决定》，对完善城乡融合发展体制机制作出重要战略部署，必将对推进中国式现代化产生重大而深远影响。（《人民日报》2024年8月1日，刘国中）

综上所述，环境设计在立足国情、立足城乡实况、立足时代赋能城乡发展上做出更有实际意义和可实施的创新与贡献。

 **思考题**

　　1.城乡发展战略的意义有哪些?

　　2.国家助力城乡发展的政策有哪些?

第二节　设计赋能城乡发展环境设计

　　环境设计应与国家发展政策同向而行,因而城乡发展建设中的环境设计重点应关注以下内容。

　　(1)城乡发展现状。项目建设地的人口、规模、发展方向是开展城乡环境设计的基础。

　　(2)城乡生态红线。评估城乡地区的生态状况,识别关键的环境问题,如水污染、空气质量下降、生物多样性丧失等,环境设计中应严把生态红线关,以减轻对环境的负面影响。

　　(3)城乡文化传承。在城乡发展建设中,保护性的建设,即将城市中的街区、乡村中的乡景与地方文化建设同步进行,使文化得到活态传承,与环境实现有机融合,将有效避免城乡建设中的历史割裂,形成良好的传承与发展。在传统文化中寻找优秀基因、赓续中华优秀传统文化,从传统建筑的遗存和非物质文化中得到启发,使民俗、民风、民居得到展现,对重大事件发生地、名人故居、历史市集、民俗活动的聚集场所等进行保护,使其代表的文化、事件、精神得到良好传承。

　　(4)城乡文化特色。在党的二十大提出的以人民为中心的城乡建设发展方向的今天,城乡环境设计容易出现"万城同貌、万乡近似"的同质化现象。因而,环境设计应尊重城乡特色和在地特点,使城乡面貌百花齐放,各具吸引力。

一、城市更新设计

　　《中华人民共和国国民经济和社会发展第十四个五年规划和2035年远景目标纲要》从国家层面首次提出"实施城市更新行动",为创新城市建设运营模式、推进新型城镇化建设指明了前进方向。这表明中国进入了一个新的发展阶段,发展要求、发展目标、发展方式已经不同。"十四五"规划中创新城市更新模式的提出表明,中国已由简单粗放的数量型发展向质量型发展转变,高质量发展成为共识。在城镇化发展方面"十四五"规划提出,加快转变城市发展方式,统筹城市规划建设管理,实施城市更新行动,推动城市空间结构优化和品质提升,并提出城市更新的主要任务侧重在"存量更新"和"有机更新"。

1. 城市更新的内容

不同的城市特色和更新目标决定了城市更新设计侧重点及具体内容的差别。

（1）城市空间景观更新：包括更新原有的老旧公园、广场、绿地、道路周边、市政配套户外设施等。

（2）旧建筑更新改造设计：大量的旧建筑需要进行适当的更新，包括老旧住宅、老旧商业建筑、东北地区大量的老旧锅炉房等。

（3）社区设施和公共服务场所更新：在社区中补充配套的设施场所，更新配套服务环境设施，如社区中心、图书馆、运动场所、幼儿园、养老场所等，以能够满足社区居民的生活需要，使社区综合服务功能更全面、更人性化。

（4）环境保护与生态修复设计：基于高质量人居环境的适当生态修复是城市更新的重要内容。规划和设置城市生态绿地及公共活动空间，对于提升城市环境质量、创造宜居自然环境有积极的促进作用。

（5）历史文化保护和活化利用更新设计：城市的历史文化多样，保留并弘扬文化是保证城市特色和长远发展的有效手段。城市更新中重点对具有历史和文化价值的场所进行保护及修复，对于提升城市的文化底蕴、提高城市吸引力有积极作用。历史文化遗产的活化可以从历史街区的改造等角度进行更新。

城市更新的常见设计项目类型见表9.2-1。

表9.2-1　城市更新的常见设计项目内容一览表

类型	重点
城市中心更新改造	对城市核心区域进行重建和改造，优化区域功能，提升区域城市形象
老旧住宅区改造	对老旧住宅区进行更新和改造，提升居住环境质量，包括改造居民楼、改善楼宇设施、提升社区公共环境和配套设施等
工业遗址转型改造	对工业遗址进行改造和再利用，打造创意产业园区、文化艺术中心、科技创新基地等（图9.2-1、图9.2-2）
城市公共空间改善	改善城市公共空间质量，通过提升街区、广场、绿地、公园等公共环境设计全面提升居民生活、休闲、社交等场所的环境质量，提升城市居民幸福感
交通枢纽建设改造	规划和设计交通枢纽，进行合理的交通枢纽布局，如地铁站、高速公路出口、火车站、公共汽车候车站等，提升城市交通网络的便利性，为居民出行提供便利条件
河流和海岸线治理改造	对河流、海岸线等水域和沿岸地区进行治理和改造，沿岸做好景观更新和防护，提高临水区域环境质量，有助于提升防洪能力，拓展景观点，增加旅游价值

2. 城市更新项目设计要求

（1）老旧区改造设计内容。

1）老旧小区建筑物改造：首先从结构安全和使用功能等角度对老旧小区建筑展开全面评估。外部改造需重点对建筑外墙、屋顶、门窗等部位制定更新方案。室内部分则应涵盖空间布局优化、功能提升及视觉环境升级等内容。在改造过程中，应确保建筑室内外都具备结构稳定与安全的基本要求。同时，在设计上应注重适度改造、微更新。

图9.2-1　北京首钢园工业遗迹改造设计（北京建院装饰工程设计有限公司）

平面图分析　PLAN ANALYSIS

演变过程

结合

钢框架结构　＋　钢框架结构

1.原建筑　　2.拆除原有围墙

3.拆建窗户　　4.外扩室外露台

5.拆建天窗屋顶　　6.最终成型

图9.2-2　东北城市旧锅炉房改造项目（辽宁工业大学2018级何奕）

　　2）旧居住区公共环境改造：改善老旧住宅区的居住环境一般包括绿化、亮化等。增加区域的绿化带和公共休闲空间，优化住宅区的户外照明，增加景观带，全面提升小区户外的生活质量。

　　3）社区设施和公共服务环境改造：一般涵盖室内室外两部分。例如，为满足居民的各种需求，增加社区口袋公园、健身设施、儿童友好及无障碍活动场所等开放空间，提升社区居民幸福感。

　　（2）工业遗址转型更新设计内容。将废弃的工业遗址改造为新的功能和用途，以推动城市发展和促进经济转型。

1）定位和规划：工业遗址改建需首先明确设计目标，确定其更新后的新角色与新功能，并据此进行整体规划。常见较大规模的工业遗存更新，多改建为创意产业园区、商业区、文化街区等。社区内工业遗址以北方地区的旧锅炉房较为常见，更新为社区养老中心、综合服务中心、老幼一体活动中心。按照新的定位与功能需求进行整体的设计规划，是更新的前提和基础。

2）建筑改造和适应性重用：评估遗址的现状和建筑物改造的可行性，进行适度的建筑改造和适应性重用，在安全评估的基础上对建筑进行合理的拆除和适度翻新。

3）景观规划设计：对工业遗址进行景观规划，应首先保留原有工业遗迹的质感，同时融入新元素，生成有历史记忆的活力景观。在工业遗址改造设计中，应结合其新功能进行规划。植入景观元素时，需合理设置新的景观节点、公共空间及配套设施。例如，北京798艺术区作为工业遗存改造的典型案例，通过科学的景观规划，既保留了工业历史风貌，又塑造了新的艺术风格。

4）基础设施改善：对原有的基础设施进行评估后提出改善方案，进行给排水管道和电路线路改造设置；增加必要的基础设施，改善设施容量，提升环境的友好度。

5）可持续发展和生态原则：注重低碳与环保材料的应用，适当考虑采用绿色建筑技术和环境友好的材料，提升环境质量的同时又减少对环境的破坏。

（3）城市公共空间改善设计内容。通过设置城市中的公共环境为居民提供公共活动场所，在设计中可以考虑城市文化的建设内容，促进城市的文化传承，形成城市特色环境。

1）城市公共空间规划：根据公共空间的具体用途和使用功能结合场地边界、位置进行整体的规划，兼顾不同人群的需求进行合理规划，设置休闲区、健身区、文化展示区等各区域，为大众提供良好的城市服务，提升公共空间的友好度。

2）公共空间绿化设计：根据公共空间的自然条件、场地条件和使用功能和设计风格，选择符合要求的绿化植物。例如休闲型公共空间可以草坪、花卉和遮荫乔木为主；文化类公共空间可选用具有象征意义的植物以烘托文化氛围。公共空间绿化多进行立体化布置，既能提升公共空间生态环境质量，又能形成美好的视觉效果。

3）公共交通环境设计：在城市公共环境设计中，应注重行人友好的交通环境营造。具体需要结合场地周边道路情况进行合理的通道设计，提高枢纽的可达性，提升城市公共空间舒适度和便捷性。在广场、公园等公共区域应进行适当的绿地步行区规划。

4）公共配套设施提升：增加公共场所的设施和设备的数量，规划设施位置，合理设置（长椅、休息区、儿童游乐设施、健身器材等）等户外设施的数量，提供一定的户外休闲娱乐和锻炼配套设施和场所。考虑老年人和残障人士使用，增加无障碍设施。

通过综合考虑以上各要素，城市公共空间改善设计能够有效提升城市居民的生活质量，促进城市社会的和谐发展和文化发展。

（4）河流和海岸线治理改造环境设计内容。河流和海岸线治理改造环境设计是为了在保护水域环境的基础上进行水域景观设计，满足城市居民生活和休闲需求。

1）生态修复与保护。以较少对环境破坏和全面恢复自然湿地、水生植被等生态系统为核心展开设计，根据相关部门设置生态防护带要求基础上进行环境设计，以促进滨水区域生态平衡。

2）公共活动区与公共设施设计。设计具有安全性、美观性和功能性兼具的滨水景观，应进行相关的配套公共活动区和公共设施设计。滨水景观通常离城市中心较远，滨水又存在一定的安全隐患，因而应考虑公共活动和安全性进行设计。如带有适当防护功能的步行道、观水景平台、休闲广场设计。在规模较大的滨水区域，还可以通过增设配套公共设施提供人性化的休憩场所，如座椅、凉亭、公共厕所等。

3）道路与交通设计。滨水区域远离城市中心，道路与交通相对薄弱。因而应合理进行规划，保证提供便捷的沿岸交通网络。首先考虑设置相应的步行和骑行道路，在景观主要道路位置设计一定数量的公共交通停靠点等，提升沿岸交通的多样性和便捷性，提升滨水景观的使用率。景区内部应重点打造供游人漫步休闲的景观步道系统。通过精细化设计道路与景观的互动关系，营造沉浸式的观景体验，从而形成良好的滨水观景的氛围。

4）文化与教育活动场所设计：设置一定数量的文化展示设施（雕塑、展示牌等）展示城市的水域文化、城市文化和历史事件，用河流和海岸线的文化形成设计的叙事线，增强场所设计的历史感和内涵。

二、乡村建设环境设计

乡村建设环境设计是指服务乡村发展，在现存地区进行环境规划与设计，是主要从美化乡村人居环境，促进乡村发展和提升乡村生态质量角度展开的设计。与城市环境设计相比，乡村建设环境设计更注重自然保护、传承乡土质感、助力乡村产业发展等特定需求。乡村建设环境设计不仅涉及现有的物理环境的改造，还应从促进社会环境和经济环境全面发展的角度综合考虑展开设计。通过对乡村环境的综合规划与设计，可以促进乡村的全面振兴、有机振兴，能够有效提升农村居民的生活质量、环境的宜居指数和生态指数，形成"安居乐业"的好场景，助力乡村的可持续发展。

1. 乡村环境提升设计的基本内容

乡村环境提升设计的基本内容（图9.2-3、图9.2-4）如下。

（1）乡村整体规划设计：结合乡村实际情况进行乡村环境总布局、总规划，按实际需求制定乡村环境的功能分区，将必要的功能节点进行区域划分（通常包含道路、景观带、景观节点等位置），并进行过渡处理与串联。

（2）绿化设计：适当的绿化设计能够提升乡村的环境质量，通过乡村原有的农作物种植，搭配适当的花草树木种植设计，创造出具有乡村特色的绿化景观，形成清新宜人的乡村环境。

（3）乡村主要景观节点设计：根据乡村特有的文化、生态、地形特色，设置具有代表乡村性、文化属性和特色的景观节点，以形成乡村景观特色节点。以下是一些乡村主要景观节点：

1）村落入口设计：村口是乡村的门面，应该注重其美观度、醒目度和代表性，并具有一定的可识别性。村落入口的设计，应该体现乡村的整体文化特色。

2）休闲广场设计：休闲广场是乡村居民休闲娱乐的重要场所，也是乡村居民参与度最好的景观节点，应根据使用功能进行设置，同时兼顾乡村老年、儿童的活动需求。

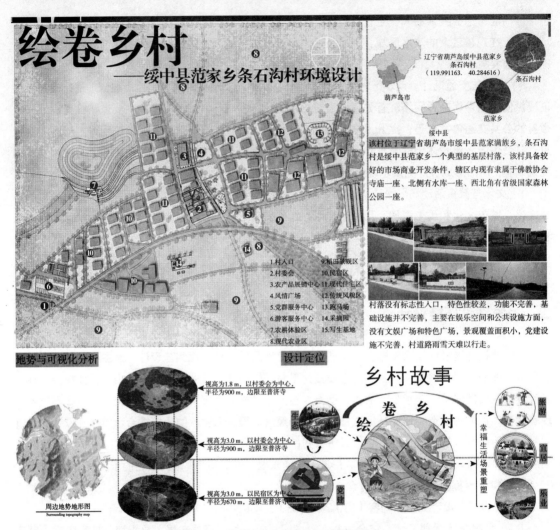

图9.2-3 绘卷乡村（李同友2022届毕业生）

3）水系设计及水体景观设计：水系是乡村环境中的重要景观要素之一，应该注重其保护和利用。水系也是丰富乡村景观的重要载体。在穿行乡村的河流、湖泊等水域周围设置景观步道、观景平台等，能够形成良好的滨水景观，使乡村景观样式更为多样。

4）田园风光设计：田园风光是乡村环境中的重要特色，合理的规划能够形成独特的乡土质感。

5）环境卫生辅助设施设计：乡村卫生环境的好坏直接影响环境质量，通过合理配置垃圾桶和垃圾站等辅助设施，提高垃圾投放的便捷性，既能提升设施的使用率，又能增强村民的幸福感。

6）文化传承：乡村发展多具有历史悠久的特点，但文化记录和传承工作尚未得到重视，因而应注重保护和传承当地的文化遗产，在此基础上注重文化的创新和发展。

图9.2-4　活力乡野（2024届毕业生张荟）

2. 乡村产业发展环境设计

共同富裕是国家发展建设的重要目标之一，需要实现城乡协同发展。乡村建设的好坏直接影响乡村产业的良性发展和振兴。为乡村产业进行助力的环境设计，多为通过规划和设计手段，创造出能够展现乡村产业特色的环境，不仅有助于塑造乡村产业形象，还能有效促进乡村经济繁荣。

（1）乡村农家乐设计。乡村农家乐环境设计是指通过设计，创造出一个宜人、舒适，具有乡村特色的农家生活和体验环境，通过设计可提高乡村农家旅游的吸引力，促进乡村经济的发展。设计中应加强乡土风情和环境布置，创造出一个清新、质朴、独特的乡村环境空间。可以将农事体验、产品品尝制作、聚餐等设计为主要景观功能。

（2）乡村民宿设计。乡村民宿设计是基于乡土特色的住宿体验式空间。在设计上首先应注重与当地乡土和自然环境的协调。根据乡村各地特点营造出或自然淳朴、或风情独特的民宿空间。乡村民宿通常根据不同的场地规模和形式设置不同的功能区。民户改造类的保留原有的民居即可。规模中等以上的民宿，可包括接待区、休息区、餐饮区、娱乐区等，以满足游客的不同需求。民宿设计应考量乡村原始的自然材料装饰质感，应注重建筑与周围环境的融合，以营造出和谐、优美的视觉效果。在细节处理上（绿化的配置、家具的选材等），都应体现乡村特色，传递乡村质感（图9.2-5、图9.2-6）。

（3）乡村商业环境设计。乡村商业环境设计是指一切与乡村产业发展建设相关的售卖乡土产品的卖场环境。项目建设地点既可以是乡村实地，也可以是商场中的销售网点。

图9.2-5　基于北方气候特征的乡村民宿设计（2013级）张宇航

图9.2-6　京鹭山庄民宿设计（辽宁工业大学环境设计2020级侯玉慧）

（4）在本地建设地中应与当地环境融为一体。注重与当地自然和人文环境的协调及融合，在设计的肌理质感上传承乡风乡貌。制定合理的乡村商业场所，规模适中、布局要合理，根据当地居民农业茶叶特点和游客的需求，设置的业态与产业紧密联系。注重乡村历史风貌特征的展现，在改造和整修历史遗存时，应尽量保留原有的历史风貌特征，如建筑构建、建筑材料等。商业卖场的乡土产品商业环境设计仍然需要将产品的特色作为第一要素和传承乡土文化作为设计亮点，才能有效避免同质化（图9.2-7、图9.2-8）。

农产品展销中心设计
Rendering-Agricultural Products Exhibition Center

图9.2-7　乡村农产品展销中心设计（辽宁工业大学环境设计2022届李同友）

图9.2-8　耘趣–义县海良食品有限公司花生农场设计

（5）乡村文旅特色环境设计。乡村文化是乡村文旅特色环境设计的核心，在乡村文旅特色环境设计中，首先应充分挖掘现有的文旅特色，如建筑遗存、故居、历史事件等，并对资源进行整合和串联，凝练特色，强化突出乡村文化特色，制定基于文旅特色的景观节点。

在乡村文旅特色环境设计中，可增加文化体验场所的设置，注重促进游客与历史文化的体验和互动，以提高游客对环境的参与度，提升体验感。例如，辽宁义县万佛堂村境内有兴建于北魏时期的石窟景观，应围绕万佛堂景区特色展开设计。除此以外，还可以设置传统文化展示区，如为传统手工艺、民间艺术等设置展示场所，促进文化的良性传承。例如，辽宁义县某村的满族剪纸特色等。传统非遗应得到有效的展示。

在乡村文旅特色环境设计中，还需进行民俗文化体验场所设置。应该注重乡土民俗文化的体验和互动，如义县当地社火文化，可与节日庆典、习俗活动等结合，设计提供展示参与的景观平台，以提高游客的参与度和体验感。

三、健康养老环境设计

联合国将"60岁以上人口占总人口比例10%，或65岁以上人口占总人口比重达到7%"作为判断一个国家是否进入老龄社会的标准。2022年年末，统计信息显示，我国出生人口已经少于离世人口。人口老龄化正成为我国乃至一些发展中国家、发达国家不可回避、不能回避的问题。人口老龄化已经成为我国的一个基本国情。国家和社会也越来越关注老年群体，随着数量的不断增加，老年人面临着身体素质下降和心理健康问题的挑战，如何让他们在晚年获得安全感、保障感和幸福感，至关重要。

环境适老化既包含公共环境的辅助性设计，又包含专门养老机构、商业机构等的专门设置。2023年，民政部开始全面开展养老机构等级评定，以建立健全养老设施，全面适老化成为环境设计中重要的一个内容。在等级评估体系中，总分为1 000分，其中与环境相关的内容为250分，占25%。养老院、老年中心、居家养老等环境设计项目将得到更贴合老年需求的人性化建设。

健康养老环境设计应该充分考虑老年人群不同行为的生理和心理需求，创造出舒适、安全、便利的老年友好环境。

1.健康养老环境分类

（1）居家养老环境：主要对现有的居住环境进行适老化改造，通过改造形成安全、舒适、便利的居住空间，包括居住环境的无障碍改造、卫浴环境的设施改造、智能科技配套的设置等，以满足有一定行为能力的老年人在家中养老的各种需求。

（2）社区养老环境：是指老年人在社区内养老机构中居住和生活的环境。社区养老环境设计应考虑到一定的集体居住的特点，除设置的照护房外，还应设置一定的社交公共空间、医疗护理空间、社交空间等，有条件的还应设置一定的户外活动空间，旨在提供全方位的养老服务和支持。

（3）特殊养老环境：是针对特定老年人群体设计的养老场所，如养老院、失智老人护理院、残疾老人康复中心等。这类环境设计应全面考虑老年群体的特殊需求，根据老年人的能力等级设置相应的配套环境和设施，酌情设置专业的医疗护理功能区域和以康复功能为主的室内外活动场地。

（4）医疗养老环境：是指老年人选择在医疗机构或医养结合的养老院中接受养老服务的环境。相对来说，这类环境质量较高，需要有一定经济基础的人群使用。这类环境注重医疗服务、医疗保健场所与设施的设置，具备诊疗中心、护理站、康复设施等配套服务设计。

2. 健康养老环境设计要求

为应对我国人口老龄化，全面发展养老事业，促进养老产业健康有序发展，国家市场监督管理总局批准发布了《老年人能力评估规范》(GB/T 42195—2022)。将老年人能力划分为四个等级，设计中应根据老年需求进行适当的空间设置。为保障养老环境质量，国家颁布了《〈养老机构等级划分与评定〉国家标准实施指南（2023版）》，制定了5星级养老机构评定标准，其中明确了养老环境的各项等级要求，有效促进养老环境和产业的全面提升。养老环境包括居家环境和机构环境，总的来说应考虑以下要求进行设计。

（1）无障碍设计：设计无障碍的建筑、环境空间和配套设施，确保老年人能够自由、安全地进出和使用。无障碍设计包括无障碍通道、坡道、电梯、扶手等设施，以及对轮椅、助行器等辅助设备的无障碍通行考虑（图9.2-9）。

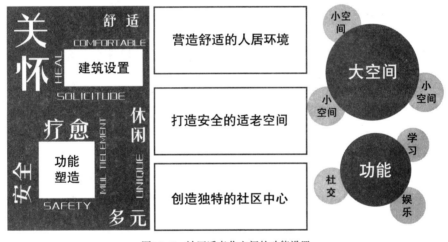

图9.2-9　社区适老化空间的功能设置

（2）舒适、优美的室内环境：良好的通风、采光和温度控制。选择适宜的装饰材料和便宜的家具，避免使用中发生意外伤害。养老机构的居室设计应注重类型多样化以满足养老需求。设计上还需要考虑老年人的审美和心理需求展开设计（图9.2-10）。

（3）配套安全设施：根据养老环境的规模设置一定数量的安全设施，进行防滑地板的设置，在空间中安装扶手、加装紧急呼叫按钮等，设置明确的导视信息，以减少老年人发生意外的风险。设计应简单、易于观看识别、便于使用和操作。

（4）保留一定的社交空间：从促进老年多样活动角度出发，保留丰富的社交空间，可以通过设置艺术活动室、图书室、健身房等功能，丰富老年环境，为老年人提供更多的交流、活动和娱乐的场所，提升老年人的体验感。

图9.2–10　社区适老化空间的功能设置

（5）户外环境设计：创造绿色、舒适、怡人的自然环境，设置花园、步行道、庭院功能，为老年人提供一定的户外活动区域，促进户外散步、休闲、娱乐行为的发生，提升老年环境的户外质量。

（6）设立医疗保健设施：根据养老环境的规模适当设置相应规模的医疗设施，方便老年人简单的医疗处理和保健需求。

（7）智能科技的适当应用：结合当下的科技发展条件，适当引入老年环境。可以从智能家居系统、远程医疗监护等角度，为老年人提供更便利、安全的智能设施。

 **思考题**

1. 城市更新设计的重点内容有哪些？
2. 乡村环境设计可从哪些部分入手？
3. 适老环境设计的内容有哪些？
4. 环境设计如何赋能城乡发展？

第十章 创新守正——环境设计与实施中的社会责任

 **本章重点**

1. 环境设计的社会责任。
2. 环境设计相关行业领域内的职业技能要求。
建议学时：2

创新守正是指在进行创新时主动遵守相应的法律、法规，合理参考行业规范要求，在此基础上进行的有尺度的创新。创新守正强调在追求新的进步和突破的同时，不忽视传统的经验、基本准则、法律法规，树立正确的创新价值观。

第一节 环境设计应承担的社会责任

环境设计由于与建筑城市、乡村建设密切相关，在项目的设计及施工中应参照建筑法律、法规体系中的相关要求。将创新控制在合理范围内，环境设计应主动承担相应的责任。

环境设计不可脱离社会制约而过度创新，应在创新和建设中主动承担相应的社会责任，坚持适度创新。例如，设计时需要考虑项目建设地周边社区的需求和利益，确保项目不会对居民生活造成遮挡自然采光等负面影响。同时，还应遵守国家标准和相应规范要求，以确保设计的合理性和可实施性。创新守正，是时代赋予环境设计者的使命，只有通过有尺度、有底线的设计，才能创造出更加宜居、人性化和可持续的环境。

（1）环境保护责任：环境设计和实施本质上是对自然环境的改造，因此必须承担起保护环境、维护生态的责任。应始终从环境保护的角度进行考虑，在设计时注重适度创新，在实施时优先选用低碳环保、节能减排的结构形态及装饰材料，并通过合理优化空间序列，提高资源利用率，减少对自然环境的影响。

（2）社会责任：环境设计和实施过程中应从社会角度综合考虑。主动遵守相应的法律法规，从安全、健康等角度限定设计的过度夸大和扩张。

（3）传承文化的责任：环境设计的艺术性决定了文化引领是其核心内涵。在设计和实施过程中，应充分尊重项目建设地的历史文化，从文化传承角度保护历史遗产和非物质文化遗产，提升环境的文化底蕴。

（4）降低经济成本的责任：工程的投入是有度的，环境设计与实施需要全面考虑投资成本、维护成本、经济效益等，保证项目在合理经济成本下的落地性。

（5）可持续发展的责任：综合考虑资源的可持续利用、环境的可持续保护、社会的可持续发展等因素进行设计与实施，能有效保证环境空间的可持续性和长期性。

因此，环境设计和实施过程中应根据需承担的相应责任展开适度的有机创新，保证项目的可实施落地。

第二节　环境设计相关行业领域内的职业技能要求

环境设计专业对应的建筑及装饰行业在执业过程中需要具备相应执业能力的从业人员。具有一定等级的执业人员是设计与施工团队中的核心力量。

国家为了规范行业有序高质量发展，制定了相应的执业资格标准，涉及环境设计的有建造师和室内装饰设计师。

建造师分为二级建造师（省级）、一级建造师（国家级）两个等级，需要满足相应的工作年限和具备一定的工作经验方能参加考试。二级建造师执业资格考试设《建设工程施工管理》(客观题)、《建设工程法规及相关知识》(客观题)、《专业工程管理与实务》(主、客观混合)3个科目。一级建造师考试共设置4个科目，分别为《建设工程经济》《建设工程法规及相关知识》《建设工程项目管理》和《专业工程管理与实务》。由此可见，建筑装饰行业的从业者需要具备扎实的理论与实践、法律法规和工程管理相关知识，才能获取相应资格。资格考试科目的设置较多部分是从承担相应的社会责任、培养安全责任意识等角度进行。

在设计和项目实施过程中，应自觉遵守相关法律法规和标准规范，确保设计方案的合法性和技术的可行性。严格按照设计方案和施工标准进行施工，确保施工质量和施工安全。在项目管理方面，掌握基本的工程管理常识，能有效保障项目的顺利实施并能够达到预期效果。规范化执业的目的正是有效保障生命财产安全，避免发生安全责任事故。

2023年3月21日，人力资源和社会保障部办公厅与住房和城乡建设部办公厅发布了室内装饰设计师国家职业标准（图10.2-1），设置了初级室内设计师、中级室内设计师、高级室内设计师（1~5）5个等级，高中毕业(或同等学力)及以上学历即可报考，考试科目为《室内设计原理》《方案设计与分析》《设计类管理与应用》。由此可见，具备扎实的理论基础和设计实践能力，是环境设计专业学生在校期间重点培养的内容。

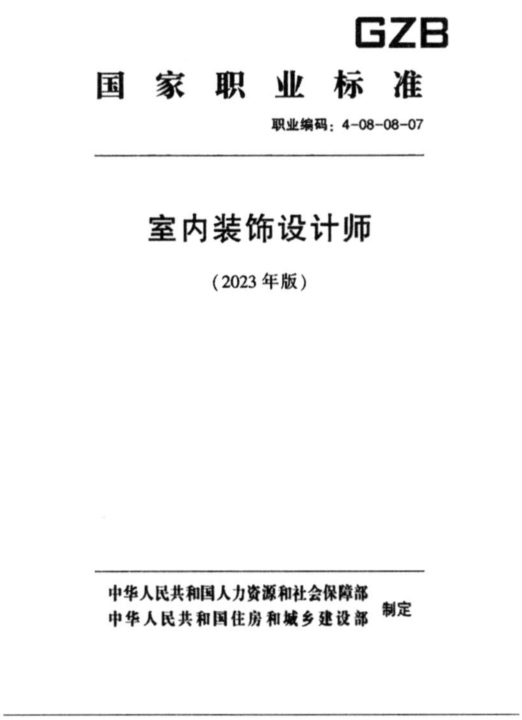

GZB
国 家 职 业 标 准
职业编码：4-08-08-07

室内装饰设计师
（2023 年版）

中华人民共和国人力资源和社会保障部
中华人民共和国住房和城乡建设部　制定

图10.2-1　室内装饰设计师国家职业标准

由此可见，环境设计工作应该在一定的尺度范围内展开，在遵守法律、法规的基础上，参考相应的规范与标准进行有尺度的创新。

一、环境设计工程项目涉及的相关法律、法规、通知

（1）《中华人民共和国建筑法》：为加强对建筑活动的监督管理，维护建筑市场秩序，保证建筑工程的质量和安全，促进建筑业健康发展而制定。

（2）《中华人民共和国环境保护法》：为保护和改善生活环境与生态环境，防治污染和其他公害，保障人体健康，促进社会主义现代化建设的发展而制定。

（3）《中华人民共和国安全生产法》：为了加强安全生产工作，防止和减少生产安全事故，保障人民群众生命和财产安全，促进经济社会持续健康发展，制定本法。

（4）《中华人民共和国消防法》：为了预防火灾和减少火灾危害，加强应急救援工作，保护人身、财产安全，维护公共安全而制定。

（5）《建设工程质量管理条例》：为了加强对建设工程质量的管理，保证建设工程质量，保护人民生命和财产安全，根据《中华人民共和国建筑法》制定的条例。

（6）《民用建筑节能条例》：为了加强民用建筑节能管理，降低民用建筑使用过程中的能源消耗，提高能源利用效率制定的条例。

（7）《建设工程安全生产管理条例》：为了加强建设工程安全生产监督管理，保障人民群众生命和财产安全，根据《中华人民共和国建筑法》《中华人民共和国安全生产法》，制定本条例。

（8）中华人民共和国建设部令（第110号）《住宅室内装饰装修管理办法》：为加强住宅室内装饰装修管理，保证装饰装修工程质量和安全，维护公共安全和公众利益，根据有关法律、法规，制定本办法。

（9）《国务院办公厅关于进一步整顿和规范建筑市场秩序的通知》国办发〔2001〕81号：为加强对建筑装饰装修特别是住宅装饰装修工程质量的监督而制定。

（10）住房和城乡建设部关于印发《建设工程消防设计审查验收工作细则》和《建设工程消防设计审查、消防验收、备案和抽查文书式样》的通知（建科规〔2020〕5号）：为贯彻落实《建设工程消防设计审查验收管理暂行规定》（住房和城乡建设部令第51号），做好建设工程消防设计审查验收工作而制定。

二、环境设计工程项目涉及的规范与标准

（1）《建筑防火通用规范》（GB 55037—2022）。

（2）《建筑内部装修设计防火规范》（GB 50222—2017）。

（3）《民用建筑设计统一标准》（GB 50352—2019）。

（4）《房屋建筑室内装饰装修制图标准》（JGJ/T 244—2011）。

（5）《建筑制图标准》（GB/T 50104—2010）。

（6）《民用建筑电气设计标准(共二册)》（GB 51348—2019）。

（7）《建筑内部装修防火施工及验收规范》（GB 50354—2005）。

（8）《建筑装饰装修工程质量验收标准》（GB 50210—2018）。

（9）《建设工程项目管理规范》（GB/T 50326—2017）。

（10）《城市居住区规划设计标准》（GB 50180—2018）。

（11）《住宅设计规范》（GB 50096—2011）。

（12）《工程测量通用规范》（GB 55018—2021）。

（13）《安全防范工程通用规范》（GB 55029—2022）。

（14）《托儿所、幼儿园建筑设计规范（2019年版）》（JGJ 39—2016）。

（15）《老年人照料设施建筑设计标准》（JGJ 450—2018）。

三、环境设计工程项目管理内容

环境设计工程项目从设计到施工应具备一定的工程管理意识，又助于提升工程质量。

（1）项目计划：由于环境工程的复杂性，在初始阶段即需要制订详细的工程项目实施计划以监控从设计到实施按时完成。项目计划包括项目建设目标、项目各阶段时间计划、成本预算、人员分配等相关信息。

（2）项目组织：为按时完成项目，将所需的材料、人力和资金进行合理的组织和合理的安排。通常以施工组织形式展开。施工组织也需要进行合理的设置，从建立项目组织机构和施工计划进行，目的时明确项目参与的团队成员职责和确定施工任务，确保项目实施的有效管理和协调。

（3）项目实施：根据项目计划、施工组织计划和设计方案进行全面实施，实施前应提前完成材料采购、材料进场。实施过程中进行严格的施工管理，以确保工程在一定安全性的前提下按工期要求完成。

（4）项目监督：主要是对工程项目的现场进行监督和管理，确保项目按照设计方案、相应的标准和时间要求实施。项目监督是保证施工质量、安全生产的有效手段，也是提高工作效率的有效监管手段。

（5）项目验收：对工程项目完成情况进行全面验收，确保项目按计划、按质量施工，并能够达到预期的工程质量、工程效果，符合相应标准。

四、环境设计项目中的工程造价

环境设计项目中的工程造价是指在环境设计工程项目中按照预期的工程预算进行施工。每个环境设计项目都需要相应的经济投入，而工程造价管理旨在通过科学预算确保工程实施符合既定投资计划，避免因成本超支影响项目落地。因此，在环境设计工程的全过程中，必须严格执行造价管理，即对建设成本进行精准预算、动态核算与优化调整，以实现资源的合理配置。通过有效的造价管理，不仅能控制项目实施成本，还能提升整体经济效益。环境设计项目中的工程造价主要涵盖以下内容。

（1）工程造价预算：对工程建设的成本进行预算，包括对预计发生的项目实施的材料费用、人工费用、机械设备费用、管理费用等内容，是工程管理中的预设性内容。

（2）工程造价核算：对工程建设的各项成本进行核算，是对实际发生的人工费用、材料费用、机械设备费用、管理费用等进行核算。

（3）工程造价控制：在预算与核算的基础上，及时发现存在的偏差。当发现偏差较大时，立即核对反馈，发现导致偏差的问题，提出解决方案，确保后续施工项目的成本控制在合理范围内。

（4）工程造价管理：制定合理的工程造价管理制度和流程，明确工程造价管理中各项职责和任务，确保工程造价管理的科学性和有效性。实现经济投入的有效管理，避免造成重大经济损失。

 **思考题**

1. 环境设计全流程中应承担哪些社会责任？

2. 建造师资格考试的科目有哪些？

3. 设计中如何体现创新守正？

参考文献 References

[1] 耿明松. 中外设计史[M]. 北京：中国轻工业出版社，2017.

[2] 郑曙旸. 环境艺术设计[M]. 北京：中国建筑工业出版社，2007.

[3] 李雨红，于伸. 中外家具发展史[M]. 哈尔滨：东北林业大学出版社，2000.

[4] 范蓓. 环境艺术设计原理[M]. 武汉：华中科技大学出版社，2021.

[5] 郭晓阳，陈亮. 室内设计方法与实践[M]. 北京：中国建筑工业出版社，2023.

[6] 王强. 室内设计与技术问题及其实践教学[J]. 天津商学院学报，2004（01）：52-54.

[7] 邹湘军，孙健，何汉武，等. 虚拟现实技术的演变发展与展望[J]. 系统仿真学报，2004
（09）：1905-1909.

[8] 董万里，许亮. 环境艺术设计原理（下）[M]. 3版. 重庆：重庆大学出版社，2009.

[9] [英]阿曼达·贝利厄（Amanda Baillieu）. 当代建筑的窗[M]. 李信，译. 南京：东南大学出版
社，2004.

[10] 刘昆. 室内设计原理[M]. 2版. 北京：中国水利水电出版社，2012.

[11] 王抗生，蓝先琳. 中国吉祥图典（下）[M]. 沈阳：辽宁科学技术出版社，2004.

[12] 李祖定. 中国传统吉祥图案[M]. 上海：上海科学普及出版社，1989.

[13] 王烨，王卓，董静，等. 环境艺术设计概论[M]. 2版. 北京：中国电力出版社，2014.

[14] 潘谷西. 中国建筑史[M]. 7版. 北京：中国建筑工业出版社，2015.

[15] 《中国建筑艺术史》编写组. 中国建筑艺术史[M]. 北京：中国建筑工业出版社，2017.

[16] 世界室内设计集成编写组. 世界室内设计集成[M]. 李婵，译. 沈阳：辽宁科学技术出版社，
2016.

[17] 董万里，段红波，包青林. 环境艺术设计原理（上）[M]. 2版. 重庆：重庆大学出版社，2007.

[18] 赵广超. 不只中国木建筑[M]. 北京：生活·读书·新知三联书店，2006.

[19] 侯林. 室内公共空间设计[M]. 北京：中国水利水电出版社，2006.

[20] 来增祥，陆震纬. 室内设计原理[M]. 2版. 北京：北京建筑工业出版社，2006.

[21] 郑曙旸. 室内设计思维与方法[M]. 北京：中国建筑工业出版社，2003.

[22] 张旭，杨天明，何兰. 新文科背景下创造性思维与方法在设计类专业中的跨校修读课程实践
[J]. 艺术教育，2023（11）：227-230.

[23] 何兰，杨天明，洪春英，等. 新文科课程思政背景下的环境艺术设计原理课程改革[J]. 辽宁工
业大学学报（社会科学版），2023，25（03）：135-138.

[24] 何兰，张旭，张鹏. 新文科背景下应用型大学环境设计一流本科专业建设与跨校共建探究[J].
美术教育研究，2022（20）：146-148.

［25］奚纯，洪春英，沈晓东，等. 产品设计专业创新创业课程思政的改革探索[J]. 艺术与设计（理论），2022，2（09）：147-149.

［26］张旭，杨天舒，何兰，等. 基于"供给侧"方向的普通本科高校设计类专业教学改革[J]. 辽宁工业大学学报（社会科学版），2018，20（02）：133-135.

［27］丁立伟，陈金瑾，乔继敏. 建筑装饰材料与构造[M]. 2版. 北京：中国电力出版社，2024.

［28］马丽. 环境照明设计[M]. 上海：上海人民美术出版社，2016.

［29］吕智强. 景观设计概论[M]. 2版. 北京：中国轻工业出版社，2024.

［30］《养老机构等级划分与评定》国家标准实施指南（2023版），中华人民共和国中央人民政府网站，2023.

［31］中华人民共和国住房和城乡建设部. JGJ 62—2014旅馆建筑设计规范[S]. 北京：中国建筑工业出版社，2014.

［32］中华人民共和国住房和城乡建设部. JGJ/T 67—2019办公建筑设计标准[S]. 北京：中国建筑工业出版社，2019.

［33］中华人民共和国住房和城乡建设部. JGJ 450—2018老年人照料设施建筑设计标准[S]. 北京：中国建筑工业出版社，2018.

［34］中华人民共和国住房和城乡建设部. JGJ 48—2014商店建筑设计规范[S]. 北京：中国建筑工业出版社，2014.

［35］李龙晓. 乡村振兴战略背景下的湖州港胡村乡村景观规划设计[J]. 现代园艺，2024，47（07）：107-110.

［36］郑雅文. 艺术介入乡村景观设计助力乡村振兴[J]. 现代园艺，2024，47（02）：96-98.

［37］闫建荣，隋洋. 中医药文化在乡村景观设计中的应用——以焦作市兰封村为例[J]. 上海包装，2023（12）：80-82.

［38］姚林涵，陈罗辉，钱真真. 乡村振兴背景下白石村节约型景观设计研究[J]. 上海包装，2023（12）：107-109.

［39］韩瑞，刘鸿宇. 城市更新视角下武汉市大成路共享街区规划策略与空间设计研究[C] //中国城市规划学会. 人民城市，规划赋能——2022中国城市规划年会论文集（02城市更新）. 广东华方工程设计有限公司，武汉市土地利用和城市空间规划研究中心. 2023.

［40］孔奕丹，李昕颖，冷依婧. 城市更新视域下后工业景观再生设计研究——以景德镇陶溪川文化创意园为例[J]. 城市建设理论研究（电子版），2023（25）：79-81.

［41］朱玉. 城市更新下历史文化街区设计策略研究——以长春新民大街为例[D]. 海口：海南大学，2023.

［42］黄宏蓝. 存量背景下的城市更新设计研究[J]. 城市建筑空间，2023，30（S2）：114-115.